スバラシク解けると評判の

初めから解ける
数学II・B 問題集

馬場敬之

マセマ出版社

◆ はじめに ◆

　みなさん，こんにちは。数学の馬場敬之（ばばけいし）です。これまで発刊した『初めから始める数学』シリーズは偏差値 40 くらいの方でも無理なく数学を学べる参考書として，沢山の読者の皆様にご愛読頂き，また数え切れない程の感謝のお便りを頂いて参りました。

　しかし，このシリーズで学習した後で，**さらにもっと問題練習をするための問題集を出して欲しい**とのご要望も，マセマに多数寄せられて参りました。この読者の皆様の強いご要望にお応えするために，今回『初めから解ける数学 II・B 問題集 改訂 5』を発刊することになりました。

　これは「初めから始める数学」シリーズの準拠問題集で，『**初めから始める数学 II**』，『**同数学 B**』で培った実力を，着実に定着させ，さらに多少の応用力も身に付けることができるように配慮して作成しました。

　もちろんマセマの問題集ですから，自作問も含め，**選りすぐりの 157 題の良問ばかり**を疑問の余地がないくらい，分かりやすく親切に解説しています。したがいまして，「初めから始める数学」シリーズで，まだあやふやだった知識や理解が不十分だったテーマも，この問題集ですべて解決することができると思います。

　また，この問題集は，授業の補習や中間試験・期末試験，それに実力テストなどの対策に，十分威力を発揮するはずです。さらに，これで，まだ易しいレベルではありますが，大学入試問題も解けるようになりますから，**受験基礎力を身につける上でも最適な問題集**だと思います。

　数学の実力を伸ばす一番の方法は，体系だった数学の様々な解法パターンをシッカリと身に付けることです。解法の流れが明解に分かるように工夫して作成していますので，問題集ではありますが，物語を読むように，楽しく学習していけると思います。

この問題集は，数学 II・B の全範囲を網羅する **8** つの章から構成されており，それぞれの章はさらに「**公式＆解法パターン**」と「**問題・解答＆解説編**」に分かれています。

まず，各章の頭にある「**公式＆解法パターン**」で基本事項や公式，および基本的な考え方を確認しましょう。それから「**問題・解答＆解説編**」で実際に問題を解いてみましょう。「**問題・解答＆解説編**」では各問題毎に **3** つのチェック欄がついています。

慣れていない方は初めから解答＆解説を見てもかまいません。そしてある程度自信が付いたら，今度は解答＆解説の部分は隠して**自力で問題に挑戦して下さい**。チェック欄は **3** つ用意していますから，自力で解けたら "○" と所要時間を入れていくと，ご自身の成長過程が分かって良いと思います。3 つのチェック欄にすべて "○" を入れられるように頑張りましょう！

本当に数学の実力を伸ばすためには，「**良問を繰り返し自力で解く**」ことに限ります。ですから，**3** つのチェック欄を用意したのは，最低でも **3** 回は解いてほしいということであって，間違えた問題や納得のいかない問題は，その後何度でもご自身で納得がいくまで繰り返し解いてみることを勧めます。

そして，最終的には，この問題集で学んだことも忘れるくらい，最初から各問題の解法を自分で知っていたと思えるくらいになるまで練習するのが理想です。エッ，「そんなの教師に対する恩知らずじゃないかって!?」そんなことはありません！そこまで，読者の皆さんが実力を定着させ，本物の実力を身につけてくれることこそ，ボク達教師にとっての最高の恩返しと言えるのです。そんな頑張る読者の皆様を，ボクも含め，マセマ一同心より応援しています。

この『**初めから解ける数学 II・B 問題集 改訂5**』が，これからの読者の皆様の数学人生の良きパートナーとして，お役に立てることを願っています。

> マセマ代表　馬場 敬之

> この改訂 **5** では，新たに数列の **3**項問題を補充問題として加えました。

3

◆ 目　次 ◆

1 方程式・式と証明

― テーマ ―

▶ **3 次式の因数分解，二項定理**

▶ **虚数単位，複素数の計算**

▶ **2 次方程式と虚数解，解と係数の関係**

▶ **整式の除法，因数定理，高次方程式**

▶ **等式の証明，不等式の証明**

1. 乗法公式（因数分解公式）の復習から始めよう。

(1) 2 次の乗法公式 (因数分解公式) を復習しよう。(数学 **I** の分野)

　(i) $m(a+b) = ma + mb$　　(m：共通因数)

　(ii) $(a+b)^2 = a^2 + 2ab + b^2$,　$(a-b)^2 = a^2 - 2ab + b^2$

　(iii) $(a+b)(a-b) = a^2 - b^2$

　(iv) $(a+b+c)^2 = a^2 + b^2 + c^2 + 2ab + 2bc + 2ca$

　(v) $(x+a)(x+b) = x^2 + (a+b)x + ab$　　　　⟵ "たすきがけ"の因数分解公式

　　　 $(ax+b)(cx+d) = acx^2 + (ad+bc)x + bd$

(2) 3 次の乗法公式 (因数分解公式) も確実に覚えよう。

　(vi) $(a+b)^3 = a^3 + 3a^2 b + 3ab^2 + b^3$

　　　　 $(a-b)^3 = a^3 - 3a^2 b + 3ab^2 - b^3$

　(vii) $(a+b)(a^2 - ab + b^2) = a^3 + b^3$

　　　　 $(a-b)(a^2 + ab + b^2) = a^3 - b^3$

2. 二項定理もマスターしよう。

(1) 二項定理

$$(a+b)^n = {}_nC_0 a^n + {}_nC_1 a^{n-1} b + {}_nC_2 a^{n-2} b^2 + {}_nC_3 a^{n-3} b^3 + \cdots + {}_nC_n b^n$$
$$(n = 1,\ 2,\ 3,\ \cdots)$$

$(a+b)^n$ の一般項は ${}_nC_r a^{n-r} b^r$　$(r = 0,\ 1,\ 2,\ \cdots,\ n)$ となるんだね。

(2) 二項定理の応用 (三項の場合)

$(a+b+c)^n$ の展開式の $a^p b^q c^r$ $(p+q+r=n)$ の項の係数は,

$\dfrac{n!}{p!q!r!}$ となることも, 覚えておこう。

3. 分数式の基本計算も確実にこなそう。

　(i) $\dfrac{B}{A} + \dfrac{D}{C} = \dfrac{BC + AD}{AC}$　　　(ii) $\dfrac{B}{A} - \dfrac{D}{C} = \dfrac{BC - AD}{AC}$

　(iii) $\dfrac{B}{A} \div \dfrac{D}{C} = \dfrac{B}{A} \times \dfrac{C}{D} = \dfrac{BC}{AD}$　　など。　　⟵ (iii) 繁分数の計算　$\dfrac{\frac{B}{A}}{\frac{D}{C}} = \dfrac{BC}{AD}$

4. 虚数単位 i と複素数 $a+bi$ に慣れよう。

(1) $i=\sqrt{-1}$ と定義し，i を "**虚数単位**" と呼ぶんだね。

（定義より，$i^2=-1$ となる。）

(2) 新しい数 **複素数 $a+bi$** を定義しよう。

（Ⅰ）複素数 $\underline{a}+\underline{bi}$ 　　（a，b：実数，i：虚数単位 $(i=\sqrt{-1})$）
　　　　$\boxed{実部}$ $\boxed{虚部}$ 　（a を**実部**，b を**虚部**という。）

（Ⅱ）実数（有理数や無理数）と**虚数**を含む数が複素数なんだね。

$$複素数\ a+bi\begin{cases}実数：a\ (b=0\ のとき)\begin{cases}有理数\\無理数\end{cases}\\虚数：\underline{a+bi}\ (b\neq0\ のとき)\end{cases}$$

$\boxed{特に，a=0\ かつ\ b\neq0\ のとき，純虚数\ (bi)\ になる。}$

（Ⅲ）**複素数の相等**もマスターしよう。

　（ⅰ）$\underline{a}+\underline{\underline{bi}}=\underline{c}+\underline{\underline{di}}$ 　（a，b，c，d：実数，$i=\sqrt{-1}$）のとき，
　　　　$\underline{a=c}$ かつ $\underline{\underline{b=d}}$ となる。

　（ⅱ）特に，$a+bi=0$ 　（a，b：実数，$i=\sqrt{-1}$）のとき，
　　　　$a=0$ かつ $b=0$ となる。

$\boxed{（ⅱ）は，\underline{a}+\underline{\underline{bi}}=\underline{0}+\underline{\underline{0}}i\ とみて，（ⅰ）より，\underline{a=0}\ かつ\ \underline{\underline{b=0}}\ が導かれるんだね。}$

$(ex)\ \underline{1}\cdot x^2\underline{-4}x+\underline{5}=0$ の解は，$x=\dfrac{-(-2)\pm\sqrt{(-2)^2-1\cdot5}}{1}$
　　　$\underset{\boxed{a}}{}$ 　$\underset{\boxed{2b'}}{}$ 　$\underset{\boxed{c}}{}$

$\boxed{x=\dfrac{-b'\pm\sqrt{b'^2-ac}}{a}}$

　　　$\therefore x=2\pm i$ となるんだね。

5. 2 次方程式の解と係数の関係も重要だ。

(1) 2 次方程式：$ax^2+bx+c=0\ (a\neq0)$ の解を α，β とおくと，

　（ⅰ）$\alpha+\beta=-\dfrac{b}{a}$ かつ （ⅱ）$\alpha\beta=\dfrac{c}{a}$ が成り立つ。

(2) 解と係数の関係を逆に利用するパターンも覚えよう。

$$\begin{cases}\alpha+\beta=\underset{\sim}{p}\\\alpha\cdot\beta=\underset{=}{q}\end{cases}\ のとき，\alpha\ と\ \beta\ を解にもつ\ x\ の\ 2\ 次方程式は，$$

$x^2-\underset{\sim}{p}x+\underset{=}{q}=0$ になる。

6. 2次方程式の2実数解の符号を判定してみよう。

2次方程式 $ax^2 + bx + c = 0$ $(a \neq 0,\ a,\ b,\ c:実数)$ の相異なる2つの実数解 $\alpha,\ \beta$ について，

（Ⅰ）α と β が共に正となるための条件

（ⅰ）$D > 0$ かつ（ⅱ）$\alpha + \beta = -\dfrac{b}{a} > 0$ かつ（ⅲ）$\alpha \cdot \beta = \dfrac{c}{a} > 0$

（Ⅱ）α と β が共に負となるための条件

（ⅰ）$D > 0$ かつ（ⅱ）$\alpha + \beta = -\dfrac{b}{a} < 0$ かつ（ⅲ）$\alpha \cdot \beta = \dfrac{c}{a} > 0$

（Ⅲ）α と β が異符号となるための条件

（ⅰ）$\alpha \cdot \beta = \dfrac{c}{a} < 0$

> $\dfrac{c}{a} < 0$ のとき，$ac < 0$ より，
> $D = b^2 - 4ac > 0$ となるので，
> $D > 0$ を言う必要はないんだね。

$(ex)\ 2x^2 + 4x - 5 = 0$ は，

$\dfrac{c}{a} = \dfrac{-5}{2} = -\dfrac{5}{2} < 0$ より，相異なる2実数解 $\alpha,\ \beta$ をもち，α と β は異符号であることまで分かるんだね。

7. 剰余の定理と因数定理をマスターしよう。

(1) 剰余の定理

整式 $f(x)$ について，

$f(a) = R \iff f(x)$ を $x - a$ で割った余りは R である。

(2) 因数定理

整式 $f(x)$ について，

$f(a) = 0 \iff f(x)$ は $x - a$ で割り切れる。

$(ex)\ f(x) = x^3 - 3x^2 + 3x - 2$ を $x - 3$ で割った余りは，剰余の定理より，

$f(3) = 3^3 - 3 \cdot 3^2 + 3 \cdot 3 - 2 = 9 - 2 = 7$ である。

(ex) 3次方程式 $x^3 - 3x^2 + 3x - 2 = 0$ を解こう。

$f(x) = x^3 - 3x^2 + 3x - 2$ とおくと，

$f(2) = 8 - 12 + 6 - 2 = 0$ より，

因数定理から $f(x)$ は $x - 2$ で割り切れて，

$f(x) = (x - 2) \cdot \underbrace{(x^2 - x + 1)}_{Q(x)}$ となる。

組立て除法

$$\begin{array}{r} 1, \ -3, \ 3, \ -2 \\ 2) \underline{ \downarrow 2 \ -2 } \\ \boxed{1 \ -1 \ \ 1} \ \ (0) \end{array}$$

商 $Q(x) = 1 \cdot x^2 - 1 \cdot x + 1$

よって，3次方程式 $f(x) = 0$ は，$(x - 2)(x^2 - x + 1) = 0$ となるので，

$x = 2$，または $x = \dfrac{1 \pm \sqrt{(-1)^2 - 4 \cdot 1 \cdot 1}}{2} = \dfrac{1 \pm \sqrt{-3}}{2} = \dfrac{1 \pm \sqrt{3}i}{2}$ となる。

8. 等式の証明には次の3パターンがある。

(Ⅰ) A，B のうち，いずれか一方が複雑な式で，他方が簡単な式の場合，複雑な式の方を変形して，簡単な式と同じになることを示す。

(Ⅱ) A，B が共に複雑な式の場合，どちらも変形して，ある簡単な式にして，同じ式になることを示す。

(Ⅲ) $A - B$ を計算して，$A - B = 0$ となることを示す。

9. 不等式の証明によく使う次の4パターンも頭に入れよう。

(1) $A^2 \geqq 0$，$A^2 + B^2 \geqq 0$ など。(A，B：実数)

(2) 相加・相乗平均の不等式

$a \geqq 0$，$b \geqq 0$ のとき，$a + b \geqq 2\sqrt{ab}$ (等号成立条件：$a = b$)

(3) $|a| \geqq a$ (a：実数)

(4) $a \geqq 0$，$b \geqq 0$ のとき，$a > b \Longleftrightarrow a^2 > b^2$

(ex) $t > 0$ のとき，$t + \dfrac{9}{t}$ の最小値を求めよう。

相加・相乗平均の不等式より，

$t + \dfrac{9}{t} \geqq 2\sqrt{t \cdot \dfrac{9}{t}} = 2\sqrt{9} = 6$ となる。

$[a + b \geqq 2\sqrt{a \cdot b}]$

等号成立条件は，

$t = \dfrac{9}{t}$ $\quad t^2 = 9$

$[a = b]$ $\quad \therefore t = 3$

$(\because t > 0)$

以上より，$t = 3$ のとき，$t + \dfrac{9}{t}$ は

最小値 6 をとる。

次の各式を因数分解せよ。

(1) $2x^4 y + 16xy$　　　　　　　(2) $x^6 - y^6$

(3) $8x^3 + 12x^2 + 6x + 1$　　　(4) $x^6 - 3x^4 + 3x^2 - 1$

ヒント！　(1), (2) では，公式 $a^3 \pm b^3 = (a \pm b)(a^2 \mp ab + b^2)$ を，また (3), (4) では，公式 $a^3 \pm 3a^2 b + 3ab^2 \pm b^3 = (a \pm b)^3$ を利用して，解いていこう。

解答＆解説

(1) $2x^4 + 16xy = \underline{2xy \cdot x^3} + \underline{2xy \cdot 8} = \underline{2xy}(x^3 + 2^3)$

共通因数　　　　　　共通因数のくくり出し

$= 2xy \cdot (x + 2)(x^2 - x \cdot 2 + 2^2)$　←　公式：$a^3 + b^3 = (a + b)(a^2 - ab + b^2)$

$= 2xy(x + 2)(x^2 - 2x + 4)$ ……(答)

(2) $x^6 - y^6 = (x^3)^2 - (y^3)^2 = \underline{(x^3 + y^3)}\ \underline{(x^3 - y^3)}$

公式：
$a^3 + b^3 = (a + b)(a^2 - ab + b^2)$
$a^3 - b^3 = (a - b)(a^2 + ab + b^2)$

$[\quad a^2 - b^2 \quad = \quad (a + b)\ (a - b) \quad]$

$= (x + y)(x^2 - xy + y^2)(x - y)(x^2 + xy + y^2)$

$= (x + y)(x - y)(x^2 + xy + y^2)(x^2 - xy + y^2)$ …………………(答)

(3) $8x^3 + 12x^2 + 6x + 1$

$= (2x)^3 + 3 \cdot (2x)^2 \cdot 1 + 3 \cdot 2x \cdot 1^2 + 1^3 = \underline{(2x + 1)^3}$ …………(答)

$2x = a$, $1 = b$ とおくと，公式：
$a^3 + 3 \cdot a^2 \cdot b + 3 \cdot a \cdot b^2 + b^3 = (a + b)^3$ が使えるんだね。

(4) $x^6 - 3x^4 + 3x^2 - 1$

$= (x^2)^3 - 3 \cdot (x^2)^2 \cdot 1 + 3 \cdot x^2 \cdot 1^2 - 1^3 = \underline{(x^2 - 1)^3}$

$x^2 = a$, $1 = b$ とおくと，公式：
$a^3 - 3 \cdot a^2 \cdot b + 3 \cdot a \cdot b^2 - b^3 = (a - b)^3$ が使えるんだね。

$= (x^2 - 1^2)^3 = \{(x + 1)(x - 1)\}^3$

$(x + 1)(x - 1)$　←　公式：$a^2 - b^2 = (a + b)(a - b)$

$= (x + 1)^3 \cdot (x - 1)^3$ …………………………(答)

| 初めからトライ！問題2 | 二項定理 | CHECK 1 | CHECK 2 | CHECK 3 |

次の各式を二項定理を使って展開せよ。

(1) $(x^2 + y)^3$　　　(2) $(2\alpha - \beta)^4$　　　(3) $(x + y^3)^5$

ヒント！ 二項定理の公式 $(a+b)^n = {}_nC_0 a^n + {}_nC_1 a^{n-1} b + {}_nC_2 a^{n-2} b^2 + {}_nC_3 a^{n-3} b^3$ $+ \cdots + {}_nC_n b^n$ を使って，各式を展開すればいいんだね。頑張ろう！

解答＆解説

(1) 二項定理を用いて展開すると，

$$(x^2 + y)^3 = \underset{\boxed{1}}{{}_3C_0}(x^2)^3 + \underset{\boxed{3}}{{}_3C_1}(x^2)^2 \cdot y + \underset{\boxed{{}_3C_1 = 3}}{{}_3C_2} x^2 \cdot y^2 + \underset{\boxed{1}}{{}_3C_3} y^3$$

もちろん，これは，公式：$(a+b)^3 = a^3 + 3a^2 b + 3ab^2 + b^3$ を使って展開することもできるね。

$$= 1 \cdot x^6 + 3 \cdot x^4 y + 3 \cdot x^2 \cdot y^2 + 1 \cdot y^3$$

$$= x^6 + 3x^4 y + 3x^2 y^2 + y^3 \quad \cdots\cdots\cdots\cdots (答)$$

(2) 二項定理を用いて展開すると，

$$(2\alpha - \beta)^4 = \{2\alpha + (-\beta)\}^4$$

$$= \underset{\boxed{1}}{{}_4C_0}(2\alpha)^4 + \underset{\boxed{4}}{{}_4C_1}(2\alpha)^3 \cdot (-\beta) + \underset{\boxed{\frac{4!}{2! \cdot 2!} = \frac{4 \cdot 3}{2 \cdot 1} = 6}}{{}_4C_2}(2\alpha)^2 \cdot (-\beta)^2$$

・組合わせの数

$${}_nC_r = \frac{n!}{r!(n-r)!}$$

・${}_nC_r$ の基本公式
(i) ${}_nC_0 = {}_nC_n = 1$
(ii) ${}_nC_1 = n$
(iii) ${}_nC_r = {}_nC_{n-r}$

$$+ \underset{\boxed{{}_4C_1 = 4}}{{}_4C_3} 2\alpha \cdot (-\beta)^3 + \underset{\boxed{1}}{{}_4C_4}(-\beta)^4$$

$$= 1 \cdot 2^4 \cdot \alpha^4 - 4 \cdot 2^3 \cdot \alpha^3 \beta + 6 \cdot 2^2 \alpha^2 \beta^2 - 4 \cdot 2\alpha\beta^3 + 1 \cdot \beta^4$$

$$= 16\alpha^4 - 32\alpha^3\beta + 24\alpha^2\beta^2 - 8\alpha\beta^3 + \beta^4 \quad \cdots\cdots\cdots\cdots\cdots (答)$$

(3) 二項定理を用いて展開すると，

$$(x + y^3)^5 = \underset{\boxed{1}}{{}_5C_0} x^5 + \underset{\boxed{5}}{{}_5C_1} x^4 \cdot y^3 + \underset{\boxed{\frac{5!}{2! \cdot 3!} = \frac{5 \cdot 4}{2 \cdot 1} = 10}}{{}_5C_2} x^3 \cdot (y^3)^2$$

$$+ \underset{\boxed{{}_5C_2 = 10}}{{}_5C_3} x^2 \cdot (y^3)^3 + \underset{\boxed{{}_5C_1 = 5}}{{}_5C_4} x \cdot (y^3)^4 + \underset{\boxed{1}}{{}_5C_5}(y^3)^5$$

$$= 1 \cdot x^5 + 5 \cdot x^4 \cdot y^3 + 10 \cdot x^3 \cdot y^{3 \times 2} + 10 x^2 y^{3 \times 3} + 5x \cdot y^{3 \times 4} + 1 \cdot y^{3 \times 5}$$

$$= x^5 + 5x^4 y^3 + 10 x^3 y^6 + 10 x^2 y^9 + 5xy^{12} + y^{15} \quad \cdots\cdots\cdots\cdots (答)$$

(1) $\left(x^2 + \dfrac{2}{x}\right)^8$ の展開式における x^4 の係数を求めよ。

(2) $(x + 2y - z)^8$ の展開式における $x^4 y^2 z^2$ の係数を求めよ。

ヒント！ (1) $(a+b)^n$ の一般項は $_nC_r a^{n-r} b^r$ $(r = 0, 1, 2, \cdots, n)$ であり，

(2) $(a+b+c)^n$ の一般項は $\dfrac{n!}{p!q!r!} a^p b^q c^r$ $(p+q+r=n)$ となるんだね。

解答 & 解説

(1) $\left(x^2 + \dfrac{2}{x}\right)^8$ を展開したものの一般項は，

$(a+b)^n$ の展開式の一般項は $_nC_r a^{n-r} b^n (r = 0, 1, 2, \cdots, n)$ だね。

$$_8C_r (x^2)^{8-r} \cdot \left(\dfrac{2}{x}\right)^r = \underbrace{_8C_r \cdot 2^r}_{係数} \cdot x^{\boxed{16-3r}}^{\,4} \quad \cdots\cdots ①$$

$$\underbrace{x^{2(8-r)} \cdot 2^r \cdot x^{-r}}_{} = 2^r \cdot x^{16-2r-r} = 2^r \cdot x^{16-3r}$$

となる。よって，x^4 のとき，$16 - 3r = 4$ より，$3r = 12$，$r = 4$ となる。

これを①の係数 $_8C_r \cdot 2^r$ に代入して，x^4 の係数は，

$$_8C_4 \cdot 2^4 = \dfrac{8!}{4! \cdot 4!} \times 2^4 = \dfrac{\overset{2}{\cancel{8}} \cdot 7 \cdot \cancel{6} \cdot 5}{\cancel{4} \cdot \cancel{3} \cdot \cancel{2} \cdot 1} \times 16 = 70 \times 16 = 1120 \text{ である。} \cdots\cdots(答)$$

(2) $\{x + 2y + (-z)\}^8$ の $x^4 y^2 z^2$ の係数は，

$(a+b+c)^n$ の展開式の一般項は $\dfrac{n!}{p!q!r!} a^p b^q c^r$ $(p+q+r=n)$ なんだね。

$$\dfrac{8!}{4! \cdot 2! \cdot 2!} \cdot x^4 \cdot (2y)^2 \cdot (-z)^2$$

$$= \underbrace{\dfrac{8 \cdot 7 \cdot 6 \cdot 5}{2 \cdot 1 \times 2 \cdot 1} \times 2^2 \times (-1)^2}_{x^4 y^2 z^2 の係数} x^4 y^2 z^2 \text{ より，}$$

$$8 \cdot 7 \cdot 6 \cdot 5 \cdot \underbrace{(-1)^2}_{①} = 1680 \text{ である。} \cdots\cdots\cdots\cdots\cdots\cdots\cdots(答)$$

初めからトライ！問題4	二項定理の応用	CHECK *1*	CHECK *2*	CHECK *3*

$(1+x)^n$ の二項展開を利用して，次の各式が成り立つことを示せ。

(1) $_{10}C_0 + _{10}C_1 + _{10}C_2 + \cdots + _{10}C_9 + _{10}C_{10} = 1024$ ················①

(2) $_8C_0 + _8C_2 + _8C_4 + _8C_6 + _8C_8 = _8C_1 + _8C_3 + _8C_5 + _8C_7$ ·········②

ヒント！ (1) では，$(1+x)^{10}$ の展開式に $x=1$ を代入し，(2) では，$(1+x)^8$ の展開式に $x=-1$ を代入すれば，話が見えてくるはずだ。頑張ろう！

解答＆解説

(1) $(1+x)^{10}$ を二項展開すると，

$(1+x)^{10} = _{10}C_0 \cdot \underset{①}{1^{10}} + _{10}C_1 \cdot \underset{①}{1^9} \cdot x + _{10}C_2 \cdot \underset{①}{1^8} \cdot x^2 + _{10}C_3 \cdot \underset{①}{1^7} \cdot x^3 +$

$\cdots\cdots + _{10}C_9 \cdot \underset{①}{1^1} \cdot x^9 + _{10}C_{10}x^{10}$ より，

$_{10}C_0 + _{10}C_1 x + _{10}C_2 x^2 + _{10}C_3 x^3 + \cdots\cdots + _{10}C_9 x^9 + _{10}C_{10} x^{10} = (1+x)^{10}$

この式は，x がどんな実数値をとっても成り立つ。

よって，この両辺の x に $x=1$ を代入すると，

$_{10}C_0 + _{10}C_1 \underset{①}{1} + _{10}C_2 \underset{①}{1^2} + _{10}C_3 \underset{①}{1^3} +$

$2^5 = 32$ と $2^{10} = 1024$ は覚えておこう。

$\cdots\cdots + _{10}C_9 \underset{①}{1^9} + _{10}C_{10} \underset{①}{1^{10}} = \underset{\underset{2^{10}=1024}{}}{(1+1)^{10}}$

$\therefore _{10}C_0 + _{10}C_1 + _{10}C_2 + \cdots + _{10}C_9 + _{10}C_{10} = 1024$ ······① は成り立つ。 ······(終)

(2) $(1+x)^8$ を二項展開すると，

$(1+x)^8 = _8C_0 \cdot 1^8 + _8C_1 \cdot 1^7 \cdot x + _8C_2 \cdot 1^6 \cdot x^2 + _8C_3 \cdot 1^5 \cdot x^3 + _8C_4 \cdot 1^4 \cdot x^4$

$\qquad + _8C_5 \cdot 1^3 \cdot x^5 + _8C_6 \cdot 1^2 \cdot x^6 + _8C_7 \cdot 1^1 \cdot x^7 + _8C_8 x^8$ より，

$(1+x)^8 = _8C_0 + _8C_1 x + _8C_2 x^2 + _8C_3 x^3 + _8C_4 x^4$

$\qquad + _8C_5 x^5 + _8C_6 x^6 + _8C_7 x^7 + _8C_8 x^8$

ここで，この両辺の x に $x=-1$ を代入すると，

$\underset{\underset{0^8=0}{}}{(1-1)^8} = _8C_0 + _8C_1 \underset{-1}{(-1)} + _8C_2 \underset{①}{(-1)^2} + _8C_3 \underset{-1}{(-1)^3} + _8C_4 \underset{①}{(-1)^4}$

$\qquad + _8C_5 \underset{-1}{(-1)^5} + _8C_6 \underset{①}{(-1)^6} + _8C_7 \underset{-1}{(-1)^7} + _8C_8 \underset{①}{(-1)^8}$

よって，$_8C_0 - _8C_1 + _8C_2 - _8C_3 + _8C_4 - _8C_5 + _8C_6 - _8C_7 + _8C_8 = 0$

$\therefore _8C_0 + _8C_2 + _8C_4 + _8C_6 + _8C_8 = _8C_1 + _8C_3 + _8C_5 + _8C_7$ ······②は成り立つ。 ······(終)

次の各式を簡単にせよ。

(1) $\dfrac{x^2 - x + 1}{x - 1} - \dfrac{x^2 + x + 1}{x + 1} + \dfrac{2}{x^2 + 1}$

(2) $\dfrac{1 + \dfrac{1}{x - 1}}{1 - \dfrac{1}{\frac{x+1}{x}}}$

（2）$\dfrac{1 + \dfrac{1}{x - 1}}{2 \,\Big/\, \left(1 - \dfrac{1}{\frac{x+1}{x}}\right)}$

ヒント！ (1) は，分数のたし算・引き算の問題だね。**3** 次式の乗法公式も利用しよう。(2) は，繁分数の計算がテーマだ。正確に結果が出せるように練習しよう。

解答＆解説

(1) $\dfrac{x^2 - x + 1}{x - 1} - \dfrac{x^2 + x + 1}{x + 1} + \dfrac{2}{x^2 + 1}$

> はじめの **2** 項の引き算
> $\dfrac{b}{a} - \dfrac{d}{c} = \dfrac{bc - ad}{ac}$

$= \dfrac{\overbrace{(x + 1)(x^2 - x + 1)}^{x^3 + 1} - \overbrace{(x - 1)(x^2 + x + 1)}^{(x^3 - 1)}}{(x - 1)(x + 1)} + \dfrac{2}{x^2 + 1}$

$= \dfrac{x^3 + 1 - (x^3 - 1)}{x^2 - 1} + \dfrac{2}{x^2 + 1} = \dfrac{2}{x^2 - 1} + \dfrac{2}{x^2 + 1}$

$= \dfrac{2(x^2 + 1) + 2(x^2 - 1)}{\underbrace{(x^2 - 1)(x^2 + 1)}_{(x^2)^2 - 1^2}} = \dfrac{4x^2}{x^4 - 1}$　　　　　　…………………………（答）

(2) $\dfrac{1 + \dfrac{1}{x - 1}}{1 - \dfrac{1}{\frac{x+1}{x}}} = \dfrac{1 + \dfrac{2}{x - 1}}{1 - \dfrac{x}{x + 1}} = \dfrac{\dfrac{x - 1 + 2}{x - 1}}{\dfrac{x + 1 - x}{x + 1}}$

> 繁分数の計算
> $\dfrac{\frac{b}{a}}{\frac{d}{c}} = \dfrac{bc}{ad}$

$= \dfrac{(x + 1) \cdot (x + 1)}{1 \cdot (x - 1)} = \dfrac{(x + 1)^2}{x - 1}$　　　　　　…………………………（答）

| 初めからトライ！問題6 | 複素数の計算 | CHECK 1 | CHECK 2 | CHECK 3 |

次の各式を計算せよ。ただし，i は虚数単位を表す。

(1) $4(3+2i) - i(1-2i)$

(2) $\dfrac{2+i}{1-2i}$

(3) $\dfrac{1-3i}{3+i} + \dfrac{1+3i}{3-i}$

(4) $(1-i)^8$

ヒント！ 複素数の計算では，i は一般の文字と同様に扱える。ただし，$i^2 = -1$ となることに気を付けて，最終的に $a+bi$ (a, b：実数) の形に表してみよう。

解答＆解説

(1) $4(\overbrace{3+2i}) - i(\overbrace{1-2i}) = 12+8i-i+2\cdot\underset{(-1)}{\boxed{i^2}}$

$= 12-2+(8-1)i = 10+7i$ ………………………………(答)

(2) $\dfrac{2+i}{1-2i}$ ←分子・分母に $1+2i$ をかけて $= \dfrac{\overbrace{(2+i)(1+2i)}}{(1-2i)(1+2i)} = \dfrac{2+4i+i+2\underset{(-1)}{\boxed{i^2}}}{5}$

$\boxed{1^2-(2i)^2 = 1-4\cdot i^2 = 1-4\times(-1) = 1+4 = 5}$

$= \dfrac{\cancel{2}-\cancel{2}+5i}{5} = \dfrac{5}{5}\cdot i = i$ ………………………………(答)

(3) $\dfrac{1-3i}{3+i} + \dfrac{1+3i}{3-i} = \dfrac{\overbrace{(1-3i)(3-i)} + \overbrace{(1+3i)(3+i)}}{(3+i)(3-i)}$

$\boxed{3^2-i^2 = 9-(-1) = 9+1 = 10}$

$= \dfrac{3-\cancel{i}-9i+3\underset{(-1)}{\boxed{i^2}}+3+\cancel{i}+9i+3\underset{(-1)}{\boxed{i^2}}}{10} = \dfrac{3-3+3-3}{10} = 0$ ……………(答)

(4) $(1-i)^8 = \{(1-i)^2\}^4 = (-2i)^4 = \underset{1}{\boxed{(-1)^4}}\,\underset{16}{\boxed{2^4}}\,\underset{(i^2)^2=(-1)^2=1}{\boxed{i^4}} = 1\times16\times1 = 16$ ……(答)

$\boxed{1^2-2\cdot1\cdot i+\underset{-1}{\boxed{i^2}} = \cancel{1}-2i-\cancel{1} = -2i}$

次の 2 次方程式の虚数解を求めよ。

(1) $x^2 - 3x + 5 = 0$　　　　　　　　(2) $3x^2 + 4x + 7 = 0$

(3) $2x^2 + 3px + 2p^2 + 1 = 0$　（p：実数定数）

ヒント！　　2次方程式の判別式 D が，$D < 0$ のとき，数学 I では "解なし" と答えていたけれど，虚数単位 i を使えば，$D < 0$ のときでも，虚数解を求めることができる。

解答 & 解説

(1) $\underset{\textcircled{a}}{1} \cdot x^2 - \underset{\textcircled{b}}{3} x + \underset{\textcircled{c}}{5} = 0$ ……① の判別式 $D = (-3)^2 - 4 \cdot 1 \cdot 5 = 9 - 20 = -11 < 0$

$\boxed{D = b^2 - ac}$ — 誤: $\boxed{D = b^2 - 4ac}$

よって，①は虚数解をもつ。

$$x = \frac{3 \pm \sqrt{(-3)^2 - 4 \cdot 1 \cdot 5}}{2 \cdot 1} = \frac{3 \pm \sqrt{-11}}{2} = \frac{3 \pm \sqrt{11}\, i}{2} \quad \cdots\cdots\cdots\cdots (答)$$

$\boxed{\text{2 次方程式の解の公式 } x = \dfrac{-b \pm \sqrt{b^2 - 4ac}}{2a}}$

(2) $\underset{\textcircled{a}}{3} x^2 + \underset{\textcircled{2b'}}{4} x + \underset{\textcircled{c}}{7} = 0$ ……② の判別式 $\dfrac{D}{4} = 2^2 - 3 \cdot 7 = 4 - 21 = -17 < 0$

$\boxed{\dfrac{D}{4} = b'^2 - ac}$　　$\boxed{\text{解 } x = \dfrac{-b' \pm \sqrt{b'^2 - ac}}{a}}$

よって，②は虚数解をもつ。

$$x = \frac{-2 \pm \sqrt{2^2 - 3 \times 7}}{3} = \frac{-2 \pm \sqrt{-17}}{3} = \frac{-2 \pm \sqrt{17}\, i}{3} \quad \cdots\cdots\cdots\cdots (答)$$

(3) $\underset{\textcircled{a}}{2} x^2 + \underset{\textcircled{b}}{3p} x + \underset{\textcircled{c}}{2p^2 + 1} = 0$ ……③ の判別式 D は，

$$D = (3p)^2 - 4 \cdot 2(2p^2 + 1) = 9p^2 - 16p^2 - 8 = -7p^2 - 8 < 0$$

よって，③は虚数解をもつ。

$$x = \frac{-3p \pm \sqrt{(3p)^2 - 4 \cdot 2 \cdot (2p^2 + 1)}}{2 \cdot 2} = \frac{-3p \pm \sqrt{-7p^2 - 8}}{4}$$

$$= \frac{-3p \pm \sqrt{7p^2 + 8} \cdot i}{4} \quad \cdots\cdots\cdots\cdots\cdots\cdots (答)$$

初めからトライ！問題 8	複素数と対称式	CHECK *1*	CHECK *2*	CHECK *3*

$x = \dfrac{1+\sqrt{3}\,i}{1-\sqrt{3}\,i}$, $y = \dfrac{1-\sqrt{3}\,i}{1+\sqrt{3}\,i}$ のとき，次の各式の値を求めよ。

(i) $x^2 + y^2$ 　　　(ii) $x^3 + y^3$ 　　　(iii) $\dfrac{y}{x} + \dfrac{x}{y}$

ヒント！ (i)，(ii)，(iii)はすべて x と y の対称式（x と y を入れ替えても変化しない式）なので，まず基本対称式 $x+y$ と xy の値を求めればいいんだね。

解答 & 解説

まず，基本対称式 $x+y$ と xy の値を求めると，

$\cdot\, x+y = \dfrac{1+\sqrt{3}\,i}{1-\sqrt{3}\,i} + \dfrac{1-\sqrt{3}\,i}{1+\sqrt{3}\,i} = \dfrac{\overbrace{(1+\sqrt{3}\,i)^2}^{1+2\sqrt{3}i+3i^2} + \overbrace{(1-\sqrt{3}\,i)^2}^{1-2\sqrt{3}i+3i^2}}{\underbrace{(1-\sqrt{3}\,i)\cdot(1+\sqrt{3}\,i)}_{1^2-(\sqrt{3}i)^2=1-3\cdot i^2=1+3=4}} = \dfrac{1+3\overset{(-1)}{i^2}+1+3\overset{(-1)}{i^2}}{4}$

$= \dfrac{1-3+1-3}{4} = -\dfrac{4}{4} = -1$ ……………①

$\cdot\, x\cdot y = \dfrac{1+\sqrt{3}\,i}{1-\sqrt{3}\,i} \times \dfrac{1-\sqrt{3}\,i}{1+\sqrt{3}\,i} = 1$ ………………②

(i) $x^2 + y^2 = \underbrace{(x+y)^2}_{-1(①より)} - \underbrace{2xy}_{1(②より)}$

> 対称式 a^2+b^2 は，
> $a^2 + b^2 = \underline{(a+b)^2} - \underline{2ab}$
> $\underbrace{(a^2 + 2ab + b^2)}$
> と，基本対称式で表せる。

$= (-1)^2 - 2\cdot 1 = 1 - 2 = -1$ …………(答)

(ii) $x^3 + y^3 = \underbrace{(x+y)^3}_{-1(①より)} - \underbrace{3xy}_{1(②より)}\underbrace{(x+y)}_{-1(①より)}$

> 対称式 a^3+b^3 は，
> $a^3 + b^3 = \underline{(a+b)^3} - \underline{3ab(a+b)}$
> $\underbrace{(a^3 + 3a^2b + 3ab^2 + b^3)}$
> と，基本対称式で表せる。

$= (-1)^3 - 3\cdot 1\cdot(-1) = -1+3 = 2$ ……(答)

(iii) $\dfrac{y}{x} + \dfrac{x}{y} = \dfrac{y^2 + x^2}{xy} = \dfrac{\overbrace{(x+y)^2}^{-1(①より)} - 2\overbrace{(xy)}^{1(②より)}}{\underbrace{xy}_{1(②より)}}$

$= \dfrac{(-1)^2 - 2\cdot 1}{1} = 1 - 2 = -1$ …………………………………(答)

2 次方程式 $2x^2 - 4x + 3 = 0$ ………① の 2 つの解を α と β とおく。

(1) $\alpha + \beta$ と $\alpha\beta$ の値を求めよ。

(2) α^2 と β^2 の 2 つを解にもつ x の 2 次方程式を求めよ。

(3) α^3 と β^3 の 2 つを解にもつ x の 2 次方程式を求めよ。

ヒント！　2 次方程式 $ax^2 + bx + c = 0\,(a \neq 0)$ の解を α, β とおくと，解と係数の関係から $\alpha + \beta = -\dfrac{b}{a}$，$\alpha\beta = \dfrac{c}{a}$ が成り立つんだね。(1) は，この解と係数の関係から，$\alpha + \beta$ と $\alpha\beta$ の値はすぐに求まるね。(2)，(3) は，この解と係数の関係を逆に用いる問題だ。それぞれの解の和と積を求めればいいんだね。

解答＆解説

(1) 2 次方程式：$\underset{\boxed{a}}{2}x^2 \underset{\boxed{b}}{-\,4}x + \underset{\boxed{c}}{3} = 0$ ………① の解を α, β とおくと，

解と係数の関係より，

$$\begin{cases} \alpha + \beta = -\dfrac{-4}{2} = \dfrac{4}{2} = 2 & \cdots\cdots② \quad \cdots\cdots\cdots(答) \\[2mm] \alpha\beta = \dfrac{3}{2} & \cdots\cdots\cdots\cdots\cdots\cdots③ \quad \cdots\cdots\cdots(答) \end{cases}$$

解と係数の関係
$$\begin{cases} \alpha + \beta = -\dfrac{b}{a} \\[1mm] \alpha\beta = \dfrac{c}{a} \end{cases}$$

(2) α^2 と β^2 を解にもつ x の 2 次方程式を求めるために，まず $\alpha^2 + \beta^2$ と $\alpha^2\beta^2$ の値を求めると，

$$\begin{cases} \alpha^2 + \beta^2 = \underset{\substack{\parallel \\ \boxed{2\,(②より)}}}{(\alpha + \beta)^2} - 2\underset{\substack{\parallel \\ \boxed{\frac{3}{2}\,(③より)}}}{\alpha\beta} = 2^2 - 2 \cdot \dfrac{3}{2} = 4 - 3 = 1 & \cdots\cdots④ \\[6mm] \alpha^2\beta^2 = \underset{\substack{\parallel \\ \boxed{\frac{3}{2}\,(③より)}}}{(\alpha\beta)^2} = \left(\dfrac{3}{2}\right)^2 = \dfrac{9}{4} & \cdots\cdots\cdots\cdots\cdots⑤ \text{ となる。} \end{cases}$$

よって，④，⑤より，α^2 と β^2 を解にもつ x の 2 次方程式は，

$$x^2 - \underbrace{1}_{(\alpha^2+\beta^2)} \cdot x + \underbrace{\frac{9}{4}}_{\alpha^2\beta^2} = 0，すなわち 4x^2 - 4x + 9 = 0 となる。\quad\cdots\cdots(答)$$

> 実際に，この方程式は，$x^2 - (\alpha^2+\beta^2)x + \alpha^2\beta^2 = 0$ より，
> $(x - \alpha^2)(x - \beta^2) = 0$ となって，解 $x = \alpha^2, \beta^2$ となることが分かるね。

(3) α^3 と β^3 を解にもつ x の 2 次方程式を求めるために，

まず $\alpha^3 + \beta^3$ と $\alpha^3\beta^3$ の値を求めると，

$$\begin{cases} \alpha^3 + \beta^3 = \underbrace{(\alpha+\beta)^3}_{2\,(②より)} - 3\underbrace{\alpha\beta}_{\frac{3}{2}\,(③より)}\underbrace{(\alpha+\beta)}_{2\,(②より)} = 2^3 - 3 \cdot \frac{3}{2} \cdot 2 = 8 - 9 = -1 \quad\cdots\cdots⑥ \\[3mm] \alpha^3\beta^3 = \underbrace{(\alpha\beta)^3}_{\frac{3}{2}\,(③より)} = \left(\frac{3}{2}\right)^3 = \frac{27}{8} \qquad\qquad\qquad\cdots\cdots⑦ \end{cases}$$

よって，⑥，⑦より，α^3 と β^3 を解にもつ x の 2 次方程式は，

$$x^2 - \underbrace{(-1)}_{(\alpha^3+\beta^3)}x + \underbrace{\frac{27}{8}}_{\alpha^3\beta^3} = 0，すなわち 8x^2 + 8x + 27 = 0 となる。\quad\cdots\cdots(答)$$

> 実際に，この方程式は，$x^2 - (\alpha^3+\beta^3)x + \alpha^3\beta^3 = 0$ より，
> $(x - \alpha^3)(x - \beta^3) = 0$ となって，解 $x = \alpha^3, \beta^3$ をもつことになるからね。

参考

> 一般に，α と β を解にもつ x の 2 次方程式を作りたかったら，
> $$\begin{cases} \alpha + \beta = \underline{p} \\ \alpha \cdot \beta = \underline{q} \end{cases} \quad の\ \underline{p}，\underline{q}\ の値を求めて，$$
> $x^2 - \underline{p} \cdot x + \underline{q} = 0$ とすれば，α と β を解にもつ x の 2 次方程式になるんだね。
> なぜなら，$x^2 - \underline{(\alpha+\beta)}x + \underline{\alpha\beta} = 0$ より，$(x - \alpha)(x - \beta) = 0$ となるからだ。大丈夫？

2 次方程式 $2x^2 - 4px + p + 1 = 0$ ……① $(p：実数)$ が，相異なる 2 実数解 α，β をもつ。この α，β が次の条件をみたすとき，定数 p の取り得る値の範囲を求めよ。

(1) α と β が共に正　　　　　　(2) α と β が共に負

(3) α と β が異符号

ヒント！ (1)α と β が共に正の条件は，（ⅰ）$D > 0$，（ⅱ）$\alpha + \beta > 0$，（ⅲ）$\alpha\beta > 0$ だね。(2)α と β が共に負の条件は，（ⅰ）$D > 0$，（ⅱ）$\alpha + \beta < 0$，（ⅲ）$\alpha\beta > 0$，そして，(3)α と β が異符号となるための条件は，（ⅰ）$\alpha\beta < 0$ のみなんだね。これから p の範囲を求めよう。

解答＆解説

2 次方程式：$2x^2 - 4px + p + 1 = 0$ ……① の各係数を $a = 2$，$b = 2b' = -4p$，

(a) ($2b'$) (c)

$c = p + 1$ とおき，この判別式を D とおく。

(1) α と β が共に正となるための条件は，次の 3 つである。

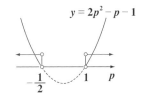

$y = 2p^2 - p - 1$

（ⅰ）$\dfrac{D}{4} = b'^2 - ac = (-2p)^2 - 2 \cdot (p+1)$

$= \boxed{4p^2 - 2p - 2 > 0}$ より，

$2p^2 - p - 1 > 0$ ← 両辺を 2 で割った　　$(2p+1)(p-1) > 0$

$\therefore p < -\dfrac{1}{2}$ または $1 < p$

解と係数の関係
$\begin{cases} \alpha + \beta = -\dfrac{b}{a} \\ \alpha\beta = \dfrac{c}{a} \end{cases}$

（ⅱ）$\alpha + \beta = -\dfrac{b}{a} = -\dfrac{-4p}{2} = \boxed{2p > 0}$　　$\therefore p > 0$

（ⅲ）$\alpha\beta = \dfrac{c}{a} = \boxed{\dfrac{p+1}{2} > 0}$ より，$p + 1 > 0$　　$\therefore p > -1$

以上（ⅰ）（ⅱ）（ⅲ）の 3 条件をすべてみたす p の範囲が求める範囲である。

$\therefore 1 < p$ ……………………(答)

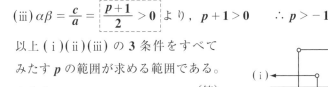

(2) α と β が共に負となるための条件は，次の **3** つである。

（ⅰ）$\dfrac{D}{4} = b'^2 - ac = (-2p)^2 - 2 \cdot (p+1) > 0$ より，**(1)** と同様に解いて

$\quad \therefore p < -\dfrac{1}{2}$ または $1 < p$

（ⅱ）$\alpha + \beta = -\dfrac{b}{a} = -\dfrac{-4p}{2} = \boxed{2p < 0}$ より，

$\quad \therefore p < 0$

（ⅲ）$\alpha\beta = \dfrac{c}{a} = \boxed{\dfrac{p+1}{2} > 0}$ より，$p + 1 > 0$

$\quad \therefore p > -1$

以上（ⅰ）（ⅱ）（ⅲ）の **3** 条件をすべて
みたす p の範囲が求める範囲である。

$\therefore -1 < p < -\dfrac{1}{2}$ ……………(答)

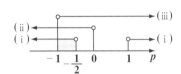

(3) α と β が異符号となるための条件は，次の **1** つのみである。

（ⅰ）$\alpha\beta = \dfrac{c}{a} = \boxed{\dfrac{p+1}{2} < 0}$ より，$p + 1 < 0$

$\quad \therefore p < -1$ ………………………………………………(答)

α と β が異符号のとき，$\alpha\beta = \boxed{\dfrac{c}{a} < 0}$ より，$ac < 0$ だね。よって，判別式 D は，

$D = \underline{b^2} - 4ac > 0$ となるので，判別式 $D > 0$ は自動的に成り立つ。よって，$D > 0$ を

$\boxed{0\text{ 以上}}$ $\boxed{\oplus (ac < 0,\ -4 < 0\text{ より，}\ominus \times \ominus = \oplus\text{ だからね。})}$

条件に加える必要はないんだね。大丈夫？

次の整式 $P(x)$ を整式 $A(x)$ で割ったとき，その商 $Q(x)$ と余り R を求め，$P(x) = A(x) \cdot Q(x) + R$ の形にまとめよ。

(1) $P(x) = 2x^3 - 2x^2 - x + 3$，$A(x) = x - 2$

(2) $P(x) = x^3 - 4x + 1$，　　　$A(x) = x + 1$

ヒント！ (1)，(2) 共に，組立て除法を用いて，商 $Q(x)$ と余り R を求めればいいんだね。もちろん，余り R を求めるだけなら剰余の定理で一発だね。

解答＆解説

(1) 整式 $P(x) = \underline{\underline{2}} \cdot x^3 \underline{\underline{-2}} \cdot x^2 \underline{\underline{-1}} \cdot x + \underline{\underline{3}}$ より，

この係数 $\underline{\underline{2}}$，$\underline{\underline{-2}}$，$\underline{\underline{-1}}$，$\underline{\underline{3}}$ を並べ，

これを $A(x) = x - \underset{\sim}{2}$ で割るので，

$\underset{\sim}{2}$ を立てて，組立て除法を使うと，

$\begin{cases} 商\ Q(x) = 2x^2 + 2x + 3 \\ 余り\ R = 9 \end{cases}$　　　　　が求まる。

組立て除法

```
        2,   -2,   -1,    3
2) ↓    4    4    6
   2    2    3   (9)
```
商 $Q(x) = 2x^2 + 2x + 3$　余り R

よって，$2x^3 - 2x^2 - x + 3 = (x - 2) \cdot (2x^2 + 2x + 3) + 9$ となる。……(答)

$[\quad\quad P(x)\quad\quad = A(x) \cdot\quad Q(x)\quad + R]$

整式 $P(x)$ を，$x - a$ で割った余り R は，剰余の定理より $R = P(a)$ で求まるので，もし余り R だけなら，$R = P(2) = 2 \cdot 2^3 - 2 \cdot 2^2 - 2 + 3 = 9$ とすぐに求まるんだね。

(2) $P(x) = \underline{\underline{1}} \cdot x^3 + \underline{\underline{0}} \cdot x^2 \underline{\underline{-4}}x + \underline{\underline{1}}$ を

$A(x) = x\underset{\sim}{+1}$ で割った商 $Q(x)$

と余り R は，右の組立て除法

を用いると，

$\begin{cases} 商\ Q(x) = x^2 - x - 3 \\ 余り\ R = 4 \end{cases}$　　　　　が求まる。

組立て除法

```
         1,    0,   -4,    1
-1) ↓   -1    1    3
    1   -1   -3   (4)
```
商 $Q(x) = 1 \cdot x^2 - 1 \cdot x - 3$　余り R

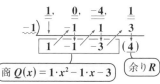

よって，$x^3 - 4x + 1 = (x + 1) \cdot (x^2 - x - 3) + 4$ である。……………(答)

$[\quad P(x)\quad = A(x) \cdot\quad Q(x)\quad + R]$

剰余の定理を使えば，余り $R = P(-1) = (-1)^3 - 4 \cdot (-1) + 1 = 4$ とすぐ求まる。

次の各整式 $f(x)$ を各整式 $g(x)$ で割った余りを求めよ。また，割り切れる場合は，$f(x) = g(x) \cdot Q(x)$ の形で表せ。

(1) $f(x) = x^4 + x^3 - 2x^2 - 3x - 1$,　$g(x) = x + 2$

(2) $f(x) = x^4 + 2x^2 - 3x + 1$,　　　$g(x) = x + 1$

(3) $f(x) = 2x^3 - 3x^2 + 2x - 8$,　　$g(x) = x - 2$

ヒント！ 　整式 $f(x)$ を $x - a$ で割った余り r が，$r = f(a)$ となることが剰余の定理なんだね。そして，余り $r = 0$，すなわち $f(a) = 0$ のとき，$f(x)$ が $x - a$ で割り切れることが因数定理になる。この場合，組立て除法を使えば，因数分解ができるんだね。

解答＆解説

(1) $f(x) = x^4 + x^3 - 2x^2 - 3x - 1$ を，$g(x) = x - (-2)$ で割った余りを r とおくと，剰余の定理より，

　　余り $r = f(-2) = (-2)^4 + (-2)^3 - 2 \cdot (-2)^2 - 3 \cdot (-2) - 1$
　　　　　 $= \cancel{16} - \cancel{8} - \cancel{8} + 6 - 1 = 5$ である。 ……………………(答)

(2) $f(x) = x^4 + 2x^2 - 3x + 1$ を，$g(x) = x - (-1)$ で割った余りを r とおくと，剰余の定理より，

　　余り $r = f(-1) = (-1)^4 + 2 \cdot (-1)^2 - 3 \cdot (-1) + 1$
　　　　　 $= 1 + 2 + 3 + 1 = 7$ である。 ……………………………(答)

(3) $f(x) = 2x^3 - 3x^2 + 2x - 8$ を，$g(x) = x - 2$ で割った余りを r とおくと，

　　$r = f(2) = 2 \cdot 2^3 - 3 \cdot 2^2 + 2 \cdot 2 - 8 = 16 - 12 + 4 - 8 = 0$ となる。……(答)

よって，因数定理により，$f(x)$ は

$x - 2$ で割り切れる。

右の組立て除法により，$f(x)$ は

$x - 2$ で因数分解できて，

$f(x) = (x - 2)(2x^2 + x + 4)$

となる。 ……………………(答)

組立て除法

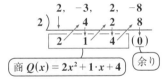

次の高次方程式を解け。

(1) $2x^3 - x^2 - 2x + 1 = 0$　　　　　(2) $x^3 + 4x^2 + 7x + 6 = 0$

ヒント！　高次方程式 $f(x) = 0$ を解くには，$x = \pm 1, \pm 2, \cdots$ を代入して，$f(x) = 0$ となる x の値を見付けて，組立て除法により $f(x)$ を因数分解することだね。

解答＆解説

(1) $2x^3 - x^2 - 2x + 1 = 0$ ……① について，$f(x) = 2x^3 - x^2 - 2x + 1$ とおくと，

$f(1) = 2 - 1 - 2 + 1 = 0$ となる。よって，

$f(x)$ は $x - 1$ で割り切れて，

$f(x) = (x - 1)(2x^2 + x - 1)$

$= (x - 1)(x + 1)(2x - 1)$ となる。

組立て除法

$$\begin{array}{r} 2,\ -1,\ -2,\ 1 \\ 1)\ \ \downarrow\ \ 2\ \ 1\ \ -1 \\ \hline \boxed{2\ \ 1\ \ -1}\ (0) \end{array}$$

商 $Q(x) = 2x^2 + x - 1$

よって，①は，

$(x - 1)(x + 1)(2x - 1) = 0$ と変形できるので，

①の解は，$x = 1$，または -1，または $\dfrac{1}{2}$ ……………………………………(答)

(2) $x^3 + 4x^2 + 7x + 6 = 0$ ……② について，$f(x) = x^3 + 4x^2 + 7x + 6$ とおくと，

$f(-2) = (-2)^3 + 4 \cdot (-2)^2 + 7 \cdot (-2) + 6 = -8 + 16 - 14 + 6 = 0$ となる。

よって，$f(x)$ は $x + 2$ で割り切れて，

$f(x) = (x + 2)(x^2 + 2x + 3)$ となる。

よって，②は，

$(x + 2)(x^2 + 2x + 3) = 0$ と変形できる

ので，

組立て除法

$$\begin{array}{r} 1,\ 4,\ 7,\ 6 \\ -2)\ \ \downarrow\ \ -2\ \ -4\ \ -6 \\ \hline \boxed{1\ \ 2\ \ 3}\ (0) \end{array}$$

商 $Q(x) = x^2 + 2x + 3$

$x = -2$，または $\underset{\boxed{a}}{1 \cdot x^2} + \underset{\boxed{2b'}}{2x} + \underset{\boxed{c}}{3} = 0$ を解いて，

$$x = \frac{-1 \pm \sqrt{1^2 - 1 \cdot 3}}{1} = -1 \pm \sqrt{2}\,i$$

以上より，②の解は，$x = -2$，または $-1 \pm \sqrt{2}\,i$ ……………………………(答)

初めからトライ！問題 14　高次方程式の応用　CHECK *1*　CHECK *2*　CHECK *3*

3 次方程式 $x^3 + (2a-1)x^2 - ax - a = 0$ ……① が，相異なる 3 実数解を
もつための定数 a の条件を求めよ。

ヒント！　$f(x) = x^3 + (2a-1)x^2 - ax - a$ とおくと，$f(1) = 0$ から，$f(x)$ は $x-1$
で割り切れるんだね。応用問題だけれど頑張ろう！

解答＆解説

$x^3 + (2a-1)x^2 - ax - a = 0$ ……① について，

$f(x) = x^3 + (2a-1)x^2 - ax - a$ とおくと，

$f(1) = 1^3 + (2a-1) \cdot 1^2 - a \cdot 1 - a = 1 + 2a - 1 - a - a = 0$ より，

$f(x)$ は，次のように因数分解される。

$f(x) = (x-1)(x^2 + 2ax + a)$

よって，①の 3 次方程式は，

$(x-1)(x^2 + 2ax + a) = 0$ となる。

よって，$x = 1$，または，

$x^2 + 2ax + a = 0$ となるので，

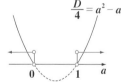

組立て除法

$$
\begin{array}{r}
\ \ 1,\ \ 2a-1,\ \ -a,\ \ -a \\
1)\ \ \ \downarrow\ \ \ \ 1\ \ \ \ \ 2a\ \ \ \ \ a \\
\hline
\boxed{1\ \ \ \ 2a\ \ \ \ a}\ \ (0)
\end{array}
$$

商 $Q(x) = x^2 + 2ax + a$

①が相異なる 3 実数解をもつための条件は，2 次方程式

$x^2 + 2ax + a = 0$ ……② が 1 以外の相異なる 2 実数解をもつことである。

ここで，$\underset{\underset{a}{\smile}}{1 \cdot x^2} + \underset{\underset{2b'}{\smile}}{2ax} + \underset{\underset{c}{\smile}}{a} = 0$ ……② の判別式を D とおくと，

$\dfrac{D}{4} = a^2 - a$

これが相異なる 2 実数解をもつとき，

$\dfrac{D}{4} = \boxed{a^2 - 1 \cdot a > 0}$ より，$a(a-1) > 0$

∴ $a < 0$ または $1 < a$ ………③

また，$g(x) = x^2 + 2ax + a$ とおくと，$g(1) = 0$ であれば②は $x = 1$ を解に
もつので，$g(x) = 0$ ……② が $x = 1$ の解をもたないための条件は，

$g(1) = 1^2 + 2a \cdot 1 + a = \boxed{3a + 1 \neq 0}$

∴ $a \neq -\dfrac{1}{3}$ ………④

以上③，④より，求める a の条件は，

$a < 0$ または $1 < a$，かつ $a \neq -\dfrac{1}{3}$ である。……………………(答)

次の等式が成り立つことを証明せよ。

$(1)\,(x-y)(x^3+x^2y+xy^2+y^3)=x^4-y^4$ ……………………($*1$)

$(2)\,x-2y=3$ のとき，$x^2+4y^2+4y=4xy+2x+3$ ………($*2$)

ヒント！ (1) は，複雑な左辺を変形して，シンプルな右辺を導けばいいね。
(2) では，$x=2y+3$ を左右両辺に代入して，同じ y の式になることを示せばいいよ。

解答＆解説

(1)($*1$) の左辺 $=(x-y)(x^3+x^2y+xy^2+y^3)$

$\qquad = x^4 + x^3y + x^2y^2 + xy^3 - x^3y - x^2y^2 - xy^3 - y^4$

$\qquad = x^4 - y^4 = ($*1$)$ の右辺

$\therefore\,(x-y)(x^3+x^2y+xy^2+y^3)=x^4-y^4$ ……($*1$) は成り立つ。 ……(終)

(2) $x=2y+3$ ……① のとき，

$\quad x^2+4y^2+4y=4xy+2x+3$ ……($*2$) が成り立つことを示す。

$\quad($*2$)$ の左辺 $= x^2+4y^2+4y$

$\qquad\qquad\quad = (2y+3)^2+4y^2+4y$ （①を代入した）

$\qquad\qquad\quad = 4y^2+12y+9+4y^2+4y$

$\qquad\qquad\quad = 8y^2+16y+9$

$\quad($*2$)$ の右辺 $= 4xy+2x+3$

$\qquad\qquad\quad = 4y(2y+3)+2(2y+3)+3$ （①を代入した）

$\qquad\qquad\quad = 8y^2+12y+4y+6+3$

$\qquad\qquad\quad = 8y^2+16y+9$ ← 左辺と同式が導けた！パチパチ…

以上より，$x-2y=3$ のとき，

$x^2+4y^2+4y=4xy+2x+3$ ……($*2$) は成り立つ。 …………………(終)

| 初めからトライ！問題 16 | 不等式の証明 | CHECK 1 | CHECK 2 | CHECK 3 |

すべての実数 a，b に対して，次の不等式が成り立つことを示せ。

(1) $a^2 + 7b^2 \geqq 4ab$ $\cdots\cdots\cdots$ ($*1$)

(2) $a + 5b > 4\sqrt{ab}$ $\cdots\cdots\cdots$ ($*2$) （ただし，$a > 0$，$b > 0$ とする）

(3) $a^2 - a + 1 > 0$ $\cdots\cdots\cdots$ ($*3$)

ヒント！ いずれも，$A^2 \geqq 0$ や $A^2 + B^2 \geqq 0$ や $A^2 + m > 0$ (A, B は実数，m は正の定数) を利用して，不等式が成り立つことを証明する問題なんだね。頑張ろう！

解答 & 解説

(1) ($*1$)，すなわち $a^2 - 4ab + 7b^2 \geqq 0$ $\cdots\cdots$ ($*1$)′ が成り立つことを示す。

($*1$)′の左辺 $= (a^2 - \underbrace{4b \cdot a} + \underbrace{4b^2}) + 7b^2 - \underbrace{4b^2}$

2で割って2乗　　　　　$4b^2$をたした分，引く

$= \underbrace{(a - 2b)^2} + \underbrace{3b^2} \geqq 0$ となる。

0以上　　0以上

$\therefore$ ($*1$)′，すなわち $a^2 + 7b^2 \geqq 4ab$ $\cdots\cdots$ ($*1$) は成り立つ。 $\cdots\cdots\cdots$(終)

(2) $a > 0$，$b > 0$ のとき，($*2$)，すなわち

$a - 4\sqrt{ab} + 5b > 0$ $\cdots\cdots$ ($*2$)′ が成り立つことを示す。

($*2$)′の左辺 $= (a - \underbrace{4\sqrt{b} \cdot \sqrt{a}} + \underbrace{4b}) + 5b - \underbrace{4b}$

2で割って2乗　　　　　$4b$をたした分，引く

$= \underbrace{(\sqrt{a} - 2\sqrt{b})^2} + \underbrace{b} > 0$ となる。

0以上　　正⊕

$\therefore$ ($*2$)′，すなわち $a + 5b > 4\sqrt{ab}$ $\cdots\cdots$ ($*2$) は成り立つ。 $\cdots\cdots\cdots$(終)

(3) $a^2 - a + 1 > 0$ $\cdots\cdots$ ($*3$) が成り立つことを示す。

($*3$) の左辺 $= \left(a^2 - \underbrace{1 \cdot a} + \underbrace{\dfrac{1}{4}}\right) + 1 - \underbrace{\dfrac{1}{4}}$

2で割って2乗　　　　　$\dfrac{1}{4}$をたした分，引く

$= \underbrace{\left(a - \dfrac{1}{2}\right)^2} + \underbrace{\dfrac{3}{4}} > 0$

0以上　　正⊕

$\therefore$ $a^2 - a + 1 > 0$ $\cdots\cdots$ ($*3$) は成り立つ。 $\cdots\cdots\cdots\cdots\cdots\cdots\cdots\cdots$(終)

(1) $x > 0$ のとき，$x + \dfrac{4}{x}$ の最小値を求めよ。

(2) $t > 0$ のとき，$\dfrac{t}{t^2+1}$ の最大値を求めよ。

ヒント！　いずれも，相加・相乗平均の不等式 $a+b \geqq 2\sqrt{ab}$（等号成立条件：$a=b$）を利用して，与えられた式の最小値や最大値を求めよう。

解答 & 解説

(1) $x > 0$ より，$x + \dfrac{4}{x}$ に相加・相乗平均の不等式を用いると，

$$x + \dfrac{4}{x} \geqq 2\sqrt{x \cdot \dfrac{4}{x}} = 2\sqrt{4} = \underset{最小値}{4}$$

$[\ a+b \ \geqq \ 2\sqrt{ab}\ ]$

等号成立条件は，

$x = \dfrac{4}{x}$ 　$[a = b]$

$x^2 = 4$ 　ここで $x > 0$ より

$x = \sqrt{4} = 2$

以上より，$\underline{x = 2}$ のとき，

$x + \dfrac{4}{x}$ は最小値 4 をとる。 ....(答)

(2) $\dfrac{t}{t^2+1}$ の分子・分母を t で割ると，$\dfrac{1}{\dfrac{t^2+1}{t}} = \dfrac{1}{t + \dfrac{1}{t}}$ となる。

分母が最小値のとき
この式は最大となる
相加・相乗平均の式が使える形だ！

$t > 0$ より，この分母に相加・相乗平均の不等式を用いると，

$$t + \dfrac{1}{t} \geqq 2\sqrt{t \cdot \dfrac{1}{t}} = \underset{分母の最小値}{2}$$ となる。

$[\ a+b \ \geqq \ 2\sqrt{ab}\ ]$

等号成立条件は，

$t = \dfrac{1}{t}$ 　$[a = b]$

$t^2 = 1$ 　ここで $t > 0$ より

$\underline{t = 1}$

$\therefore \underline{t = 1}$ のとき，与式 $= \dfrac{1}{t + \dfrac{1}{t}}$ の分母が

最小値 2 をとるので，この式は最大値 $\dfrac{1}{2}$ をとる。 ....(答)

初めからトライ！問題 18　　　不等式の証明　　　CHECK 1　CHECK 2　CHECK 3

すべての実数 a，b に対して，

不等式 $|2a| + |3b| \geqq |2a + 3b|$ ………（＊）が成り立つことを示せ。

ヒント！ （＊）の不等式の両辺は共に **0** 以上なので，この両辺を **2** 乗した $(|2a| + |3b|)^2 \geqq |2a + 3b|^2$ を示しても，（＊）を証明したことになるんだね。

解答＆解説

$\underbrace{|2a|}_{\text{0以上}} + \underbrace{|3b|}_{\text{0以上}} \geqq \underbrace{|2a + 3b|}_{\text{0以上}}$ ………（＊）を示す。

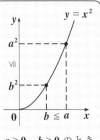

$a \geqq 0$，$b \geqq 0$ のとき
$a \geqq b \iff a^2 \geqq b^2$
∴ $a^2 \geqq b^2$ を示せば
$a \geqq b$ を示したこと
になる。

（＊）の両辺は共に **0** 以上なので

$(|2a| + |3b|)^2 \geqq |2a + 3b|^2$ ………（＊）′ が

成り立つことを示せばよい。

等式 $|x|^2 = x^2$ を用いると，

（（＊）′ の左辺）−（（＊）′ の右辺）　　　公式：$|x|^2 = x^2$ を用いた

　$= (|2a| + |3b|)^2 - \underline{(2a + 3b)^2}$

　$= \underbrace{|2a|^2}_{(2a)^2 = 4a^2} + \underbrace{2 \cdot |2a| \cdot |3b|}_{2 \cdot 2|a| \cdot 3|b| = 12|ab|} + \underbrace{|3b|^2}_{(3b)^2 = 9b^2} - (4a^2 + 12ab + 9b^2)$　　　公式：$|x|^2 = x^2$ を用いた

　$= \cancel{4a^2} + 12|ab| + \cancel{9b^2} - \cancel{4a^2} - 12ab - \cancel{9b^2}$

　$= 12(|ab| - ab)$

ここで，不等式の公式 $|x| \geqq x$ を用いると，$|ab| \geqq ab$ より

（（＊）′ の左辺）−（（＊）′ の右辺）$= 12\underbrace{(|ab| - ab)}_{\text{0以上}} \geqq 0$ となって，

（＊）′ の不等式が成り立つことが示せた。よって，

$|2a| + |3b| \geqq |2a + 3b|$ ………（＊）は成り立つ。 ………………………（終）

1. 二項定理

$$(a+b)^n = {}_nC_0a^n + {}_nC_1a^{n-1}b + {}_nC_2a^{n-2}b^2 + \cdots + {}_nC_nb^n$$

2. 2次方程式の解の判別

2次方程式 $ax^2 + bx + c = 0$ は,

(ⅰ) $D > 0$ のとき,相異なる 2 実数解

(ⅱ) $D = 0$ のとき,重解

(ⅲ) $D < 0$ のとき,相異なる 2 虚数解 をもつ。

$\qquad$ (ここで,判別式 $D = b^2 - 4ac$)

3. 2次方程式の解と係数の関係

2次方程式 $ax^2 + bx + c = 0$ の 2 解を α, β とおくと,

(ⅰ) $\alpha + \beta = -\dfrac{b}{a}$ $\qquad$ (ⅱ) $\alpha\beta = \dfrac{c}{a}$

4. 解と係数の関係の逆利用

$\alpha + \beta = p$, $\alpha\beta = q$ のとき,α と β を 2 解にもつ x の 2 次方程式は,

$$x^2 - \underset{(\alpha+\beta)}{p}x + \underset{\alpha\beta}{q} = 0$$

5. 剰余の定理

整式 $f(x)$ について,

$f(a) = R \Longleftrightarrow f(x)$ を $x - a$ で割った余りは R

6. 因数定理

整式 $f(x)$ について,

余り $R = 0$ の場合

$f(a) = 0 \Longleftrightarrow f(x)$ は $x - a$ で割り切れる。

7. 等式 $A = B$ の証明

$A - B$ を計算して,$A - B = 0$ となることを示す,など。

8. 不等式の証明に使う 4 つの公式

相加・相乗平均の不等式：

$a \geqq 0$, $b \geqq 0$ のとき,$a + b \geqq 2\sqrt{ab}$ (等号成立条件：$a = b$) など。

第 2 章
CHAPTER

2 図形と方程式

 テーマ

▶ 2 点間の距離，内分点・外分点の公式

▶ 直線の方程式，点と直線の距離

▶ 円の方程式，2 つの円の位置関係

▶ 軌跡，領域，領域と最大・最小

1. 2点間の距離は，三平方の定理から導ける。

(1) 2点A，B間の距離

xy座標平面上の2点$A(x_1, y_1)$，$B(x_2, y_2)$間の距離ABは，

$AB = \sqrt{(x_1 - x_2)^2 + (y_1 - y_2)^2}$　となる。 ← 直角三角形の三平方の定理から導ける。

(2) 2点O，A間の距離

xy座標平面上の2点$A(x_1, y_1)$，$O(0, 0)$間の距離OAは，

$OA = \sqrt{x_1{}^2 + y_1{}^2}$　となる。

(ex) $A(5, -1)$，$B(2, -2)$のとき，2点A, B間の距離(線分ABの長さ)は，

$AB = \sqrt{(5-2)^2 + \{-1-(-2)\}^2} = \sqrt{3^2 + 1^2} = \sqrt{10}$　となるんだね。

2. 内分点・外分点の公式を覚えよう。

(1) 内分点の公式

2点$A(x_1, y_1)$，$B(x_2, y_2)$を結ぶ線分ABを$m:n$に内分する点をPとおくと，点Pの座標は，

$P\left(\dfrac{nx_1 + mx_2}{m + n}, \dfrac{ny_1 + my_2}{m + n} \right)$

となる。

$\dfrac{ny_1 + my_2}{m + n}$

$\dfrac{nx_1 + mx_2}{m + n}$

(2) 外分点の公式

2点$A(x_1, y_1)$，$B(x_2, y_2)$を結ぶ線分ABを$m:n$に外分する点をPとおくと，点Pの座標は，

$P\left(\dfrac{-nx_1 + mx_2}{m - n}, \dfrac{-ny_1 + my_2}{m - n} \right)$

となる。 これは，内分点の公式のnの代わりに，$-n$が代入されたものだ！

$\dfrac{-ny_1 + my_2}{m - n}$

$\dfrac{-nx_1 + mx_2}{m - n}$

この図は，$m > n$の場合だ！

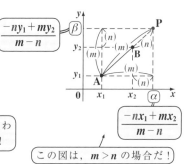

(ex) $A(x_1,\ y_1)$, $B(x_2,\ y_2)$, $C(x_3,\ y_3)$ を頂点とする $\triangle ABC$ の重心 G は，

内分点の公式を使うと，$G\left(\dfrac{x_1+x_2+x_3}{3},\ \dfrac{y_1+y_2+y_3}{3}\right)$ と求められる。

3. 直線の方程式もマスターしよう。

(1) $y = mx + n$ の形の直線の方程式の求め方は，次の **3** 通りだ。

（ⅰ）傾き m と y 切片 n の値が与えられる場合，

$$y = mx + n$$

（ⅱ）傾き m と，直線の通る点 $A(x_1,\ y_1)$ が与えられる場合，

$$y = m(x - x_1) + y_1$$

（ⅲ）直線の通る **2** 点 $A(x_1,\ y_1)$, $B(x_2,\ y_2)$ が与えられる場合，

$$y = \dfrac{y_2 - y_1}{x_2 - x_1}(x - x_1) + y_1 \quad (ただし，x_1 \neq x_2 とする。)$$

(2) 直線を $ax + by + c = 0$ の形で表して，点と直線の距離を求めよう。

点 $A(x_1,\ y_1)$ と直線 $ax + by + c = 0$
との間の距離 h は，

$$h = \dfrac{|ax_1 + by_1 + c|}{\sqrt{a^2 + b^2}} \quad で計算できる。$$

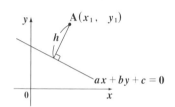

4. 円の方程式を覚えよう。

原点 $A(a,\ b)$ を中心とする，半径 $r\,(>0)$
の円の方程式は，

$$(x - a)^2 + (y - b)^2 = r^2 \quad (r > 0) である。$$

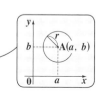

5. 円と直線の位置関係も押さえよう。

中心 A，半径 r の円と，直線 l との位置関係は，次の **3** つだ。

$(h : l と A の間の距離)$

（ⅰ）$h < r$ のとき，　　（ⅱ）$h = r$ のとき，　　（ⅲ）$h > r$ のとき，
　　2 点で交わる　　　　　接する　　　　　　　　共通点をもたない

6. 円の接線の方程式も重要だ。

原点 0 を中心とする半径 $r\,(>0)$ の円 $x^2 + y^2 = r^2$ 上の点 $P(x_1,\ y_1)$ における接線の方程式は，次式で表される。

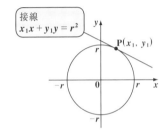

接線
$x_1 x + y_1 y = r^2$

$x_1 x + y_1 y = r^2$

(ex) 円 $x^2 + y^2 = 10$ 上の点 $(-1,\ 3)$ における接線の方程式を求めよう。

点 $(-1,\ 3)$ は，$(-1)^2 + 3^2 = 10$ をみたすので，この円周上の点だね。

よって，この円周上の点 $(-1,\ 3)$ における接線の方程式は，

$-1 \cdot x + 3y = 10$ \qquad よって，$x - 3y + 10 = 0$ となるんだね。

7. 2つの円の位置関係もマスターしよう。

中心 A_1，半径 r_1 の円 C_1 と，中心 A_2，半径 r_2 の円 $C_2\,(r_1 > r_2)$ の位置関係は，次の5通りなんだね。（d：中心 A_1，A_2 間の距離）

(i) $d > r_1 + r_2$ のとき 共通点をもたない

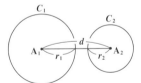

(ii) $d = r_1 + r_2$ のとき 外接する

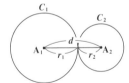

(iii) $r_1 - r_2 < d < r_1 + r_2$ のとき 2点で交わる

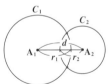

(iv) $d = r_1 - r_2$ のとき 内接する

(v) $d < r_1 - r_2$ のとき 共通点をもたない

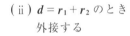

8. 動点 $P(x,\ y)$ の軌跡（きせき）は，条件から求める。

xy 座標平面上を，ある与えられた条件の下で動く動点 $P(x,\ y)$ の軌跡の方程式は，その条件から x と y の関係式を導いて求めるんだね。

（たとえば，アポロニウスの円などがよく出題される。）

9. 不等式と領域は，ヴィジュアルに頭に入れよう。

(1) xy 座標平面を上・下に分ける不等式

$\begin{cases} (\,\text{i}\,)\ y>f(x)\ \text{のとき,}\\ \qquad y=f(x)\ \text{の上側の領域を表す。}\\ (\,\text{ii}\,)\ y<f(x)\ \text{のとき,}\\ \qquad y=f(x)\ \text{の下側の領域を表す。} \end{cases}$

(i) $y>f(x)$　(ii) $y<f(x)$

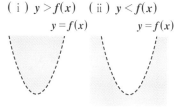

(2) xy 座標平面を左・右に分ける不等式

$\begin{cases} (\,\text{i}\,)\ x>k\ \text{のとき,}\\ \qquad x=k\ \text{の右側の領域を表す。}\\ (\,\text{ii}\,)\ x<k\ \text{のとき,}\\ \qquad x=k\ \text{の左側の領域を表す。} \end{cases}$

(i) $x>k$　(ii) $x<k$

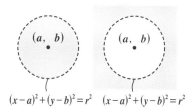

(3) xy 座標平面を内・外に分ける不等式

$\begin{cases} (\,\text{i}\,)\ (x-a)^2+(y-b)^2<r^2\ \text{のとき,}\\ \qquad 円\ (x-a)^2+(y-b)^2=r^2\ \text{の}\\ \qquad 内側の領域を表す。\\ (\,\text{ii}\,)\ (x-a)^2+(y-b)^2>r^2\ \text{のとき,}\\ \qquad 円\ (x-a)^2+(y-b)^2=r^2\ \text{の}\\ \qquad 外側の領域を表す。 \end{cases}$

(i) $(x-a)^2+(y-b)^2<r^2$　(ii) $(x-a)^2+(y-b)^2>r^2$

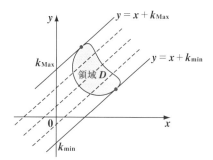

10. 領域と最大・最小問題も頻出だ。

たとえば，右図のような領域 D 内の点 (x, y) に対して，$y-x$ の最大値・最小値を求めたかったら，$y-x=k$ とおいて見かけ上の直線 $y=x+k$ を作り，これが領域 D と共有点をもつギリギリの条件から，k の最大値 (k_{Max}) と最小値 (k_{min}) を求めればいいんだね。大丈夫？

35

xy 座標平面上の 2 点 $A(1, 1)$，$B(3, 4)$ による線分 AB がある。これを，次のように外分，または内分する点の座標を求めよ。

(1) $1:1$ に内分する点 C　　　　　　(2) $3:2$ に内分する点 D

(3) $2:1$ に外分する点 E　　　　　　(4) $1:3$ に外分する点 F

ヒント！　$A(x_1, y_1)$，$B(x_2, y_2)$ のとき，線分 AB を $m:n$ に内分する点の座標は $\left(\dfrac{nx_1 + mx_2}{m + n}, \dfrac{ny_1 + my_2}{m + n}\right)$，また $m:n$ に外分する点の座標は $\left(\dfrac{-nx_1 + mx_2}{m - n}, \dfrac{-ny_1 + my_2}{m - n}\right)$ なんだね。公式通り解いていこう。

解答&解説

$A(1, 1)$，$B(3, 4)$ より，

(1) 線分 AB を $1:1$ に内分する点 C の座標は，

$$C\left(\frac{1 \cdot 1 + 1 \cdot 3}{1 + 1}, \frac{1 \cdot 1 + 1 \cdot 4}{1 + 1}\right) \text{ より，} C\left(2, \frac{5}{2}\right) \cdots\cdots(\text{答})$$

(2) 線分 AB を $3:2$ に内分する点 D の座標は，

$$D\left(\frac{2 \cdot 1 + 3 \cdot 3}{3 + 2}, \frac{2 \cdot 1 + 3 \cdot 4}{3 + 2}\right) \text{ より，} D\left(\frac{11}{5}, \frac{14}{5}\right) \cdots\cdots\cdots\cdots\cdots(\text{答})$$

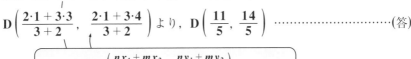

内分点の公式 $\left(\dfrac{nx_1 + mx_2}{m + n}, \dfrac{ny_1 + my_2}{m + n}\right)$ を利用した！

(3) 線分 AB を $2:1$ に外分する点 E の座標は，

$$E\left(\frac{-1 \cdot 1 + 2 \cdot 3}{2 - 1}, \frac{-1 \cdot 1 + 2 \cdot 4}{2 - 1}\right) \text{ より，} E(5, 7) \cdots\cdots\cdots(\text{答})$$

(4) 線分 AB を $1:3$ に外分する点 F の座標は，

$$F\left(\frac{-3 \cdot 1 + 1 \cdot 3}{1 - 3}, \frac{-3 \cdot 1 + 1 \cdot 4}{1 - 3}\right) \text{ より，} F\left(0, -\frac{1}{2}\right) \cdots\cdots(\text{答})$$

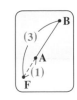

外分点の公式 $\left(\dfrac{-nx_1 + mx_2}{m - n}, \dfrac{-ny_1 + my_2}{m - n}\right)$ を利用した！

初めからトライ！問題 20 | 分点公式，2点間の距離 | CHECK *1* | CHECK *2* | CHECK *3*

xy 座標平面上に **4** 点 **A**$(-1, 2)$，**B**$(5, 5)$，**C**$(0, 2)$，**D**$(3, -1)$ がある。

(**1**) 線分 **AB** を **2：1** に内分する点 **P** の座標を求めよ。

(**2**) 線分 **CD** を **2：1** に外分する点 **Q** の座標を求めよ。

(**3**) 線分 **PQ** の長さを求めよ。

ヒント！ (1)，(2) では，内分点，外分点の公式通りに解こう。(3) は **P**(x_1, y_1)，**Q**(x_2, y_2) とおくと，線分 **PQ** の長さ (**2** 点 **P**，**Q** 間の距離) は，$\sqrt{(x_1-x_2)^2+(y_1-y_2)^2}$ で求まるんだね。

解答 & 解説

(1) **A**$(-1, 2)$，**B**$(5, 5)$ について，線分 **AB** を **2：1** に内分する点 **P** の座標は，

$$\mathbf{P}\left(\underbrace{\frac{1\cdot(-1)+2\cdot 5}{2+1}}_{\frac{9}{3}=3}, \underbrace{\frac{1\cdot 2+2\cdot 5}{2+1}}_{\frac{12}{3}=4} \right) \text{より,}$$

P$(3, 4)$ である。 …………………(答)

(2) **C**$(0, 2)$，**D**$(3, -1)$ について，線分 **CD** を **2：1** に外分する点 **Q** の座標は，

$$\mathbf{Q}\left(\underbrace{\frac{-1\cdot 0+2\cdot 3}{2-1}}_{\frac{6}{1}=6}, \underbrace{\frac{-1\cdot 2+2\cdot(-1)}{2-1}}_{\frac{-4}{1}=-4} \right) \text{より,}$$

Q$(6, -4)$ である。 …………………(答)

(3) **P**$(3, 4)$，**Q**$(6, -4)$ より，線分 **PQ** の長さ (**2** 点 **P**，**Q** 間の距離) は，

$$\mathbf{PQ}=\sqrt{(3-6)^2+\{4-(-4)\}^2}=\sqrt{(-3)^2+8^2}=\sqrt{9+64}=\sqrt{73} \text{ である。}\quad \text{……(答)}$$

P(x_1, y_1)，**Q**(x_2, y_2) のとき，**2** 点 **P**，**Q** 間の距離は，
$\mathbf{PQ}=\sqrt{(x_1-x_2)^2+(y_1-y_2)^2}$ である。

(1) 3 点 $A(x_1, y_1)$, $B(x_2, y_2)$, $C(x_3, y_3)$ を頂点にもつ $\triangle ABC$ の重心 G は，辺 BC の中点を M とするとき，中線 AM を $2:1$ に内分する点である。これから，重心 G の座標が，$G\left(\dfrac{x_1+x_2+x_3}{3}, \dfrac{y_1+y_2+y_3}{3}\right)$ となることを示せ。

(2) xy 座標平面上に 3 点 $A(2, 6)$, $B(-4, 0)$, $C(6, 2)$ を頂点にもつ $\triangle ABC$ の重心 G の座標を求めよ。

ヒント！ (1) 中点 $M(\alpha, \beta)$ とおくと，重心 G は，中線 AM を $2:1$ に内分するので $G\left(\dfrac{1 \cdot x_1 + 2\alpha}{2+1}, \dfrac{1 \cdot y_1 + 2\beta}{2+1}\right)$ となる。(2) は (1) の結果を利用すればスグだね。

解答 & 解説

(1) 辺 BC の中点 M を $M(\alpha, \beta)$ とおくと，

$\alpha = \dfrac{x_2 + x_3}{2}$ ……① , $\beta = \dfrac{y_2 + y_3}{2}$ ……② となる。

重心 G は中線 AM を $2:1$ に内分するので，

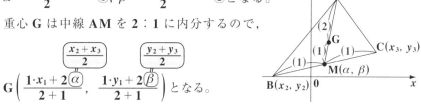

$$G\left(\dfrac{1 \cdot x_1 + 2\boxed{\alpha}}{2+1}, \dfrac{1 \cdot y_1 + 2\boxed{\beta}}{2+1}\right)$$ となる。

これに①，②を代入すると，重心 G の座標は，

$$G\left(\dfrac{x_1+x_2+x_3}{3}, \dfrac{y_1+y_2+y_3}{3}\right)$$ となる。 ……………………(終)

(2) 3 点 $A(2, 6)$, $B(-4, 0)$, $C(6, 2)$ を頂点とする $\triangle ABC$ の重心 G の座標は，(1) の結果より，

$$G\left(\dfrac{2-4+6}{3}, \dfrac{6+0+2}{3}\right) \quad \therefore G\left(\dfrac{4}{3}, \dfrac{8}{3}\right)$$ である。 ……………(答)

初めからトライ！問題 22　　直線の方程式　　CHECK 1　CHECK 2　CHECK 3

xy 座標平面上に，3 点 A$(2, 6)$，B$(-4, 0)$，C$(6, 2)$ を頂点にもつ
$\triangle$ABC がある。辺 BC の中点を M，辺 CA の中点を N とする。

(1) 直線 AM と，直線 BN の方程式を求めよ。

(2) 2 直線 AM と BN の交点 G の座標を求めよ。

ヒント！

(1) 2 点 P(x_1, y_1)，Q(x_2, y_2) を通る直線の方程式は，
$y = \dfrac{y_2 - y_1}{x_2 - x_1}(x - x_1) + y_1$ となるんだね。この公式通り，直線 AM と BN を求めよう。

(2) $\triangle$ABC の 2 本の中線の交点なので，これは $\triangle$ABC の重心 G のことだね。

解答＆解説

(1) B$(-4, 0)$，C$(6, 2)$ より，　$\boxed{M\left(\dfrac{-4+6}{2}, \dfrac{0+2}{2}\right)}$

線分 BC の中点 M$(1, 1)$ である。

2 点 M$(1, 1)$ と A$(2, 6)$ を通る

直線 AM の方程式は，

$y = \dfrac{6-1}{2-1}(x-1) + 1 = 5(x-1) + 1$

$\therefore y = 5x - 4$ ……① ……………(答)

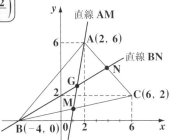

直線 AM

A$(2, 6)$

直線 BN

N

G

C$(6, 2)$

M

B$(-4, 0)$

C$(6, 2)$，A$(2, 6)$ より，線分 CA の中点 N$(4, 4)$ である。

2 点 B$(-4, 0)$ と N$(4, 4)$ を通る直線 BN の方程式は，

$y = \dfrac{4-0}{4-(-4)}\{x-(-4)\} + 0 = \dfrac{1}{2}(x+4)$　　$\boxed{N\left(\dfrac{6+2}{2}, \dfrac{2+6}{2}\right)}$

$\therefore y = \dfrac{1}{2}x + 2$ ……② …………………………………………(答)

(2) $y = 5x - 4$ ……①，$y = \dfrac{1}{2}x + 2$ ……②より y を消去して，

$5x - 4 = \dfrac{1}{2}x + 2$　　$\left(5 - \dfrac{1}{2}\right)x = 2 + 4$　　$\dfrac{9}{2}x = 6$

$\therefore x = 6 \times \dfrac{2}{9} = \dfrac{4}{3}$ ……③　　③を②に代入して，$y = \dfrac{1}{2} \times \dfrac{4}{3} + 2 = \dfrac{8}{3}$

$\therefore$ ①と②の交点 G$\left(\dfrac{4}{3}, \dfrac{8}{3}\right)$ である。…………………………(答)

これは，初めからトライ！問題 21(2) の重心 G の座標と当然同じになるんだね。

xy 座標平面上に，直線 $l_1 : y = 3x + 1$ と点 $\mathbf{A}(3,\ 2)$ がある。点 $\mathbf{A}$ を通り，直線 l_1 と平行な直線を l_2 とし，点 $\mathbf{A}$ を通り，直線 l_1 と垂直な直線を l_3 とする。

(1) 2 つの直線 l_2 と l_3 の方程式を求めよ。

(2) 2 つの直線 l_1 と l_3 の交点 $\mathbf{P}$ の座標を求めよ。

ヒント！ 2 直線 $y = m_1 x + n_1$ と $y = m_2 x + n_2$ が，（ⅰ）平行のとき，$m_1 = m_2$ となり，（ⅱ）垂直のとき，$m_2 = -\dfrac{1}{m_1}$ となるんだね。

解答&解説

直線 $l_1 : y = 3x + 1$ ……①

(1) 直線 l_2 は，点 $\mathbf{A}(3,\ \underline{2})$ を通り，$l_1 /\!/ l_2$（平行）より，傾きは $\underline{3}$ である。よって，l_2 の方程式は，

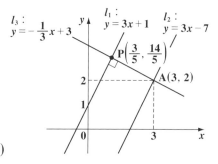

$l_3 : y = -\dfrac{1}{3}x + 3$

$l_1 : y = 3x + 1$

$l_2 : y = 3x - 7$

$\mathbf{P}\left(\dfrac{3}{5},\ \dfrac{14}{5}\right)$

$\mathbf{A}(3,\ 2)$

$y = \underline{3}(x - \underline{3}) + \underline{2}$

$\therefore y = 3x - 7$ ………② ………(答)

直線 l_3 は，点 $\mathbf{A}(\underline{3},\ \underline{2})$ を通り，$l_1 \perp l_3$（垂直）より，傾きは $-\dfrac{1}{3}$ である。よって，l_3 の方程式は，

$y = -\underline{\dfrac{1}{3}}(x - \underline{3}) + \underline{2}$　　$\therefore y = -\dfrac{1}{3}x + 3$ ………③ ………………(答)

(2) $l_1 : y = 3x + 1$ ……①と $l_3 : y = -\dfrac{1}{3}x + 3$ ……③より y を消去して，

$3x + 1 = -\dfrac{1}{3}x + 3$　　$\left(3 + \dfrac{1}{3}\right)x = 3 - 1$　　$\dfrac{10}{3}x = 2$

$\therefore x = 2 \times \dfrac{3}{10} = \dfrac{3}{5}$　　これを①に代入して，$y = 3 \times \dfrac{3}{5} + 1 = \dfrac{9 + 5}{5} = \dfrac{14}{5}$

よって 2 直線 l_1 と l_3 の交点 $\mathbf{P}$ の座標は，$\mathbf{P}\left(\dfrac{3}{5},\ \dfrac{14}{5}\right)$ である。……(答)

| 初めからトライ！問題 24 | 点と直線との距離 | CHECK 1 | CHECK 2 | CHECK 3 |

次の各問いの点 A と直線 l との間の距離 h を求めよ。

(1) 点 $A(2, 4)$ と直線 $l : y = 2x + 5$

(2) 点 $A(-2, 5)$ と直線 $l : y = \dfrac{1}{3}x - 1$

ヒント！ 点 $A(x_1, y_1)$ と直線 $ax + by + c = 0$ との間の距離 h は，次の公式：
$h = \dfrac{|ax_1 + by_1 + c|}{\sqrt{a^2 + b^2}}$ を使って求めればいいんだね。

解答 & 解説

(1) 点 $A(\underset{x_1}{2}, \underset{y_1}{4})$ と，直線 $l : \underset{a}{2} \cdot x \underset{b}{- 1} \cdot y + \underset{c}{5} = 0$ との

> この場合，直線の式は，$y = mx + n$ の形から変形して，
> 必ず $ax + by + c = 0$ の形にして計算する！

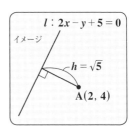

$l : 2x - y + 5 = 0$
イメージ
$h = \sqrt{5}$
$A(2, 4)$

間の距離 h は，

$$h = \frac{|2 \cdot 2 - 1 \cdot 4 + 5|}{\sqrt{2^2 + (-1)^2}} = \frac{|5|}{\sqrt{5}} = \frac{5}{\sqrt{5}} = \sqrt{5} \quad \cdots\cdots\cdots(答)$$

(2) 点 $A(\underset{x_1}{-2}, \underset{y_1}{5})$ と，直線 $l : \underset{a}{1} \cdot x \underset{b}{- 3} \cdot y \underset{c}{- 3} = 0$ との

> $y = \dfrac{1}{3}x - 1$ の両辺に 3 をかけて，$3y = x - 3$
> $\therefore 1 \cdot x - 3y - 3 = 0$ となる。

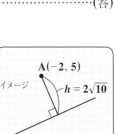

$A(-2, 5)$
イメージ
$h = 2\sqrt{10}$
$l : x - 3y - 3 = 0$

間の距離 h は，

$$h = \frac{|1 \cdot (-2) - 3 \cdot 5 - 3|}{\sqrt{1^2 + (-3)^2}} = \frac{|\overset{-20}{-2 - 15 - 3}|}{\sqrt{1 + 9}} = \frac{20}{\sqrt{10}}$$

$$= \frac{2 \times \sqrt{10} \times \sqrt{10}}{\sqrt{10}} = 2\sqrt{10} \quad \cdots\cdots\cdots(答)$$

点 A$(2, 1)$ と直線 $l : y = -\dfrac{a}{2}x + \dfrac{1}{2}$ との間の距離 h が，$h = \dfrac{3}{\sqrt{5}}$ のとき，定数 a の値を求めよ。

ヒント！　点 A$(2, 1)$ と直線 $l : ax + 2y - 1 = 0$ との間の距離 h を公式を使って表し，これが $\dfrac{3}{\sqrt{5}}$ であることから，a の 2 次方程式にもち込める。頑張ろう！

解答＆解説

直線 $l : y = -\dfrac{a}{2}x + \dfrac{1}{2}$ を変形して　$2y = -ax + 1$ より，

$ax + 2y - 1 = 0$　となる。

よって，点 A$(\underset{x_1}{2}, \underset{y_1}{1})$ と直線 $l : \underset{a}{a} \cdot x + \underset{b}{2} \cdot y \underset{c}{- 1} = 0$

との間の距離 h は，

$$h = \frac{|a \cdot 2 + 2 \cdot 1 - 1|}{\sqrt{a^2 + 2^2}} = \frac{|2a + 1|}{\sqrt{a^2 + 4}} \quad \cdots\cdots\cdots ① \text{ となる。}$$

> 点 A(x_1, y_1) と直線 $l :$ $ax + by + c = 0$ との間の距離 h は，
> $$h = \frac{|ax_1 + by_1 + c|}{\sqrt{a^2 + b^2}}$$

ここで，$h = \dfrac{3}{\sqrt{5}}$ なので，①より，$\dfrac{|2a + 1|}{\sqrt{a^2 + 4}} = \dfrac{3}{\sqrt{5}}$　　これを変形して，

$\sqrt{5}|2a + 1| = 3\sqrt{a^2 + 4}$　　この両辺を 2 乗して，

$5|2a + 1|^2 = 9(a^2 + 4)$　　　$5(4a^2 + 4a + 1) = 9(a^2 + 4)$

$(2a + 1)^2 = 4a^2 + 4a + 1$　◀　$|x|^2 = x^2$ と変形できるからね。

$20a^2 + 20a + 5 = 9a^2 + 36$　　　$(20 - 9)a^2 + 20a + 5 - 36 = 0$

∴ $11a^2 + 20a - 31 = 0$　　　$(a - 1)(11a + 31) = 0$

$$\begin{array}{ccc} 1 & \diagdown & -1 \to -11 \\ 11 & \diagup & 31 \to \dfrac{31}{20}(+ \end{array}$$
◀ たすきがけによる因数分解

よって，求める a の値は，$a = 1$，または $-\dfrac{31}{11}$ である。　$\cdots\cdots\cdots\cdots\cdots$(答)

| 初めからトライ！問題 26 | 点と直線との距離 | CHECK *1* | CHECK *2* | CHECK *3* |

xy 座標平面上に，3 点 A$(2, 6)$，B$(-4, 0)$，C$(6, 2)$ を頂点にもつ△ABC がある。

(1) 辺 BC の長さと，直線 BC の方程式を求めよ。

(2) 点 A と直線 BC との間の距離 h を求めて，△ABC の面積 S を求めよ。

ヒント！ 辺 BC を底辺とすると，点 A と直線 BC との間の距離 h は，△ABC の高さになる。よって，△ABC の面積 $S = \frac{1}{2} \cdot BC \cdot h$ で求まるんだね。大丈夫？

解答＆解説

(1) B$(-4, 0)$，C$(6, 2)$ より，辺 BC の長さは，

$$BC = \sqrt{(-4-6)^2 + (0-2)^2}$$

$$\boxed{(-10)^2 + (-2)^2 = 100 + 4}$$

$$= \sqrt{104} = 2\sqrt{26} \quad \cdots\cdots\text{①} \quad \cdots\cdots\text{(答)}$$

$$\boxed{2^2 \times 26}$$

また，直線 BC の方程式は，

$$y = \frac{2-0}{6-(-4)}\{x-(-4)\} + 0 = \frac{1}{5}(x+4)$$

$$\boxed{\frac{2}{10} = \frac{1}{5} \text{（傾き）}}$$

$$\therefore y = \frac{1}{5}x + \frac{4}{5} \quad \cdots\cdots\text{②} \quad \cdots\cdots\text{(答)}$$

この△ABC は，初めからトライ！問題**21**，**22** のものと同じ三角形だ！

(2) 点 A$(2, 6)$ と，直線 BC：$1 \cdot x - 5y + 4 = 0$（②より）との間の距離 h は，
（x_1）（y_1） （a）（b）（c）

これは△ABC の高さのこと

$$h = \frac{|1 \cdot 2 - 5 \cdot 6 + 4|}{\sqrt{1^2 + (-5)^2}} = \frac{|-24|}{\sqrt{26}} = \frac{24}{\sqrt{26}} \quad \text{である。} \cdots\cdots\text{③} \quad \cdots\cdots\text{(答)}$$

よって，△ABC の面積 S は，①，③より，

$$S = \frac{1}{2} \cdot \underset{\text{底辺}}{BC} \cdot \underset{\text{高さ}}{h} = \frac{1}{2} \cdot 2\sqrt{26} \cdot \frac{24}{\sqrt{26}} = 24 \quad \text{である。} \quad \cdots\cdots\text{(答)}$$

43

直線 $l : (k+1)x + (k+3)y - 2k = 0$ ……① (k ：文字定数) がある。

(1) k の値に関わらず，直線 l が通る定点を求めよ。

(2) 直線 l が，点 $A(-1, 2)$ を通るとき，k の値と直線の方程式を求めよ。

ヒント！ 　文字定数を含む式は，$k \times (x と y の式) + (x と y の式) = 0$ の形にまとめると，話が見えてくるんだね。

解答＆解説

(1) 直線 $l : (k+1)x + (k+3)y - 2k = 0$ ……① を k でまとめると，

$$\underset{\underset{\boxed{0}}{\uparrow}}{k} \underset{\boxed{0}}{(x+y-2)} + (x+3y) = 0 \quad ……①´$$

k は，$-\sqrt{3}$, 5, 11, 25, …など，自由に値を取り得る。

k は任意の値を取り得るけれど，

$x + y - 2 = 0$ ……② かつ $x + 3y = 0$ ……③ のとき，①´（および①）は常に成り立つ。つまり，2 直線②と③の交点を①は必ず通ることになる。

よって，③－②より x を消して，$2y + 2 = 0$ 　　$\underline{\underline{y = -1}}$

これを③に代入して，$x + 3 \times (-1) = 0$ 　$\therefore \underline{\underline{x = 3}}$

$\therefore$ k の値に関わらず，直線 l は必ず定点 $(3, -1)$ を通る。 ……………(答)

(2) ここで，直線 l が，点 $A(\underset{\sim}{-1}, \underset{=}{2})$ を通る

とき，これを①´に代入すると，

$k(\underset{\sim}{-1} + \underset{=}{2} - 2) + (\underset{\sim}{-1} + 3 \cdot \underset{=}{2}) = 0$

$-k + 5 = 0$ 　$\therefore k = 5$ ……④ ………(答)

よって，④を①に代入して，$A(-1, 2)$

を通る直線 l の方程式を求めると

$(5+1)x + (5+3)y - 2 \times 5 = 0$

$6x + 8y - 10 = 0$ 　　両辺を 2 で割って，

$\therefore 3x + 4y - 5 = 0$ …………………(答)

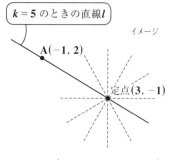

$k = 5$ のときの直線 l

イメージ

$A(-1, 2)$

定点 $(3, -1)$

(直線 l は定点 $(3, -1)$ を通る様々な直線)

xy 座標平面上に，2 直線 $l_1 : x + 2y - 3 = 0$，$l_2 : 3x - y - 2 = 0$ がある。

この 2 直線の交点 P を通り，かつ点 A$(-1, 3)$ を通る直線 l の方程式を求めよ。

ヒント！ 2 直線 $a_1 x + b_1 y + c_1 = 0$ と $a_2 x + b_2 y + c_2 = 0$ の交点を通る任意の直線は，ほぼ $a_1 x + b_1 y + c_1 + k(a_2 x + b_2 y + c_2) = 0$ $(k：任意定数)$ で表されるんだね。

解答＆解説

2 直線 $l_1 : x + 2y - 3 = 0$ と $l_2 : 3x - y - 2 = 0$ の
交点 P を通る直線の方程式は，任意定数 k を
用いて，次のように表される。

$x + 2y - 3 + k(3x - y - 2) = 0$ ……① $(k：定数)$

$(および，l_2 : 3x - y - 2 = 0)$

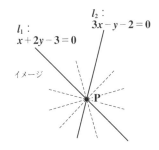

$l_2 :$
$3x - y - 2 = 0$

$l_1 :$
$x + 2y - 3 = 0$

イメージ

P

---

k が，$\sqrt{5}$，-2，5，101，…など様々な値をとっても，①は，$x + 2y - 3 = 0$，かつ $3x - y - 2 = 0$ のとき成り立つ。これは，l_1 と l_2 の交点 P を①が通ることを示しているんだね。しかし，この交点 P を通る直線として，$k = 0$ のとき，$x + 2y - 3 = 0$ となって，l_1 は表せるが，k がどのような値をとっても，①で，$l_2 : 3x - y - 2 = 0$ を表すことはできない。よって，この直線 l_2 だけは別扱いにして表現するんだね。ただし，①で，l_2 以外の交点 P を通る直線はすべて表せているので，まず，これで計算し，うまくいかないときだけ，l_2 の方程式を調べればいいんだね。大丈夫？

---

①が点 A$(-1, 3)$ を通るとき，これを①に代入して，

$\underbrace{-1 + 2 \cdot 3 - 3}_{②} + k\underbrace{\{3 \cdot (-1) - 3 - 2\}}_{-8} = 0$

$2 - 8k = 0$ $8k = 2$ $\therefore k = \dfrac{1}{4}$ ……②

②を①に代入すれば，l_1 と l_2 の交点 P と
点 A$(-1, 3)$ を通る直線 l の方程式になる。

よって，

イメージ

A$(-1, 3)$

交点P

両辺に **4** をかけた

$x + 2y - 3 + \dfrac{1}{4}(3x - y - 2) = 0$ $4(x + 2y - 3) + 3x - y - 2 = 0$

$4x + 8y - 12 + 3x - y - 2 = 0$ $7x + 7y - 14 = 0$ 両辺を **7** で割って

$\therefore x + y - 2 = 0$ …………………………………………………………(答)

次の各問いに答えよ。

(1) 円 $C_1 : x^2 + y^2 - x + 3y + 2 = 0$ の中心 A_1 の座標と半径 r_1 を求めよ。

(2) $x^2 + y^2 + 2ax - 4ay + 5a^2 + a - 1 = 0$ が円の方程式となるための定数 a

　　の条件を求め，そのときの円の中心 A_2 の座標と半径 r_2 を求めよ。

ヒント！　中心 (a, b), 半径 r の円の方程式は，$(x-a)^2 + (y-b)^2 = r^2$ なんだね。

ここで，半径 $r > 0$ より，$r^2 > 0$ となることが，円の方程式であるための条件になる。

解答 & 解説

(1) 円 $C_1 : x^2 + y^2 - x + 3y + 2 = 0$ ………① を変形して，

$$\left(x^2 - 1 \cdot x + \frac{1}{4}\right) + \left(y^2 + 3y + \frac{9}{4}\right) = -2 + \frac{1}{4} + \frac{9}{4}$$

$-2 + \frac{10}{4} = \frac{10-8}{4} = \frac{1}{2}$

（2で割って2乗）　（2で割って2乗）

左辺に $\frac{1}{4} + \frac{9}{4}$ をたした分，右辺にもたす

$$\left(x - \frac{1}{2}\right)^2 + \left(y + \frac{3}{2}\right)^2 = \frac{1}{2}$$

r_1^2 のこと

これから，円 C_1 の中心 $A_1\left(\dfrac{1}{2}, -\dfrac{3}{2}\right)$, 半径 $r_1 = \sqrt{\dfrac{1}{2}} = \dfrac{\sqrt{2}}{2}$ である。……(答)

(2) $x^2 + y^2 + 2ax - 4ay + 5a^2 + a - 1 = 0$ ………② を変形して，

$$(x^2 + 2ax + a^2) + (y^2 - 4ay + 4a^2) = 1 - a$$

（2で割って2乗）　（2で割って2乗）

$$(x + a)^2 + (y - 2a)^2 = 1 - a$$

r_2^2 のことなので，これは正 ⊕

よって，②が円の方程式となるための条件は $1 - a > 0$ より，$a < 1$ ……(答)

このとき，②は中心 $A_2(-a, 2a)$, 半径 $r_2 = \sqrt{1-a}$ の円である。……(答)

初めからトライ！問題 30 | 円の接線の方程式 | CHECK 1 | CHECK 2 | CHECK 3

円 $C : x^2 + y^2 = 5$ 上の点 $P(a, b)$ における接線が点 $Q(3, 1)$ を通るとき，点 P の座標 (a, b) を求めよ。

ヒント！ 一般に，円 $x^2 + y^2 = r^2 (r > 0)$ の円周上の点 (x_1, y_1) における接線の方程式は，$x_1 x + y_1 y = r^2$ となるんだね。この公式を利用して解いてみよう！

解答 & 解説

点 $P(\underset{\sim}{a}, \underset{=}{b})$ は，

円 $C : x^2 + y^2 = 5$ 上の点なので，

これを代入して成り立つ。

∴ $\underset{\sim}{a^2} + \underset{=}{b^2} = 5$ ………①

次に円 C 上の点 $P(a, b)$ におけ

る接線の方程式は，

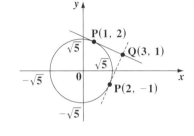

$ax + by = 5$ であり，これは点 $Q(\underset{\sim}{3}, \underset{=}{1})$ を通るので，これを代入して

> 円 $x^2 + y^2 = r^2$ 上の点 $P(x_1, y_1)$ における接線の式は $x_1 x + y_1 y = r^2$ だからね。

$a \cdot \underset{\sim}{3} + b \cdot \underset{=}{1} = 5$ より，

$b = 5 - 3a$ ………② となる。

> これで，未知数 a, b に対して，方程式①，②が導けたんだね。後はこれを解くだけだ！

②を①に代入して，

$a^2 + \underbrace{(5 - 3a)^2}_{25 - 30a + 9a^2} = 5 \qquad 10a^2 - 30a + \underbrace{20}_{25 - 5} = 0 \qquad$ 両辺を 10 で割って，

$a^2 - 3a + 2 = 0 \qquad (a - 1)(a - 2) = 0 \qquad ∴ a = 1, 2$

$\underbrace{\text{たして} -1 + (-2)}_{} \quad \underbrace{\text{かけて} -1 \times (-2)}_{}$

(i) $a = 1$ のとき，②より，$b = 5 - 3 \cdot 1 = 2$

(ii) $a = 2$ のとき，②より，$b = 5 - 3 \cdot 2 = -1$

以上より，求める接点 P の座標は，$(1, 2)$ または $(2, -1)$ である。 ……(答)

> 右上のグラフから，点 $Q(3, 1)$ を通る円 C の接線は 2 本引けるので，接点も当然 2 つ存在するんだね。納得いった？

円 $C:(x+2)^2+(y-3)^2=2$ と直線 $l:x-y+k=0$ がある。円 C と直線 l が、（ⅰ）異なる **2** 点で交わる，（ⅱ）接する，（ⅲ）共有点をもたない，の **3** つの場合について，定数 k の条件を求めよ。

ヒント！　円 C の中心 A と直線 l との間の距離を h とおくと，円 C の半径 $r=\sqrt{2}$ と h の大小関係から，（ⅰ）$h<r$ のとき異なる **2** 点で交わり，（ⅱ）$h=r$ のとき接し，（ⅲ）$h>r$ のとき共有点をもたない，と言えるんだね。頑張って解いてみよう！

解答＆解説

円 $C:(x+2)^2+(y-3)^2=2$ ……① より，円 C の中心 $A(-2,3)$，半径 $r=\sqrt{2}$ である。

中心 $A(\underset{x_1}{-2},\underset{y_1}{3})$ と直線 $l:\underset{a}{1}\cdot x\underset{b}{-1}\cdot y\underset{c}{+k}=0$ ……② との間の距離を h とおくと，

$$h=\frac{|1\cdot(-2)-1\cdot 3+k|}{\sqrt{1^2+(-1)^2}}=\frac{|k-5|}{\sqrt{2}}\quad\text{……③ となる。}$$

（ⅰ）円 C と直線 l が異なる **2** 点で交わる

とき，右図から，$h<\underset{r}{\sqrt{2}}$ である。

よって，これに③を代入して，　両辺に $\sqrt{2}$ をかけた

$$\frac{|k-5|}{\sqrt{2}}<\sqrt{2}\qquad |k-5|<2$$

$\therefore -2<k-5<2$ より，　$5-2<k<5+2$　$\therefore 3<k<7$　………（答）

一般に $|x|<r$ （r：正の定数）のとき，$-r<x<r$ となる。よって，$|k-5|<2$ を，$-2<k-5<2$ と変形したんだね。

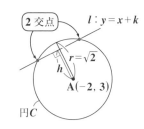

2 交点　$l:y=x+k$

$r=\sqrt{2}$

h

$A(-2,3)$

円 C

（ⅱ）円 C と直線 l が接するとき，右図から

$h=\underset{r}{\sqrt{2}}$ である。よって，これに③を代入して，

$$\frac{|k-5|}{\sqrt{2}}=\sqrt{2}\qquad |k-5|=2\qquad \text{（5＋2 と 5－2 のこと）}$$

$k-5=\pm 2\qquad k=\boxed{5\pm 2}$

$\therefore k=3$，または **7**　………………………………………………（答）

接線 $l:y=x+k$

接点

$r=\sqrt{2}$

h

$A(-2,3)$

円 C

(iii) 円 C と直線 l が共有点をもたないとき，

右図から，$h > \underset{\boxed{r}}{\sqrt{2}}$ である。

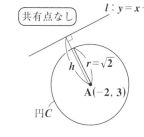

共有点なし

$l : y = x + k$

h　$r = \sqrt{2}$

$A(-2, 3)$

円 C

よって，これに③を代入して，

$$\frac{|k-5|}{\sqrt{2}} > \sqrt{2} \qquad |k-5| > 2$$

よって，$k - 5 < -2$，または $2 < k - 5$

> 一般に，$|x| > r$ (r：正の定数) のとき，$x < -r,\ r < x$ となる。よって，$|k-5| > 2$ は，$k-5 < -2$ または $2 < k-5$ と変形できるんだね。

$\therefore\ k < 3$，または $7 < k$ ………………………………………(答)

別解

円 C の方程式 $(x+2)^2 + (y-3)^2 = 2$ ………①に

直線 l の方程式 $y = x + k$ ………②′ を代入して，まとめると，

$$\underset{x^2+4x+4}{\underbrace{(x+2)^2}} + \underset{x^2+2(k-3)x+(k-3)^2}{\underbrace{(x+k-3)^2}} = 2 \qquad x^2 + 4x + 4 + x^2 + (2k-6)x + \underset{k^2-6k+7}{\underbrace{(k-3)^2 - 2}} = 0$$

$\underset{\boxed{a}}{2x^2} + \underset{\boxed{2b'}}{2(k-1)x} + \underset{\boxed{c}}{k^2 - 6k + 11} = 0$ となる。この判別式を D とおくと，

$$\frac{D}{4} = \underset{k^2-2k+1}{\underbrace{(k-1)^2}} - 2(\overbrace{k^2 - 6k + 11}) = -k^2 + 10k - 21 \text{ となるね。これから，}$$

(i) $\dfrac{D}{4} > 0$，すなわち $-k^2 + 10k - 21 > 0$ より，$k^2 - 10k + 21 < 0$

$\quad (k-3)(k-7) < 0 \qquad \therefore\ 3 < k < 7$ のとき，C と l は異なる 2 点で交わる。

(ii) $\dfrac{D}{4} = 0$，すなわち $-k^2 + 10k - 21 = 0$ より，$k^2 - 10k + 21 = 0$

$\quad (k-3)(k-7) = 0 \qquad \therefore\ k = 3,\ 7$ のとき，C と l は接する。

(iii) $\dfrac{D}{4} < 0$，すなわち $-k^2 + 10k - 21 < 0$ より，$k^2 - 10k + 21 > 0$

$\quad (k-3)(k-7) > 0 \qquad \therefore\ k < 3,\ 7 < k$ のとき，C と l は共有点をもたない。

と求めても，同様の結果が得られるんだね。面白かった？

初めからトライ！問題 32	2 つの円の位置関係	CHECK 1	CHECK 2	CHECK 3

2 つの円 $C_1: x^2+y^2=9$ と，$C_2: (x+1)^2+(y-3)^2=4$ がある。

(1) 円 C_1 と円 C_2 が 2 点 P，Q で交わることを示せ。

(2) この 2 点 P，Q を通る直線の方程式を求めよ。

ヒント！ (1) 2つの円の中心の距離 d と，それぞれの半径 r_1，r_2 ($r_1>r_2$) について，$r_1-r_2<d<r_1+r_2$ を示せばいいね。(2) は，$x^2+y^2-9-\{(x+1)^2+(y-3)^2-4\}=0$ で 1 発で求まるんだね。この意味が分かるように頑張ろう！

解答＆解説

(1) 円 $C_1: x^2+y^2=9$ の中心は O(0, 0) で，半径 $r_1=3$ である。

円 $C_2: (x+1)^2+(y-3)^2=4$ の中心は A(−1, 3) で，半径 $r_2=2$ である。

よって，中心間の距離 OA を d とおくと，

$d=\mathrm{OA}=\sqrt{(-1)^2+3^2}=\sqrt{10}$ (=3.162…) より，

$r_1-r_2<d<r_1+r_2$ $[3-2<d<3+2]$

をみたす。よって，右図に示すように，2 つの円 C_1 と円 C_2 は 2 点 P，Q で交わる。

………(終)

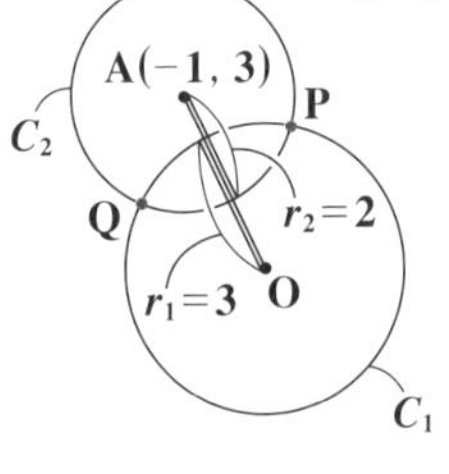

(2) 2 つの円 C_1，C_2 の交点 P と Q を通る円または直線の式は，任意定数 k を用いて，次のように表せる。

$$x^2+y^2-9+k\{(x+1)^2+(y-3)^2-4\}=0 \quad \cdots\cdots ①$$

(および，$(x+1)^2+(y-3)^2-4=0$)

> これは，2 直線の交点を通る直線の式 (初めからトライ！問題 28) と同様なんだね。

ここで，$k \fallingdotseq -1$ のとき，①は，円を表すが，$k=-1$ のときは，x^2 同士，y^2 同士が引き算されてなくなるため，直線の方程式になる。

よって，円 C_1 と円 C_2 の交点 P，Q を通る直線の方程式は，① の k に $k=-1$ を代入して，

$$x^2+y^2-9-1\cdot(x^2+2x+1+y^2-6y+9-4)=0$$

$$-9-2x-1+6y-9+4=0 \qquad -2x+6y-15=0$$

両辺に -1 をかけて，$2x-6y+15=0$ である。 ………………………(答)

初めからトライ！問題 33　　　　軌跡　　　　CHECK *1*　　CHECK *2*　　CHECK *3*

xy 座標平面上に，2 つの定点 $\mathrm{O}(0，0)$，$\mathrm{A}(0，4)$ と，動点 $\mathrm{P}(x，y)$ がある。

(1) $\mathrm{OP}=\mathrm{AP}$ をみたす動点 P の軌跡の方程式を求めよ。

(2) $\mathrm{OP}：\mathrm{AP}=1：3$ をみたす動点 P の軌跡の方程式を求めよ。

ヒント！　(1) の動点 P は，線分 OA の垂直二等分線になり，(2) の動点 P は，アポロニウスの円を描くことになるんだね。軌跡の定番問題だから，シッカリ解いてみよう。

解答 & 解説

$\mathrm{O}(0，0)$，$\mathrm{A}(0，4)$，$\mathrm{P}(x，y)$ より，

$\mathrm{OP}=\sqrt{x^2+y^2}$ ……① 　　$\mathrm{AP}=\sqrt{x^2+(y-4)^2}$ ……②　　となる。

(1) $\mathrm{OP}=\mathrm{AP}$ ……③ のときの

動点 $\mathrm{P}(x，y)$ の軌跡を求める。

> 動点 $\mathrm{P}(x，y)$ の軌跡を求めたかったら，x と y の関係式を求めればいい。それが P の軌跡の方程式だ。

①，②を③に代入して，$\sqrt{x^2+y^2}=\sqrt{x^2+(y-4)^2}$

両辺を 2 乗して，まとめると，

$\cancel{x^2}+\cancel{y^2}=\cancel{x^2}+\cancel{y^2}-8y+16$　　　$8y=16$

∴ P の軌跡の方程式は，$y=2$ ………(答)

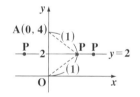

(2) $\mathrm{OP}：\mathrm{AP}=1：3$，すなわち，$3\mathrm{OP}=\mathrm{AP}$ ……④ のとき，

動点 P の軌跡を求める。①，②を④に代入して，

$3\sqrt{x^2+y^2}=\sqrt{x^2+(y-4)^2}$　　この両辺を 2 乗して，まとめると，

$9(x^2+y^2)=x^2+y^2-8y+16$　　　$8x^2+8y^2+8y=16$　← 両辺を **8** で割って

$x^2+y^2+y=2$　← 左辺に $\dfrac{1}{4}$ をたした分，右辺にもたす。

$x^2+\left(y^2+1\cdot y+\dfrac{1}{4}\right)=2+\dfrac{1}{4}$

2 で割って 2 乗　　　$\dfrac{8+1}{4}=\dfrac{9}{4}$

$x^2+\left(y+\dfrac{1}{2}\right)^2=\dfrac{9}{4}$ …………(答)

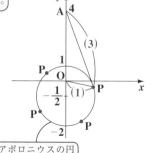

動点 P は，中心 $\left(0，-\dfrac{1}{2}\right)$，半径 $r=\sqrt{\dfrac{9}{4}}=\dfrac{3}{2}$ のアポロニウスの円を描くんだね。

アポロニウスの円

xy 座標平面上に円 $C : x^2 + y^2 = 9$ と定点 $A(6, 0)$ があり，動点 $Q(u, v)$ は，円 C の周上を動く。このとき，線分 AQ を $1 : 2$ に内分する点 $P(x, y)$ の描く軌跡の方程式を求めよ。

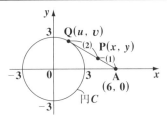

ヒント！ 動点 $P(x, y)$ の軌跡の方程式は，与えられた条件から，x と y の関係式を求めればいいんだね。ヨ〜ク考えて，答えを出してみよう。

解答 & 解説

円 $C : x^2 + y^2 = 9$ ……①，定点 $A(6, 0)$ が与えられている。

動点 $Q(u, v)$ は，円 C の周上を動くので，これらの座標を①に代入して，

$u^2 + v^2 = 9$ ……② が成り立つ。

ここで，点 $P(x, y)$ は線分 AQ を $1 : 2$ に内分するので，

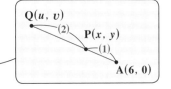

$$P\left(\frac{2 \cdot 6 + 1 \cdot u}{1 + 2}, \ \frac{2 \cdot 0 + 1 \cdot v}{1 + 2} \right) \text{より,}$$

$$P\left(\underbrace{\frac{u + 12}{3}}_{x}, \ \underbrace{\frac{v}{3}}_{y} \right) \text{となる。よって,}$$

> ボク達は $P(x, y)$ の軌跡の方程式 (x と y の関係式) を求めたいわけだから，③，④を $u = (x \text{ の式})$，$v = (y \text{ の式})$ の形にして，これを②に代入すればいいんだね。

$$x = \frac{u + 12}{3} \ \text{……③} \qquad y = \frac{v}{3} \ \text{……④ となる。}$$

③，④より

$$u = \underset{\sim\sim\sim\sim}{3x - 12} \ \text{……③'} \qquad v = \underset{=\!=\!=}{3y} \ \text{……④'}$$

③' と④' を②に代入すると，動点 $P(x, y)$ の軌跡の方程式になる。

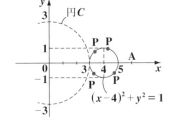

$$\underbrace{(3x - 12)^2}_{\{3(x-4)\}^2 = 9(x-4)^2} + \underbrace{(3y)^2}_{9y^2} = 9$$

$9(x - 4)^2 + 9y^2 = 9$　　両辺を 9 で割って，$(x - 4)^2 + y^2 = 1$ ……………(答)

初めからトライ！問題 35　　　　　　領域　　　　　CHECK 1　CHECK 2　CHECK 3

次の連立不等式が表す領域を xy 座標平面上に図示せよ。

$$\begin{cases} (x-4)^2 + (y-3)^2 \leqq 5 & \cdots\cdots\cdots ① \\ y \geqq -x+6 & \cdots\cdots\cdots\cdots ② \end{cases}$$

ヒント！ 連立不等式①，②は，①かつ②をみたす領域と考えるんだよ。よって，円 $(x-4)^2 + (y-3)^2 = 5$ の周およびその内部であり，かつ直線 $y = -x+6$ 以上の領域を求めればいいんだね。頑張ろう！

解答＆解説

$$\begin{cases} 円 C : (x-4)^2 + (y-3)^2 = 5 & \cdots\cdots ①' & (C \ は，中心 (4, 3)，半径 \sqrt{5} の円) \\ 直線 l : y = -x+6 & \cdots\cdots\cdots\cdots ②' & とおく。 \end{cases}$$

$$\boxed{2.236\cdots}$$

②′を①′に代入して，$\underbrace{(x-4)^2}_{x^2-8x+16} + \underbrace{(-x+6-3)^2}_{(-x+3)^2 = (x-3)^2 = x^2-6x+9} = 5$

$x^2 - 8x + 16 + x^2 - 6x + 9 - 5 = 0$　　　$2x^2 - 14x + 20 = 0$ ← 両辺を 2 で割って

$\underbrace{x^2 - 7x}_{} + \underbrace{10}_{} = 0$　　$(x-2)(x-5) = 0$　　$\therefore x = 2, \ 5$

たして $-2+(-5)$　　かけて $(-2)\times(-5)$

$$\begin{cases} x = 2 \ のとき，②' より，y = -2+6 = 4 \\ x = 5 \ のとき，②' より，y = -5+6 = 1 \end{cases}$$

以上より，①′と②′は，2 点 $(2, 4)$，$(5, 1)$ で交わる。

ここで，①は，中心 $(4, 3)$，半径 $\sqrt{5}$ の円 C の周およびその内部であり，かつ②は直線 $l : y = -x+6$ 以上である。よって，この連立不等式①，②の表す領域を示すと，右図の網目部になる。(ただし，境界線はすべて含む。) ‥‥‥‥‥‥‥‥(答)

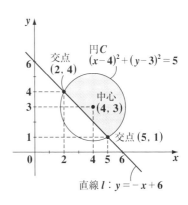

円 C
$(x-4)^2 + (y-3)^2 = 5$

交点 $(2, 4)$

中心 $(4, 3)$

交点 $(5, 1)$

直線 $l : y = -x+6$

次の連立不等式が表す領域 D を xy 座標平面上に図示せよ。

$$\begin{cases} y \le -x^2 + x + 2 & \cdots\cdots ① \\ y \ge x - 2 & \cdots\cdots\cdots ② \end{cases}$$

ヒント！　今回は，①より，放物線 $y = -x^2 + x + 2$ 以下で，かつ②より，直線 $y = x - 2$ 以上の領域を求めればいいんだね。

解答＆解説

$$\begin{cases} 放物線 C : y = -x^2 + x + 2 & \cdots\cdots ①' \\ 直線 l \quad : y = x - 2 & \cdots\cdots\cdots ②' \end{cases}$$

②'を①'に代入して，

$x - 2 = -x^2 + x + 2$　　　$x^2 - 4 = 0$

$(x + 2)(x - 2) = 0$

$\therefore x = -2,\ 2$

$\begin{cases} x = -2 \ のとき，②' より，y = -2 - 2 = -4 \\ x = 2 \ のとき，②' より，y = 2 - 2 = 0 \end{cases}$

よって，C と l は，2 点 $(-2,\ -4),\ (2,\ 0)$ で交わる。

①'は，頂点 $\left(\dfrac{1}{2},\ \dfrac{9}{4} \right)$ の上に凸の放物線で，①は，この放物線 C 以下の領域を表し，かつ，②は，直線 l 以上の領域を表す。

以上より，この連立不等式①，②の表す領域 D は，右図の網目部の領域である。（ただし，境界線はすべて含む。）

　　　　　　　　　　　　　　　　 $\cdots\cdots$(答)

・$y = -\left(x^2 - 1 \cdot x + \dfrac{1}{4} \right) + 2 + \dfrac{1}{4}$

（2 で割って 2 乗）　（$\dfrac{1}{4}$ を引いた分，たす。）

$= -\left(x - \dfrac{1}{2} \right)^2 + \dfrac{9}{4}$

頂点 $\left(\dfrac{1}{2},\ \dfrac{9}{4} \right)$ の上に凸の放物線

・$y = -(x^2 - x - 2)$

　$= -(x + 1)(x - 2)$ より

$y = 0$ のとき，$x = -1,\ 2$

よって，x 軸とは $x = -1,\ 2$ で交わる。

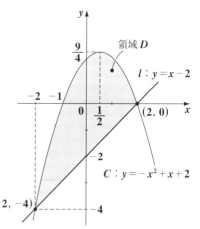

初めからトライ！問題 37 　領域と最大・小
CHECK 1　CHECK 2　CHECK 3

xy 座標平面上における次の領域 D 内のすべての点 (x, y) について，$x+y$ の最大値と最小値を求めよ。

領域 D $\begin{cases} y \leqq -x^2 + x + 2 & \text{………①} \\ y \geqq x - 2 & \text{……………②} \end{cases}$

ヒント！　領域 D は，前問のものとまったく同じだね。今回は，この領域内のすべての点 (x, y) について，$x+y$ の最大値と最小値を求める問題なので，$x+y=k$（定数）とおいて，見かけ上の直線 $y=-x+k$ を作り，これが領域 D とギリギリ共有点をもつ範囲から，k の最大値・最小値を求めればいいんだね。この解法パターンを覚えよう！

解答 & 解説

領域 D は，

$\begin{cases} \text{放物線 } C : y = -x^2 + x + 2 & \text{……①' と，} \\ \text{直線 } l \quad : y = x - 2 & \text{……………②' とで} \end{cases}$

囲まれる領域で，右図に網目部で示す，この領域 D 内のすべての点 (x, y) について，$x+y$ の最大値，最小値を求め

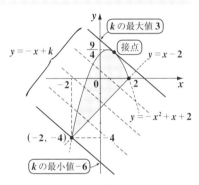

るために，$x+y=k$（定数）……③ とおいて，$y=-x+k$ ……③' とすると，これは領域 D と共有点をもつときだけ意味のある見かけ上の直線である。

（ⅰ）右上図より，③' が点 $(-2, -4)$ を通るとき，

　k，すなわち $x+y$ の最小値は，$-2+(-4)=-6$ である。　…………（答）

（ⅱ）次に，放物線 C ①' と，見かけ上の直線 $y=-x+k$ ……③' が接するとき，

　k は最大値をとる。よって，①' と③' から y を消去して，

　$-x^2 + x + 2 = -x + k$ 　　$\underset{\boxed{a}}{1} \cdot x^2 \underset{\boxed{2b'}}{-2} \cdot x + \underset{\boxed{c}}{k-2} = 0$ 　この x の 2 次方程式

の判別式を D とおくと，$\dfrac{D}{4} = (-1)^2 - 1 \cdot (k-2) = 1 - k + 2 = \boxed{3-k=0}$

のとき，①' と③' は接する。

よって，k，すなわち $x+y$ の最大値は 3 である。　………………（答）

1. 2 点 $A(x_1, y_1)$, $B(x_2, y_2)$ 間の距離

$$AB = \sqrt{(x_1 - x_2)^2 + (y_1 - y_2)^2}$$

2. 内分点・外分点の公式

2 点 $A(x_1, y_1)$, $B(x_2, y_2)$ を結ぶ線分 AB を

（ⅰ）点 P が $m : n$ に内分するとき，$P\left(\dfrac{nx_1 + mx_2}{m + n},\ \dfrac{ny_1 + my_2}{m + n}\right)$

（ⅱ）点 Q が $m : n$ に外分するとき，$Q\left(\dfrac{-nx_1 + mx_2}{m - n},\ \dfrac{-ny_1 + my_2}{m - n}\right)$

3. 点 $A(x_1, y_1)$ を通る傾き m の直線の方程式

$$y = m(x - x_1) + y_1 \quad\longleftarrow$$

> 2 点 $A(x_1, y_1)$, $B(x_2, y_2)$ を通る場合は，傾き $m = \dfrac{y_1 - y_2}{x_1 - x_2}$ だ。（ただし，$x_1 \neq x_2$）

4. 2 直線の平行条件と直交条件

(1) $m_1 = m_2$ のとき，平行　　　**(2)** $m_1 \cdot m_2 = -1$ のとき，直交

（m_1, m_2 は 2 直線の傾き）

5. 点と直線の距離

点 $A(x_1, y_1)$ と直線 $ax + by + c = 0$ との間の距離 h は，

$$h = \frac{|ax_1 + by_1 + c|}{\sqrt{a^2 + b^2}}$$

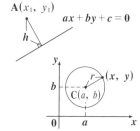

6. 円の方程式

$$(x - a)^2 + (y - b)^2 = r^2 \quad (r > 0)$$

（中心 $C(a, b)$，半径 r）

7. 円と直線の位置関係

円の中心と直線との距離を h とおくと，

（ⅰ）$h < r$ のとき，2 点で交わる　　（ⅱ）$h = r$ のとき，接する

（ⅲ）$h > r$ のとき，共有点なし　　（ただし，r：円の半径）

8. 動点 $P(x, y)$ の軌跡の方程式

（動点 $P(x, y)$ の軌跡の方程式）≡（x と y の関係式）

9. 領域と最大・最小

見かけ上の直線（または曲線）を利用して解く。

3 三角関数

テーマ

▶ 一般角，三角関数の定義

▶ 弧度法，$\sin(\theta + \pi)$ 等の変形，グラフ

▶ 三角関数の加法定理，合成

▶ 三角方程式・三角不等式

1. 一般角から始めよう。

(1) 主要な角度を頭に入れよう。（ⅰ）

- （ⅰ）$0° \leqq \theta < 360°$ のとき の主要な角度

- （ⅱ）$-180° \leqq \theta < 180°$ のときの主要な角度

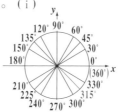

（ⅱ）

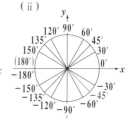

(2) 一般角は $\theta_1 + 360°n$ で表す。

右図に示すように，ある角度 θ_1 は，n 周回って動径 **OP** が同じ位置に来てもいいので，一般角として，$\theta_1 + 360°n$ (n：整数) と表せる。

（右図は，$n = 2$ のときのイメージだね。）

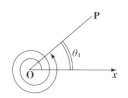

2. 三角関数の定義を押さえよう。

(1) 半径 r の円による三角関数の定義

原点を中心とする半径 r の円周上の点 **P** の座標 x, y と r により，三角関数は次のように定義される。

$$\sin\theta = \frac{y}{r}, \ \cos\theta = \frac{x}{r}, \ \tan\theta = \frac{y}{x} \ (x \neq 0)$$

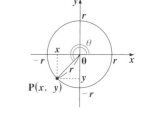

半円が円に変わっただけで，三角比のときの定義と同じだ！

(2) 半径 1 の円による三角関数の定義

原点を中心とする半径 1 の円周上の点 **P** の座標 x, y により，三角関数は次のように定義される。

$$\sin\theta = y, \ \cos\theta = x, \ \tan\theta = \frac{y}{x} \ (x \neq 0)$$

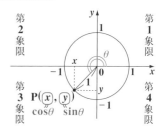

これから，角度 θ が，(ⅰ) 第 1 象限のとき　$\sin\theta > 0$　$\cos\theta > 0$　$\tan\theta > 0$

(ⅱ) 第 2 象限のとき　$\sin\theta > 0$　$\cos\theta < 0$　$\tan\theta < 0$

(ⅲ) 第 3 象限のとき　$\sin\theta < 0$　$\cos\theta < 0$　$\tan\theta > 0$

(ⅳ) 第 4 象限のとき　$\sin\theta < 0$　$\cos\theta > 0$　$\tan\theta < 0$

(3) 三角関数の主な値をスラスラ言えるようになろう。

		第1象限の角				第2象限の角			
θ	$0°$	$30°$	$45°$	$60°$	$90°$	$120°$	$135°$	$150°$	$180°$
sin	0	$\dfrac{1}{2}$	$\dfrac{1}{\sqrt{2}}$	$\dfrac{\sqrt{3}}{2}$	1	$\dfrac{\sqrt{3}}{2}$	$\dfrac{1}{\sqrt{2}}$	$\dfrac{1}{2}$	0
cos	1	$\dfrac{\sqrt{3}}{2}$	$\dfrac{1}{\sqrt{2}}$	$\dfrac{1}{2}$	0	$-\dfrac{1}{2}$	$-\dfrac{1}{\sqrt{2}}$	$-\dfrac{\sqrt{3}}{2}$	-1
tan	0	$\dfrac{1}{\sqrt{3}}$	1	$\sqrt{3}$	/	$-\sqrt{3}$	-1	$-\dfrac{1}{\sqrt{3}}$	0

	第3象限の角				第4象限の角			$0°$
θ	$210°$	$225°$	$240°$	$270°$	$300°$	$315°$	$330°$	$360°$
sin	$-\dfrac{1}{2}$	$-\dfrac{1}{\sqrt{2}}$	$-\dfrac{\sqrt{3}}{2}$	-1	$-\dfrac{\sqrt{3}}{2}$	$-\dfrac{1}{\sqrt{2}}$	$-\dfrac{1}{2}$	0
cos	$-\dfrac{\sqrt{3}}{2}$	$-\dfrac{1}{\sqrt{2}}$	$-\dfrac{1}{2}$	0	$\dfrac{1}{2}$	$\dfrac{1}{\sqrt{2}}$	$\dfrac{\sqrt{3}}{2}$	1
tan	$\dfrac{1}{\sqrt{3}}$	1	$\sqrt{3}$	/	$-\sqrt{3}$	-1	$-\dfrac{1}{\sqrt{3}}$	0

$(ex)\,\sin 570° = \sin(210° + 360°) = \sin 210° = -\dfrac{1}{2}$

$\cos 690° = \cos(330° + 360°) = \cos 330° = \dfrac{\sqrt{3}}{2}$ だね。大丈夫？

3. 三角関数の基本公式を覚えよう。

(1) (i) $\cos^2\theta + \sin^2\theta = 1$ 　(ii) $\tan\theta = \dfrac{\sin\theta}{\cos\theta}$ 　(iii) $1 + \tan^2\theta = \dfrac{1}{\cos^2\theta}$

(2) (i) $\sin(-\theta) = -\sin\theta$ 　(ii) $\cos(-\theta) = \cos\theta$ 　(iii) $\tan(-\theta) = -\tan\theta$

4. 角度は弧度法 (ラジアン) でも表せる。

$180° = \pi\,(\text{ラジアン})$

$(ex)\,30° = \dfrac{\pi}{6},\quad 135° = \dfrac{3}{4}\pi,\quad 210° = \dfrac{7}{6}\pi,\quad 300° = \dfrac{5}{3}\pi,\quad \cdots$ など。

5. 扇形と弧長は弧度法の角 θ で表せる。

半径 r，中心角 θ（ラジアン）の扇形の
弧の長さ l と面積 S は，次式で表せる。

（ⅰ）$l = r\theta$ 　（ⅱ）$S = \dfrac{1}{2}r^2\theta$

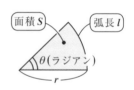

6. $\sin(\theta + \pi)$ などの変形もマスターしよう。

(1) π の関係したもの

（ⅰ）記号の決定

・$\sin \to \sin$

・$\cos \to \cos$

・$\tan \to \tan$

（ⅱ）符号（⊕，⊖）の決定

θ を第 **1** 象限の角，例えば

$\theta = \dfrac{\pi}{6}$ とおいて左辺の符号を

調べ，右辺の符号を決定する。

(2) $\dfrac{\pi}{2}$ や $\dfrac{3}{2}\pi$ の関係したもの

（ⅰ）記号の決定

・$\sin \to \cos$

・$\cos \to \sin$

・$\tan \to \dfrac{1}{\tan}$

（ⅱ）符号（⊕，⊖）の決定

θ を第 **1** 象限の角，例えば

$\theta = \dfrac{\pi}{6}$ とおいて左辺の符号を

調べ，右辺の符号を決定する。

$(ex)\ \cos(\pi + \theta) = -\cos\theta$ ← π なので，$\cos \to \cos$, $\theta = \dfrac{\pi}{6}$ として，$\cos\dfrac{7}{6}\pi < 0$ より⊖

7. 三角関数の加法定理は，歌うように覚えよう。

(1) $\begin{cases} \sin(\alpha + \beta) = \sin\alpha\cos\beta + \cos\alpha\sin\beta & \cdots\cdots ① \\ \sin(\alpha - \beta) = \sin\alpha\cos\beta - \cos\alpha\sin\beta & \cdots\cdots ② \end{cases}$ ←

サイタ・コスモス・コスモス・サイタ
$\underset{\sin}{|}$　$\underset{\cos}{|}$　$\underset{\cos}{|}$　$\underset{\sin}{|}$

(2) $\begin{cases} \cos(\alpha + \beta) = \cos\alpha\cos\beta - \sin\alpha\sin\beta & \cdots\cdots ③ \\ \cos(\alpha - \beta) = \cos\alpha\cos\beta + \sin\alpha\sin\beta & \cdots\cdots ④ \end{cases}$ ←

コスモス・コスモス・サイタ・サイタ
$\underset{\cos}{|}$　$\underset{\cos}{|}$　$\underset{\sin}{|}$　$\underset{\sin}{|}$

(3) $\begin{cases} \tan(\alpha + \beta) = \dfrac{\tan\alpha + \tan\beta}{1 - \tan\alpha\tan\beta} & \cdots\cdots\cdots ⑤ \\ \tan(\alpha - \beta) = \dfrac{\tan\alpha - \tan\beta}{1 + \tan\alpha\tan\beta} & \cdots\cdots\cdots ⑥ \end{cases}$ ←

1・マイナス・タン・タン分
のタン・プラス・タン

1・プラス・タン・タン分
のタン・マイナス・タン

8. **2 倍角の公式と半角の公式も使いこなそう。**

(1) 2 倍角の公式，特に $\cos2\alpha$ は 3 通りあるので気を付けよう。

（ i) $\sin2\alpha = 2\sin\alpha\cos\alpha$　　　(ii) $\cos2\alpha = \cos^2\alpha - \sin^2\alpha$

$$= 1 - 2\sin^2\alpha$$

$$= 2\cos^2\alpha - 1$$

(2) 半角の公式も重要公式だ。

（ i) $\sin^2\alpha = \dfrac{1 - \cos2\alpha}{2}$　　　(ii) $\cos^2\alpha = \dfrac{1 + \cos2\alpha}{2}$

> ここで，$\alpha = \dfrac{\theta}{2}$ とおくと，$2\alpha = \theta$ となるので，上の 2 つの半角の公式を
>
> (i)$\sin^2\dfrac{\theta}{2} = \dfrac{1 - \cos\theta}{2}$　　(ii)$\cos^2\dfrac{\theta}{2} = \dfrac{1 + \cos\theta}{2}$ と表すこともある！

9. **三角関数の合成は，変形の意味を理解しよう。**

$$a\sin\theta + b\cos\theta = \sqrt{a^2+b^2}\left(\underbrace{\frac{a}{\sqrt{a^2+b^2}}}_{\cos\alpha}\sin\theta + \underbrace{\frac{b}{\sqrt{a^2+b^2}}}_{\sin\alpha}\cos\theta\right)\ (a>0,\ b>0)$$

$$= \sqrt{a^2+b^2}\,(\sin\theta\cos\alpha + \cos\theta\sin\alpha)$$

$$= \sqrt{a^2+b^2}\,\sin(\theta+\alpha)$$

> 2 辺長 a, b の直角三角形を利用して，合成しよう！

10. **三角方程式・三角不等式の解法の要領を覚えよう。**

三角関数（$\sin x$, $\cos x$, $\tan x$ など）の入った方程式を**三角方程式**といい，

三角関数の入った不等式を**三角不等式**というんだね。

そして，これらの解法のポイントは，三角関数の公式を使って，

$\sin x$, $\cos x$, $\tan x$ などの値（または範囲）を求め，

(i) $\sin x$ は，半径 1 の円周上の点の Y 座標であること，

(ii) $\cos x$ は，半径 1 の円周上の点の X 座標であること，そして，

(iii) $\tan x$ は，直線 $X=1$ 上の点の Y 座標であることを利用して，

角度 x の値（または範囲）を求めることなんだね。実際に問題を解きな

がら練習しよう！

次の各式の値を求めよ。

(1) $\sin 225° \cdot \cos 315° + \cos 330° \cdot \tan 240°$

(2) $\cos 300° \cdot \sin 240° - \cos 210° \cdot \sin 150°$

(3) $(\tan 240° - \cos 180°) \cdot (-\tan 120° + \sin 270°)$

ヒント！ 主に，第 **3** 象限と第 **4** 象限の角度の三角関数 (sin，cos，tan) の値を基に式の値を求める問題なんだね。初めは正確に答えられるように，そして慣れてきたらスピーディーに結果が出せるように練習しよう！ まず基本が大切だ!!

解答＆解説

(1)
$$\underset{\left(-\frac{1}{\sqrt{2}}\right)}{\boxed{\sin 225°}} \times \underset{\frac{1}{\sqrt{2}}}{\boxed{\cos 315°}} + \underset{\frac{\sqrt{3}}{2}}{\boxed{\cos 330°}} \times \underset{\sqrt{3}}{\boxed{\tan 240°}} = \left(-\frac{1}{\sqrt{2}}\right) \times \frac{1}{\sqrt{2}} + \frac{\sqrt{3}}{2} \times \sqrt{3}$$

$$= -\frac{1}{2} + \frac{3}{2} = \frac{3-1}{2} = 1 \quad \cdots\cdots\cdots\cdots\cdots\cdots\text{(答)}$$

(2)
$$\underset{\frac{1}{2}}{\boxed{\cos 300°}} \times \underset{\left(-\frac{\sqrt{3}}{2}\right)}{\boxed{\sin 240°}} - \underset{\left(-\frac{\sqrt{3}}{2}\right)}{\boxed{\cos 210°}} \times \underset{\frac{1}{2}}{\boxed{\sin 150°}} = \frac{1}{2} \times \left(-\frac{\sqrt{3}}{2}\right) - \left(-\frac{\sqrt{3}}{2}\right) \times \frac{1}{2}$$

$$= -\frac{\sqrt{3}}{4} + \frac{\sqrt{3}}{4} = 0 \quad \cdots\cdots\cdots\cdots\cdots\cdots\text{(答)}$$

(3)
$$\left(\underset{\sqrt{3}}{\boxed{\tan 240°}} - \underset{(-1)}{\boxed{\cos 180°}}\right) \times \left(-\underset{(-\sqrt{3})}{\boxed{\tan 120°}} + \underset{(-1)}{\boxed{\sin 270°}}\right) = \{\sqrt{3} - (-1)\} \times \{-(-\sqrt{3}) - 1\}$$

$$= (\sqrt{3} + 1)(\sqrt{3} - 1) = (\sqrt{3})^2 - 1^2 = 3 - 1 = 2 \quad \cdots\cdots\cdots\cdots\text{(答)}$$

初めからトライ！問題 39	三角関数の式の値	CHECK 1	CHECK 2	CHECK 3

次の各式の値を求めよ。

(1) $\cos 855° \cdot \sin 480° - \sin 1020° \cdot \sin 405°$

(2) $\cos 690° \cdot \sin 960° + \tan 1140° \cdot \tan 930°$

ヒント！ 角度が大き過ぎでビビったって!? $360°$ (1周分)，$720°$ (2周分)，$1080°$ (3周分) の角度を引いても，本質的に同じ角度のことだから，簡単化して，三角関数の各値を求めていけばいいんだね。頑張ろう！

解答＆解説

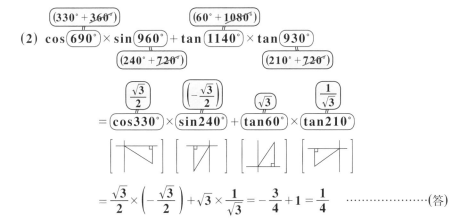

(1) $\cos\underbrace{855°}_{(135°+720°)} \times \sin\underbrace{480°}_{(120°+360°)} - \sin\underbrace{1020°}_{(300°+720°)} \times \sin\underbrace{405°}_{(45°+360°)}$

$= \underset{\left(-\frac{1}{\sqrt{2}}\right)}{\cos 135°} \times \underset{\frac{\sqrt{3}}{2}}{\sin 120°} - \underset{\left(-\frac{\sqrt{3}}{2}\right)}{\sin 300°} \times \underset{\frac{1}{\sqrt{2}}}{\sin 45°}$

$= \left(-\frac{1}{\sqrt{2}}\right) \times \frac{\sqrt{3}}{2} - \left(-\frac{\sqrt{3}}{2}\right) \times \frac{1}{\sqrt{2}} = -\frac{\sqrt{3}}{2\sqrt{2}} + \frac{\sqrt{3}}{2\sqrt{2}} = 0$ ………(答)

(2) $\cos\underbrace{690°}_{(330°+360°)} \times \sin\underbrace{960°}_{(240°+720°)} + \tan\underbrace{1140°}_{(60°+1080°)} \times \tan\underbrace{930°}_{(210°+720°)}$

$= \underset{\frac{\sqrt{3}}{2}}{\cos 330°} \times \underset{\left(-\frac{\sqrt{3}}{2}\right)}{\sin 240°} + \underset{\sqrt{3}}{\tan 60°} \times \underset{\frac{1}{\sqrt{3}}}{\tan 210°}$

$= \frac{\sqrt{3}}{2} \times \left(-\frac{\sqrt{3}}{2}\right) + \sqrt{3} \times \frac{1}{\sqrt{3}} = -\frac{3}{4} + 1 = \frac{1}{4}$ ………………(答)

次の各式の値を求めよ。

(1) $\tan(-600°) \cdot \sin(-870°) + \cos(-390°) \cdot \tan(-585°)$

(2) $\sin(-1200°) \cdot \tan(-960°) - \sin(-1170°) \cdot \cos(-1020°)$

ヒント！　今回は角度がすべて負の場合の三角関数の値の問題だね。この場合，公式
$(\text{i})\sin(-\theta) = -\sin\theta$, $(\text{ii})\cos(-\theta) = \cos\theta$, $(\text{iii})\tan(-\theta) = -\tan\theta$ を使えばいい。

解答＆解説

(1) $\underbrace{\tan(-600°)}_{(-\tan 600°)} \cdot \underbrace{\sin(-870°)}_{(-\sin 870°)} + \underbrace{\cos(-390°)}_{(\cos 390°)} \cdot \underbrace{\tan(-585°)}_{(-\tan 585°)}$

$\cdot \sin(-\theta) = -\sin\theta$
$\cdot \cos(-\theta) = \cos\theta$
$\cdot \tan(-\theta) = -\tan\theta$

$= \tan\underset{(240°+360°)}{(600°)} \times \sin\underset{(150°+720°)}{(870°)} - \cos\underset{(30°+360°)}{(390°)} \times \tan\underset{(225°+360°)}{(585°)}$

$= \underset{\sqrt{3}}{(\tan 240°)} \times \underset{\frac{1}{2}}{(\sin 150°)} - \underset{\frac{\sqrt{3}}{2}}{(\cos 30°)} \times \underset{1}{(\tan 225°)}$

$= \sqrt{3} \times \dfrac{1}{2} - \dfrac{\sqrt{3}}{2} \times 1 = \dfrac{\sqrt{3}}{2} - \dfrac{\sqrt{3}}{2} = 0$ ……………………(答)

(2) $\underbrace{\sin(-1200°)}_{(-\sin 1200°)} \cdot \underbrace{\tan(-960°)}_{(-\tan 960°)} - \underbrace{\sin(-1170°)}_{(-\sin 1170°)} \cdot \underbrace{\cos(-1020°)}_{(\cos 1020°)}$

$\cdot \sin(-\theta) = -\sin\theta$
$\cdot \cos(-\theta) = \cos\theta$
$\cdot \tan(-\theta) = -\tan\theta$

$= \sin\underset{(120°+1080°)}{(1200°)} \times \tan\underset{(240°+720°)}{(960°)} + \sin\underset{(90°+1080°)}{(1170°)} \times \cos\underset{(300°+720°)}{(1020°)}$

$= \underset{\frac{\sqrt{3}}{2}}{(\sin 120°)} \times \underset{\sqrt{3}}{(\tan 240°)} + \underset{1}{(\sin 90°)} \times \underset{\frac{1}{2}}{(\cos 300°)}$

$= \dfrac{\sqrt{3}}{2} \times \sqrt{3} + 1 \times \dfrac{1}{2} = \dfrac{3}{2} + \dfrac{1}{2} = \dfrac{3+1}{2} = 2$ ……………………(答)

初めからトライ！問題 41 弧度法と三角関数の式の値 CHECK 1 CHECK 2 CHECK 3

次の各式の値を求めよ。

(1) $\cos\left(-\dfrac{9}{4}\pi\right)\cdot\sin\dfrac{14}{3}\pi + \cos\dfrac{31}{6}\pi\cdot\sin\left(-\dfrac{21}{4}\pi\right)$

(2) $\left\{\tan\left(-\dfrac{14}{3}\pi\right)+\sin\dfrac{11}{2}\pi\right\}\cdot\left\{\tan\dfrac{10}{3}\pi-\cos(-7\pi)\right\}$

ヒント！ 今回は，角度が弧度法 $(\pi(\text{ラジアン})=180°)$ で表されている。
この場合も，$\sin(-\theta)=-\sin\theta$ などの変形と，$\pm2\pi(1$周分$)$，$\pm4\pi(2$周分$)$，
$\pm6\pi(3$周分$)$ などの角度は無視できることを利用して，解いていこう。

解答＆解説

(1)
$$\underset{\sin\left(\frac{2}{3}\pi+4\pi\right)}{\overset{\cos\frac{9}{4}\pi=\cos\left(\frac{\pi}{4}+2\pi\right)}{\boxed{\cos\left(-\frac{9}{4}\pi\right)}}}\times\boxed{\sin\frac{14}{3}\pi}+\underset{-\sin\frac{21}{4}\pi=-\sin\left(\frac{5}{4}\pi+4\pi\right)}{\overset{\cos\left(\frac{7}{6}\pi+4\pi\right)}{\boxed{\cos\frac{31}{6}\pi}}}\times\boxed{\sin\left(-\frac{21}{4}\pi\right)}$$

$$=\overset{\frac{1}{\sqrt{2}}}{\boxed{\cos\frac{\pi}{4}}}\times\overset{\frac{\sqrt{3}}{2}}{\boxed{\sin\frac{2}{3}\pi}}-\overset{-\frac{\sqrt{3}}{2}}{\boxed{\cos\frac{7}{6}\pi}}\times\overset{-\frac{1}{\sqrt{2}}}{\boxed{\sin\frac{5}{4}\pi}}$$

$$=\frac{1}{\sqrt{2}}\cdot\frac{\sqrt{3}}{2}-\left(-\frac{\sqrt{3}}{2}\right)\times\left(-\frac{1}{\sqrt{2}}\right)=\frac{\sqrt{3}}{2\sqrt{2}}-\frac{\sqrt{3}}{2\sqrt{2}}=0 \quad\cdots\cdots\cdots(\text{答})$$

(2)
$$\left\{\underset{\sin\left(\frac{3}{2}\pi+4\pi\right)}{\overset{-\tan\frac{14}{3}\pi=-\tan\left(\frac{2}{3}\pi+4\pi\right)}{\boxed{\tan\left(-\frac{14}{3}\pi\right)}}}+\boxed{\sin\frac{11}{2}\pi}\right\}\cdot\left\{\overset{\tan\left(\frac{4}{3}\pi+2\pi\right)}{\boxed{\tan\frac{10}{3}\pi}}-\underset{\cos7\pi=\cos(\pi+6\pi)}{\boxed{\cos(-7\pi)}}\right\}$$

$$=\left(-\overset{(-\sqrt{3})}{\boxed{\tan\frac{2}{3}\pi}}+\overset{-1}{\boxed{\sin\frac{3}{2}\pi}}\right)\times\left(\overset{\sqrt{3}}{\boxed{\tan\frac{4}{3}\pi}}-\overset{(-1)}{\boxed{\cos\pi}}\right)$$

$$=(\sqrt{3}-1)\cdot(\sqrt{3}+1)=(\sqrt{3})^2-1^2=3-1=2 \quad\cdots\cdots\cdots\cdots(\text{答})$$

次の各問いに答えよ。ただし，角 θ の単位はラジアンである。

(1) 半径 $r = 4$，中心角 $\theta = \dfrac{\pi}{4}$ の扇形の円弧の長さ l と，面積 S を求めよ。

(2) 扇形の円弧の長さ l と，面積 S について，$l : S = 1 : 3$，および $S = 3\pi$

であるとき，この扇形の半径と中心角を求めよ。

ヒント！　半径 r，中心角 θ（ラジアン）の円弧の長さ l と面積 S は，$l = r\theta$，

$S = \dfrac{1}{2} r^2 \theta$ となる。これらの公式を使えば，(1)，(2) 共に解けるんだね。

解答 & 解説

(1) 半径 $r = 4$，中心角 $\theta = \dfrac{\pi}{4}$（ラジアン）の

円弧の長さ $l = r \cdot \theta = 4 \cdot \dfrac{\pi}{4} = \pi$ …………(答)

面積 $S = \dfrac{1}{2} \cdot r^2 \cdot \theta = \dfrac{1}{2} \cdot 4^2 \cdot \dfrac{\pi}{4} = 2\pi$ ……(答)

弧長 $l = r\theta$

$r = 4$

$\theta = \dfrac{\pi}{4}$

面積 $S = \dfrac{1}{2} r^2 \theta$

(2) この扇形の半径を r，中心角を θ とおくと，

この扇形の弧長 l と面積 S は，

$l = r\theta$ ……①，$S = \dfrac{1}{2} r^2 \theta$ ……② である。

ここで，$l : S = r\theta : \dfrac{1}{2} r^2 \theta = 1 : \dfrac{r}{2} = \boxed{2 : r = 1 : 3}$ より，

それぞれ $r\theta$ で割って　　それぞれ 2 倍して

$2 : r = 1 : 3$　　　$r = 6$ ……③ となる。

次に，$S = \dfrac{1}{2} r^2 \theta = \dfrac{1}{2} \cdot 6^2 \cdot \theta = \boxed{18\theta = 3\pi}$ より，$\theta = \dfrac{3}{18} \pi = \dfrac{\pi}{6}$

③ より

以上より，この扇形の半径 $r = 6$，中心角 $\theta = \dfrac{\pi}{6}$ である。　…………(答)

初めからトライ！問題 43 | $\sin(\theta+\pi)$ 等の変形 | CHECK 1 | CHECK 2 | CHECK 3

次の各式を簡単にせよ。

(1) $\sin\left(\theta-\dfrac{\pi}{2}\right)\cdot\cos(\theta-\pi)-\sin(\theta+\pi)\cdot\cos\left(\dfrac{3}{2}\pi+\theta\right)$

(2) $\tan\left(\dfrac{3}{2}\pi-\theta\right)+\dfrac{\cos(\pi+\theta)}{\sin(\pi-\theta)}$

ヒント！ (ⅰ) π 系のものと，(ⅱ) $\dfrac{\pi}{2}$，$\dfrac{3}{2}\pi$ 系のものがあるけれど，いずれも，
(ⅰ) 記号の変形と (ⅱ) 符号の決定の 2 ステップで解いていけばいいんだね。

解答＆解説

(1) $\cdot\sin\left(\theta-\dfrac{\pi}{2}\right)=-\cos\theta$ ← (ⅰ)$\sin\to\cos$, (ⅱ)$\sin\left(\dfrac{\pi}{6}-\dfrac{\pi}{2}\right)<0$

$\cdot\cos(\theta-\pi)=-\cos\theta$ ← (ⅰ)$\cos\to\cos$, (ⅱ)$\cos\left(\dfrac{\pi}{6}-\pi\right)<0$

$\cdot\sin(\theta+\pi)=-\sin\theta$ ← (ⅰ)$\sin\to\sin$, (ⅱ)$\sin\left(\dfrac{\pi}{6}+\pi\right)<0$

$\cdot\cos\left(\dfrac{3}{2}\pi+\theta\right)=\sin\theta$ ← (ⅰ)$\cos\to\sin$, (ⅱ)$\cos\left(\dfrac{3}{2}\pi+\dfrac{\pi}{6}\right)>0$

以上より，

$\theta=\dfrac{\pi}{6}$ として計算した

$\underset{\wavy}{\sin\left(\theta-\dfrac{\pi}{2}\right)}\cdot\underset{=}{\cos(\theta-\pi)}-\underset{--}{\sin(\theta+\pi)}\cdot\cos\left(\dfrac{3}{2}\pi+\theta\right)$

$=-\cos\theta\cdot(-\cos\theta)-(-\sin\theta)\cdot\sin\theta$

$=\cos^2\theta+\sin^2\theta=1$ ……………………(答)

(2) $\cdot\tan\left(\dfrac{3}{2}\pi-\theta\right)=\dfrac{1}{\tan\theta}$ ← (ⅰ)$\tan\to\dfrac{1}{\tan}$, (ⅱ)$\tan\left(\dfrac{3}{2}\pi-\dfrac{\pi}{6}\right)>0$

$\cdot\cos(\pi+\theta)=-\cos\theta$ ← (ⅰ)$\cos\to\cos$, (ⅱ)$\cos\left(\pi+\dfrac{\pi}{6}\right)<0$

$\cdot\sin(\pi-\theta)=\sin\theta$ ← (ⅰ)$\sin\to\sin$, (ⅱ)$\sin\left(\pi-\dfrac{\pi}{6}\right)>0$

以上より，

$\tan\left(\dfrac{3}{2}\pi-\theta\right)+\dfrac{\cos(\pi+\theta)}{\sin(\pi-\theta)}=\dfrac{1}{\tan\theta}+\boxed{\dfrac{-\cos\theta}{\sin\theta}}$ $\boxed{-\dfrac{\frac{1}{\sin\theta}}{\frac{\cos\theta}{}}=-\dfrac{1}{\tan\theta}}$

$=\dfrac{1}{\tan\theta}-\dfrac{1}{\tan\theta}=0$ ……………………(答)

次の三角関数のグラフの概形を描け。

$$y = \frac{1}{2}\sin\left(2x - \frac{\pi}{2}\right)$$

ヒント！ $(1)\,y = \sin x \;\to\; y = \sin 2x \;\to\; y = \frac{1}{2}\sin 2x \;\to\; y = \frac{1}{2}\sin 2\left(x - \frac{\pi}{4}\right)$ の
順に考えていくと，グラフの概形がうまく描けるはずだ。

解答＆解説

$y = \sin x$ のグラフを基に考えていくと

$y = \sin x \longrightarrow y = \sin 2x \longrightarrow y = \frac{1}{2}\sin 2x$

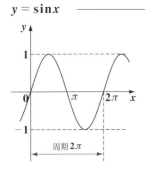

周期 2π

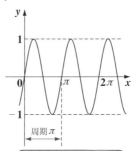

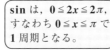

$\sin$ は，$0 \leqq 2x \leqq 2\pi$，
すなわち $0 \leqq x \leqq \pi$ で
1 周期となる。

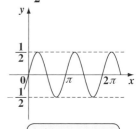

振幅が 1 から
$\frac{1}{2}$ に小さくなる。

$$\longrightarrow y = \frac{1}{2}\sin 2\left(x - \frac{\pi}{4}\right)$$

$$\therefore\ y = \frac{1}{2}\sin\left(2x - \frac{\pi}{2}\right)$$

のグラフの概形は
下のようになる。

$y = \frac{1}{2}\sin 2x$ の x の代わりに
$x - \frac{\pi}{4}$ が入るので，$y = \frac{1}{2}\sin 2x$
を x 軸方向に $\frac{\pi}{4}$ だけ平行移動し
たものになる。
これで，完成！パチパチ…

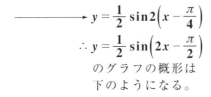

$y = \frac{1}{2}\sin\left(2x - \frac{\pi}{2}\right)$

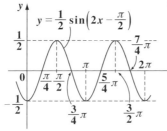

$\cdots\cdots\cdots\cdots\cdots\cdots\cdots\cdots\cdots$（答）

初めからトライ！問題 45　　三角関数の加法定理　　CHECK 1　CHECK 2　CHECK 3

次の三角関数の値を求めよ。

(1) $\sin\dfrac{11}{12}\pi$　　(2) $\cos\dfrac{19}{12}\pi$　　(3) $\tan\dfrac{5}{12}\pi$

ヒント！ $\dfrac{\pi}{12}=15°$ より，すべて角度を "度" に換算した方が計算しやすいかもしれない。後は加法定理の公式 $\sin(\alpha+\beta)=\sin\alpha\cos\beta+\cos\alpha\sin\beta$，…などを利用しよう。

解答＆解説

(1) $\sin\dfrac{11}{12}\pi = \sin165° = \sin(120°+45°)$
$\boxed{15°\times11=165°}$

$\qquad\qquad\qquad\boxed{\begin{array}{l}\sin(\alpha+\beta)\\ =\sin\alpha\cos\beta+\cos\alpha\sin\beta\end{array}}$

$= \sin120°\cdot\cos45° + \cos120°\cdot\sin45°$

$= \dfrac{\sqrt{3}}{2}\times\dfrac{\sqrt{2}}{2} + \left(-\dfrac{1}{2}\right)\times\dfrac{\sqrt{2}}{2} = \dfrac{\sqrt{6}-\sqrt{2}}{4}$ ……………(答)

(2) $\cos\dfrac{\overset{\boxed{24-5}}{19}}{12}\pi = \cos\left(\underset{2\pi}{\dfrac{24}{12}\pi} - \dfrac{5}{12}\pi\right) = \cos\dfrac{5}{12}\pi$ ← $\boxed{\cos(-\theta)=\cos\theta}$
$\boxed{15°\times5=75°}$

$= \cos75° = \cos(45°+30°)$

$\qquad\qquad\qquad\boxed{\begin{array}{l}\cos(\alpha+\beta)\\ =\cos\alpha\cos\beta-\sin\alpha\sin\beta\end{array}}$

$= \cos45°\cdot\cos30° - \sin45°\cdot\sin30°$

$= \dfrac{\sqrt{2}}{2}\cdot\dfrac{\sqrt{3}}{2} - \dfrac{\sqrt{2}}{2}\cdot\dfrac{1}{2} = \dfrac{\sqrt{6}-\sqrt{2}}{4}$ ……………(答)

(3) $\tan\dfrac{5}{12}\pi = \tan75° = \tan(45°+30°) = \dfrac{\tan45°+\tan30°}{1-\tan45°\cdot\tan30°}$

$\boxed{\begin{array}{l}1\cdot\text{マイナス・タン・}\\ \text{タン分のタン・プラス}\\ \text{・タンだね。}\end{array}}$

$= \dfrac{1+\dfrac{1}{\sqrt{3}}}{1-1\cdot\dfrac{1}{\sqrt{3}}} = \dfrac{\sqrt{3}+1}{\sqrt{3}-1}$ ← $\boxed{\begin{array}{l}\text{分子・分母に}\\ \sqrt{3}+1\ \text{を}\\ \text{かけて}\end{array}}$ $= \dfrac{(\sqrt{3}+1)^2}{(\sqrt{3})^2-1^2} = \dfrac{3+2\sqrt{3}+1}{3-1}$

$= \dfrac{4+2\sqrt{3}}{2} = 2+\sqrt{3}$ ……………(答)

(1) 加法定理 $\sin(\alpha + \beta) = \sin\alpha\cos\beta + \cos\alpha\sin\beta$ ……(*1) を用いて，

2 倍角の公式 $\sin 2\alpha = 2\sin\alpha\cos\alpha$ ……(*2) が成り立つことを示せ。

(2) 加法定理 $\cos(\alpha + \beta) = \cos\alpha\cos\beta - \sin\alpha\sin\beta$ ……(*3) を用いて，

2 倍角の公式 $\cos 2\alpha = \cos^2\alpha - \sin^2\alpha = 2\cos^2\alpha - 1 = 1 - 2\sin^2\alpha$ ……(*4)

が成り立つことを示せ。

ヒント！ (1)，(2) 共に，加法定理の式の β に α を代入すれば，うまくいくんだね。(2) の 2 倍角の公式では，$\cos 2\alpha$ が 3 通りに表されることも示そう。

解答 & 解説

(1) $\sin(\alpha + \beta) = \sin\alpha\cos\beta + \cos\alpha\sin\beta$ ……(*1)

の両辺の β に α を代入すると，

$\sin(\alpha + \alpha) = \sin\alpha\cos\alpha + \cos\alpha\sin\alpha$ より，

$\sin 2\alpha = 2\sin\alpha\cos\alpha$ ……(*2) が成り立つ。 ……………………………(終)

(2) $\cos(\alpha + \beta) = \cos\alpha\cos\beta - \sin\alpha\sin\beta$ ……(*3)

の両辺の β に α を代入すると，

$\cos(\alpha + \alpha) = \cos\alpha\cos\alpha - \sin\alpha\sin\alpha$ より，

$\cos 2\alpha = \underset{\boxed{1 - \sin^2\alpha}}{\underline{\cos^2\alpha}} - \underset{\boxed{(1 - \cos^2\alpha)}}{\underline{\sin^2\alpha}}$ ……(*4)′ が成り立つ。

・(*4)′ の右辺の $\sin^2\alpha$ に $\sin^2\alpha = 1 - \cos^2\alpha$ を代入すると，

$\cos 2\alpha = \cos^2\alpha - (1 - \cos^2\alpha) = \cos^2\alpha - 1 + \cos^2\alpha$

$\qquad = 2\cos^2\alpha - 1$ ……(*4)″ が成り立つ。

・(*4)′ の右辺の $\cos^2\alpha$ に $\cos^2\alpha = 1 - \sin^2\alpha$ を代入すると，

$\cos 2\alpha = 1 - \sin^2\alpha - \sin^2\alpha = 1 - 2\sin^2\alpha$ ……(*4)‴ が成り立つ。

以上より，

$\cos 2\alpha = \cos^2\alpha - \sin^2\alpha = 2\cos^2\alpha - 1 = 1 - 2\sin^2\alpha$ ……(*4)

は成り立つ。 ………………………………………………………………………………(終)

| 初めからトライ！問題 47 | 半角の公式 | CHECK 1 | CHECK 2 | CHECK 3 |

次の三角関数の値を，半角の公式を用いて求めよ。

(1) $\sin \dfrac{\pi}{12}$ (2) $\cos \dfrac{\pi}{12}$

ヒント！ 2倍角の公式 $\cos 2\alpha = 1 - 2\sin^2\alpha$ から，半角の公式 $\sin^2\alpha = \dfrac{1-\cos 2\alpha}{2}$ が導け，2倍角の公式 $\cos 2\alpha = 2\cos^2\alpha - 1$ から，半角の公式 $\cos^2\alpha = \dfrac{1+\cos 2\alpha}{2}$ が導けるんだね。

解答＆解説

(1) 半角の公式を用いると，

$$\sin^2 \frac{\pi}{12} = \sin^2 15° = \frac{1 - \cos 30°}{2} = \frac{1 - \frac{\sqrt{3}}{2}}{2} = \frac{2-\sqrt{3}}{4}$$

（$30° = 2 \times 15°$，分子・分母に2をかけた）

$\sin \dfrac{\pi}{12} > 0$ より，

$$\sin \frac{\pi}{12} = \sqrt{\frac{2-\sqrt{3}}{4}} = \sqrt{\frac{4-2\sqrt{3}}{8}} = \frac{\sqrt{4} - 2\sqrt{3}}{\sqrt{8}}$$

（たして 3+1，かけて 3×1）

2重根号のはずし方
$\sqrt{(a+b) - 2\sqrt{ab}} = \sqrt{a} - \sqrt{b}$ $(a > b > 0)$

$$= \frac{\sqrt{3} - \sqrt{1}}{2\sqrt{2}} = \frac{\sqrt{6} - \sqrt{2}}{4} \quad \cdots\cdots (答)$$

（分子・分母に $\sqrt{2}$ をかけて）

(2) 半角の公式を用いると，

$$\cos^2 \frac{\pi}{12} = \cos^2 15° = \frac{1 + \cos 30°}{2} = \frac{1 + \frac{\sqrt{3}}{2}}{2} = \frac{2+\sqrt{3}}{4}$$

$\cos \dfrac{\pi}{12} > 0$ より，

$$\cos \frac{\pi}{12} = \sqrt{\frac{2+\sqrt{3}}{4}} = \sqrt{\frac{4+2\sqrt{3}}{8}} = \frac{\sqrt{4} + 2\sqrt{3}}{\sqrt{8}}$$

（たして 3+1，かけて 3×1）

2重根号のはずし方
$\sqrt{(a+b) + 2\sqrt{ab}} = \sqrt{a} + \sqrt{b}$ $(a > 0, \ b > 0)$

$$= \frac{\sqrt{3} + \sqrt{1}}{2\sqrt{2}} = \frac{\sqrt{6} + \sqrt{2}}{4} \quad \cdots\cdots (答)$$

（分子・分母に $\sqrt{2}$ をかけて）

$\sin 15° = \sin(45° - 30°) = \sin 45° \cos 30° - \cos 45° \sin 30°$ と加法定理を用いても同じ結果が導ける。$\cos 15°$ も同様だよ。自分でやってみるといいよ！

$P = \sin\theta + \sqrt{3}\cos\theta \ (0 \leqq \theta \leqq \pi)$ について，P の取り得る値の範囲を求めよ。

ヒント！ $P = \underset{\sim}{1}\cdot\sin\theta + \underset{=}{\sqrt{3}}\cdot\cos\theta$ として，1 と $\sqrt{3}$ を 2 辺にもつ直角三角形の斜辺の長さ 2 をくくり出して，三角関数の合成にもち込めばいいんだね。

解答&解説

$P = \underset{\sim}{1}\cdot\sin\theta + \underset{=}{\sqrt{3}}\cdot\cos\theta$

$= 2\left(\dfrac{1}{2}\cdot\sin\theta + \dfrac{\sqrt{3}}{2}\cdot\cos\theta\right)$

この斜辺の長さ 2 をくくり出す

$\boxed{\cos\dfrac{\pi}{3}}$　$\boxed{\sin\dfrac{\pi}{3}}$

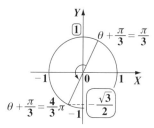

$= 2\left(\sin\theta\cdot\cos\dfrac{\pi}{3} + \cos\theta\cdot\sin\dfrac{\pi}{3}\right)$

加法定理
$\sin(\alpha+\beta) = \sin\alpha\cos\beta + \cos\alpha\sin\beta$

$= 2\cdot\sin\left(\theta + \dfrac{\pi}{3}\right)$

三角関数の $\sin$ による合成が終了！

ここで，$0 \leqq \theta \leqq \pi$ より，各辺に $\dfrac{\pi}{3}$ をたして，

$\dfrac{\pi}{3} \leqq \theta + \dfrac{\pi}{3} \leqq \dfrac{4}{3}\pi$ となる。

$\boxed{0 + \dfrac{\pi}{3} \leqq \theta + \dfrac{\pi}{3} \leqq \pi + \dfrac{\pi}{3}}$

よって，右図より，

$-\dfrac{\sqrt{3}}{2} \leqq \sin\left(\theta + \dfrac{\pi}{3}\right) \leqq 1$

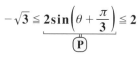

$\sin\left(\theta+\dfrac{\pi}{3}\right)$ の取り得る値の範囲は，単位円周上の点の Y 座標に着目する。

各辺に 2 をかけて，

$-\sqrt{3} \leqq \underset{\boxed{P}}{2\sin\left(\theta + \dfrac{\pi}{3}\right)} \leqq 2$

∴ P の取り得る値の範囲は，

$-\sqrt{3} \leqq P \leqq 2$ である。 ………………………(答)

$P = \sqrt{3}\cos\theta + \sin\theta \ (0 \leqq \theta \leqq \pi)$ について，P の取り得る値の範囲を求めよ。

ヒント！ 初めからトライ！問題 **48** とまったく同じ三角関数の合成問題なんだけれど，今回は **sin** ではなくて，**cos** に合成してみよう。P の範囲は当然同じになる。

解答＆解説

$P = \underline{\sqrt{3}} \cdot \cos\theta + \underline{1} \cdot \sin\theta$

$= 2\left(\dfrac{\sqrt{3}}{2}\cos\theta + \dfrac{1}{2} \cdot \sin\theta \right)$

この斜辺の長さ **2** をくくり出す

$\boxed{\cos\dfrac{\pi}{6}}$ 　$\boxed{\sin\dfrac{\pi}{6}}$

$= 2\left(\cos\theta \cdot \cos\dfrac{\pi}{6} + \sin\theta \cdot \sin\dfrac{\pi}{6} \right)$

$= 2 \cdot \cos\left(\theta - \dfrac{\pi}{6} \right)$

加法定理
$\cos(\alpha - \beta) = \cos\alpha\cos\beta + \sin\alpha\sin\beta$

三角関数の **cos** による合成が終了！

ここで，$0 \leqq \theta \leqq \pi$ より，各辺から $\dfrac{\pi}{6}$ をひいて，

$-\dfrac{\pi}{6} \leqq \theta - \dfrac{\pi}{6} \leqq \dfrac{5}{6}\pi$ となる。

$0 - \dfrac{\pi}{6} \leqq \theta - \dfrac{\pi}{6} \leqq \pi - \dfrac{\pi}{6}$

よって，右図より，

$-\dfrac{\sqrt{3}}{2} \leqq \cos\left(\theta - \dfrac{\pi}{6} \right) \leqq 1$

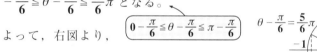

各辺に **2** をかけて，

$-\sqrt{3} \leqq \underbrace{2\cos\left(\theta - \dfrac{\pi}{6} \right)}_{P} \leqq 2$

$\cos\left(\theta - \dfrac{\pi}{6}\right)$ の取り得る値の範囲は，単位円周上の点の X 座標に着目する。

∴ P の取り得る値の範囲は，

$-\sqrt{3} \leqq P \leqq 2$ である。 ……………(答)

73

$P = 2\sin\theta\cos\theta + \cos^2\theta - \sin^2\theta \left(0 \leqq \theta \leqq \dfrac{\pi}{4}\right)$ について，P の取り得る値の範囲を求めよ。

ヒント!　これはまず，2 倍角の公式を使って，$P = 1 \cdot \sin2\theta + 1 \cdot \cos2\theta$ の形にして，三角関数の合成を行えばいいんだね。チャレンジしてごらん。

解答&解説

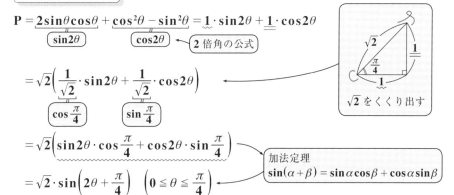

$$P = \underbrace{2\sin\theta\cos\theta}_{\sin2\theta} + \underbrace{\cos^2\theta - \sin^2\theta}_{\cos2\theta} = \underline{1} \cdot \sin2\theta + \underline{1} \cdot \cos2\theta$$

2 倍角の公式

$\sqrt{2}$ をくくり出す

$$= \sqrt{2}\left(\underbrace{\dfrac{1}{\sqrt{2}}}_{\cos\frac{\pi}{4}} \cdot \sin2\theta + \underbrace{\dfrac{1}{\sqrt{2}}}_{\sin\frac{\pi}{4}} \cdot \cos2\theta\right)$$

$$= \sqrt{2}\left(\sin2\theta \cdot \cos\dfrac{\pi}{4} + \cos2\theta \cdot \sin\dfrac{\pi}{4}\right)$$

加法定理
$\sin(\alpha+\beta) = \sin\alpha\cos\beta + \cos\alpha\sin\beta$

$$= \sqrt{2} \cdot \sin\left(2\theta + \dfrac{\pi}{4}\right) \quad \left(0 \leqq \theta \leqq \dfrac{\pi}{4}\right)$$

ここで，$0 \leqq \theta \leqq \dfrac{\pi}{4}$ より，各辺を 2 倍して $\dfrac{\pi}{4}$ をたすと，

$\dfrac{\pi}{4} \leqq 2\theta + \dfrac{\pi}{4} \leqq \dfrac{3}{4}\pi$ となる。

$0 \leqq 2\theta \leqq \dfrac{\pi}{2}$
$0 + \dfrac{\pi}{4} \leqq 2\theta + \dfrac{\pi}{4} \leqq \dfrac{\pi}{2} + \dfrac{\pi}{4}$

よって，右図より，

$$\dfrac{1}{\sqrt{2}} \leqq \sin\left(2\theta + \dfrac{\pi}{4}\right) \leqq 1$$

各辺に $\sqrt{2}$ をかけて，

$$1 \leqq \underbrace{\sqrt{2}\sin\left(2\theta + \dfrac{\pi}{4}\right)}_{(P)} \leqq \sqrt{2}$$

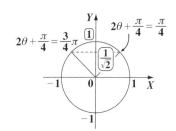

$\sin\left(2\theta + \dfrac{\pi}{4}\right)$ の取り得る値の範囲は，単位円周上の点の Y 座標に着目する。

∴ P の取り得る値の範囲は，

　　$1 \leqq P \leqq \sqrt{2}$ である。 ………………………………………(答)

初めからトライ！問題 51　　三角関数の合成　　CHECK *1*　　CHECK *2*　　CHECK *3*

$P = 2\sqrt{3}\sin\theta\cos\theta - 3\cos^2\theta - \sin^2\theta \left(0 \leqq \theta \leqq \dfrac{\pi}{2}\right)$ について，P の取り得る値の範囲を求めよ。

ヒント！　2倍角と半角の公式を使って，$P = \sqrt{3}\sin2\theta - 1 \cdot \cos2\theta - 2$ の形にして，三角関数の合成にもち込むんだね。これで，三角関数の合成にも自信がもてると思うよ。

解答＆解説

$P = \sqrt{3} \cdot \underbrace{2\sin\theta\cos\theta}_{\sin2\theta} - 3 \cdot \underbrace{\cos^2\theta}_{\frac{1}{2}(1+\cos2\theta)} - \underbrace{\sin^2\theta}_{\frac{1}{2}(1-\cos2\theta)} = \sqrt{3}\sin2\theta - \dfrac{3}{2}(1+\cos2\theta) - \dfrac{1}{2}(1-\cos2\theta)$

2倍角と半角の公式

$= \sqrt{3} \cdot \sin2\theta - \underline{1} \cdot \cos2\theta - 2$

$= 2\left(\underbrace{\dfrac{\sqrt{3}}{2}}_{\cos\frac{\pi}{6}} \cdot \sin2\theta - \underbrace{\dfrac{1}{2}}_{\sin\frac{\pi}{6}} \cdot \cos2\theta\right) - 2$

2 をくくり出す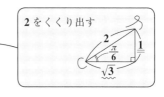

$= 2\left(\underwave{\sin2\theta \cdot \cos\dfrac{\pi}{6} - \cos2\theta \cdot \sin\dfrac{\pi}{6}}\right) - 2$

$= 2\sin\left(2\theta - \dfrac{\pi}{6}\right) - 2$

加法定理
$\sin(\alpha - \beta)$
$= \sin\alpha\cos\beta - \cos\alpha\sin\beta$

ここで，$0 \leqq \theta \leqq \dfrac{\pi}{2}$ より，各辺を 2 倍して $\dfrac{\pi}{6}$ を引くと，

$-\dfrac{\pi}{6} \leqq 2\theta - \dfrac{\pi}{6} \leqq \dfrac{5}{6}\pi$ となる。

$0 \leqq 2\theta \leqq \pi$
$0 - \dfrac{\pi}{6} \leqq 2\theta - \dfrac{\pi}{6} \leqq \pi - \dfrac{\pi}{6}$

よって，右図より，

$-\dfrac{1}{2} \leqq \sin\left(2\theta - \dfrac{\pi}{6}\right) \leqq 1$

各辺に 2 をかけて，2 を引いて，

$-3 \leqq \underbrace{2\sin\left(2\theta - \dfrac{\pi}{6}\right) - 2}_{P} \leqq 0$

∴ P の取り得る値の範囲は，

$-3 \leqq P \leqq 0$ である。………(答)

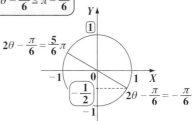

$\sin\left(2\theta - \dfrac{\pi}{6}\right)$ の取り得る値の範囲は，円周上の点の Y 座標に着目する。

次の三角方程式を解け。

(1) $2|\sin x| = 1$ ……………① $(0 \le x < 2\pi)$

(2) $\sqrt{2}\cos 2x + 1 = 0$ ………② $(0 \le x < 2\pi)$

ヒント！ (1), (2) は，$\sin x$ と $\cos 2x$ の三角方程式なので，共に単位円を利用して，①，②の方程式をみたす解 x の値を求めよう。

解答 & 解説

(1) ①を変形して，$|\sin x| = \dfrac{1}{2}$ $(0 \le x < 2\pi)$

$\therefore \sin x = \pm\dfrac{1}{2}$

> よって，$Y = \pm\dfrac{1}{2}$ を利用する。

よって，右図より，①の解は，

$x = \dfrac{\pi}{6}, \dfrac{5}{6}\pi,$

$\dfrac{7}{6}\pi, \dfrac{11}{6}\pi$

である。 ………(答)

> ・$\sin x = \dfrac{1}{2}$ の解
> $x = \dfrac{\pi}{6}, \dfrac{5}{6}\pi$
> ・$\sin x = -\dfrac{1}{2}$ の解
> $x = \dfrac{7}{6}\pi, \dfrac{11}{6}\pi$

(2) ②を変形して，

$\cos 2x = -\dfrac{1}{\sqrt{2}}$

$(0 \le x < 2\pi)$

> よって，$X = -\dfrac{1}{\sqrt{2}}$ を利用する。

ここで，$0 \le x < 2\pi$ より，

$0 \le 2x < 4\pi$ となる。

よって，右図より，

$2x = \dfrac{3}{4}\pi, \dfrac{5}{4}\pi, \dfrac{11}{4}\pi, \dfrac{13}{4}\pi$

となるので，②の解は，

$x = \dfrac{3}{8}\pi, \dfrac{5}{8}\pi, \dfrac{11}{8}\pi, \dfrac{13}{8}\pi$ である。 ………………………(答)

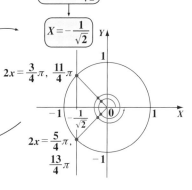

| 初めからトライ！問題 53 | 三角方程式 | CHECK 1 | CHECK 2 | CHECK 3 |

次の三角方程式を解け。

(1) $\sin 2x - \cos x = 0$ ………① $(0 \le x < \pi)$

(2) $\cos 2x + \sin x = 0$ ………② $(0 \le x < 2\pi)$

ヒント！ (1) は，2 倍角の公式 $\sin 2x = 2\sin x \cos x$ を，また (2) も，2 倍角の公式 $\cos 2x = 1 - 2\sin^2 x$ を利用して，解けばいいんだね。頑張ろう！

解答 & 解説

(1) $\underline{\sin 2x} - \cos x = 0$ ………① $(0 \le x < \pi)$ を変形して，

$\underline{2\sin x \cdot \cos x} - \cos x = 0$ $\cos x \cdot (2\sin x - 1) = 0$

$\boxed{2 \text{ 倍角の公式：} \sin 2x = 2\sin x \cos x}$

$\therefore \cos x = 0,$ または $\sin x = \dfrac{1}{2}$

$\begin{cases} (\text{i}) \cos x = 0 \text{ より，} x = \dfrac{\pi}{2} \\ (\text{ii}) \sin x = \dfrac{1}{2} \text{ より，} x = \dfrac{\pi}{6}, \dfrac{5}{6}\pi \end{cases}$

以上 (i)(ii) より，

$x = \dfrac{\pi}{6}, \dfrac{\pi}{2}, \dfrac{5}{6}\pi$ …………(答)

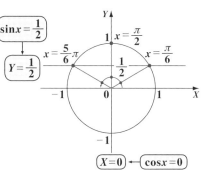

(2) $\underline{\cos 2x} + \sin x = 0$ ………② $(0 \le x < 2\pi)$ を変形して，

$\underline{1 - 2\sin^2 x} + \sin x = 0$ $2\sin^2 x - \sin x - 1 = 0$

$\boxed{2 \text{ 倍角の公式：} \cos 2x = 1 - 2\sin^2 x}$

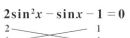

$(2\sin x + 1)(\sin x - 1) = 0$

$\therefore \sin x = -\dfrac{1}{2}, 1$

$\begin{cases} (\text{i}) \sin x = -\dfrac{1}{2} \text{ より，} x = \dfrac{7}{6}\pi, \dfrac{11}{6}\pi \\ (\text{ii}) \sin x = 1 \text{ より，} x = \dfrac{\pi}{2} \end{cases}$

以上 (i)(ii) より，

$x = \dfrac{\pi}{2}, \dfrac{7}{6}\pi, \dfrac{11}{6}\pi$ ………(答)

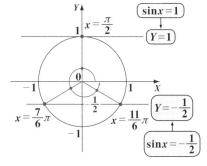

77

次の三角方程式を解け。

$$\sin x + \sqrt{3}\cos x = \sqrt{2} \quad \cdots\cdots\cdots ① \quad (0 \leqq x < 2\pi)$$

> **ヒント！** ①の左辺は，三角関数の合成を使って，**sin** でまとめられる。後は，角度の取り得る範囲内で，①をみたす解 x の値を求めればいいんだね。

解答＆解説

$$\underset{\sim}{1}\cdot\sin x + \underset{=}{\sqrt{3}}\cdot\cos x = \sqrt{2} \quad \cdots\cdots\cdots ① \quad (0 \leqq x < 2\pi)$$

を変形すると，

$$2\left(\frac{1}{2}\sin x + \frac{\sqrt{3}}{2}\cos x\right) = \sqrt{2}$$

$$\boxed{\cos\frac{\pi}{3}} \qquad \boxed{\sin\frac{\pi}{3}}$$

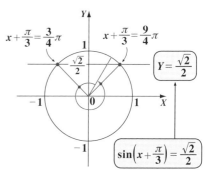

> **2 をくくり出す**

$$\sin x \cdot \cos\frac{\pi}{3} + \cos x \cdot \sin\frac{\pi}{3} = \frac{\sqrt{2}}{2}$$

> 両辺を **2** で割った

> 加法定理
> $\sin(\alpha+\beta) = \sin\alpha\cos\beta + \cos\alpha\sin\beta$

$$\sin\left(x + \frac{\pi}{3}\right) = \frac{\sqrt{2}}{2} \quad \cdots\cdots\cdots\cdots ②$$

ここで，$0 \leqq x < 2\pi$ より，各辺に $\frac{\pi}{3}$ をたすと，

$$\frac{\pi}{3} \leqq x + \frac{\pi}{3} < \frac{7}{3}\pi \text{ となる。}$$

よって，右図より，②をみたす角

$x + \frac{\pi}{3}$ は，$x + \frac{\pi}{3} = \frac{3}{4}\pi, \quad \frac{9}{4}\pi$

よって，①の解 x は，

$$x = \frac{3}{4}\pi - \frac{\pi}{3} = \frac{9-4}{12}\pi = \frac{5}{12}\pi,$$

または，$\frac{9}{4}\pi - \frac{\pi}{3} = \frac{27-4}{12}\pi = \frac{23}{12}\pi$ より，

$$x = \frac{5}{12}\pi, \text{ または } \frac{23}{12}\pi \text{ である。} \quad \cdots\cdots\cdots\cdots\cdots\cdots\text{(答)}$$

初めからトライ！問題 55 　　三角方程式・不等式　　CHECK 1　CHECK 2　CHECK 3

(1) 三角方程式 $\tan^2 x - 3 = 0$ ………① $(0 \le x < \pi)$ を解け。

(2) 三角不等式 $\tan^2 x - 3 \le 0$ ………② $(0 \le x < 2\pi)$ を解け。

ヒント！ (1)，(2) は，$\tan x$ についての方程式と不等式だね。$\tan x$ の値は直線 $X = 1$ 上の点の Y 座標に対応することを利用して解いていこう。

解答＆解説

(1) $\tan^2 x - 3 = 0$ ………① $(0 \le x < \pi)$ より，

$\tan^2 x = 3$ ∴ $\tan x = \pm\sqrt{3}$

よって，右図より，

求める①の解 x は，

$x = \dfrac{\pi}{3}$，または $\dfrac{2}{3}\pi$ である。 ………(答)

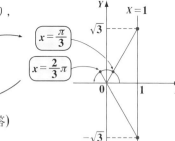

$x = \dfrac{\pi}{3}$

$x = \dfrac{2}{3}\pi$

(2) $\tan^2 x - 3 \le 0$ ………② $(0 \le x < 2\pi)$ より，

$(\tan x + \sqrt{3})(\tan x - \sqrt{3}) \le 0$

∴ $-\sqrt{3} \le \tan x \le \sqrt{3}$

これは，$a^2 - 3 \le 0$ を $(a + \sqrt{3})(a - \sqrt{3}) \le 0$，
$-\sqrt{3} \le a \le \sqrt{3}$ と解くのと同じだね。

よって，右図より，

求める②の不等式の解は，

$0 \le x \le \dfrac{\pi}{3}$, $\dfrac{2}{3}\pi \le x \le \dfrac{4}{3}\pi$, $\dfrac{5}{3}\pi \le x < 2\pi$

である。 ……………………………………………(答)

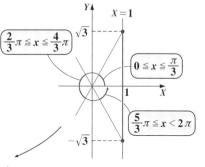

$\dfrac{2}{3}\pi \le x \le \dfrac{4}{3}\pi$

$0 \le x \le \dfrac{\pi}{3}$

$\dfrac{5}{3}\pi \le x < 2\pi$

次の三角不等式を解け。

(1) $4\sin^2 x - 1 \leqq 0$　…………①　$(0 \leqq x < 2\pi)$

(2) $\cos 2x + \cos x \leqq 0$　………②　$(0 \leqq x < 2\pi)$

ヒント！　今回は，$\sin x$ と $\cos x$ の三角不等式なので，単位円を利用して解こう。

解答＆解説

(1) $4\sin^2 x - 1 \leqq 0$　………①　$(0 \leqq x < 2\pi)$

を解いて，

$(2\sin x + 1)(2\sin x - 1) \leqq 0$

$-\dfrac{1}{2} \leqq \sin x \leqq \dfrac{1}{2}$ $\longrightarrow$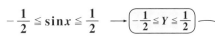

右図より，①の解は，

$0 \leqq x \leqq \dfrac{\pi}{6}$，　$\dfrac{5}{6}\pi \leqq x \leqq \dfrac{7}{6}\pi$，

$\dfrac{11}{6}\pi \leqq x < 2\pi$ である。　………(答)

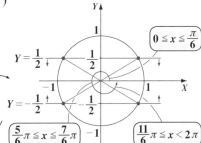

(2) $\underline{\cos 2x} + \cos x \leqq 0$　………②　$(0 \leqq x < 2\pi)$ を解いて，

$\boxed{2\cos^2 x - 1}$ ←── $\boxed{2\,倍角の公式}$

$2\cos^2 x + 1 \cdot \cos x - 1 \leqq 0$

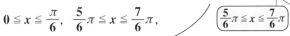

$(2\cos x - 1)(\cos x + 1) \leqq 0$

$\therefore -1 \leqq \cos x \leqq \dfrac{1}{2}$ $\longrightarrow$ $\boxed{-1 \leqq X \leqq \dfrac{1}{2}}$

右図より，②の解は，

$\dfrac{\pi}{3} \leqq x \leqq \dfrac{5}{3}\pi$ である。　………(答)

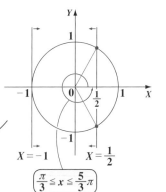

初めからトライ！問題 57　　　　三角不等式　　　CHECK 1　CHECK 2　CHECK 3

次の三角不等式を解け。

$$\sin x + \sqrt{3}\cos x \geq 1 \quad \cdots\cdots\cdots ① \quad (0 \leq x < 2\pi)$$

ヒント！　　①の不等式の左辺は，三角関数の合成により，$\sin$にまとめられるね。
後は，角度の範囲に気を付けて，①の不等式をみたすxの値の範囲を求めるんだね。

解答＆解説

$$\underset{\underset{\sim}{}}{1} \cdot \sin x + \underline{\underline{\sqrt{3}}} \cdot \cos x \geq 1 \quad \cdots\cdots\cdots ① \quad (0 \leq x < 2\pi)$$

を変形して，

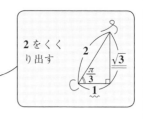

2をくく
り出す

$$2\left(\underbrace{\frac{1}{2}}_{\cos\frac{\pi}{3}}\sin x + \underbrace{\frac{\sqrt{3}}{2}}_{\sin\frac{\pi}{3}}\cos x\right) \geq 1 \quad 両辺を 2 で割って$$

$$\sin x \cdot \cos\frac{\pi}{3} + \cos x \cdot \sin\frac{\pi}{3} \geq \frac{1}{2}$$

加法定理
$\sin(\alpha+\beta) = \sin\alpha\cos\beta + \cos\alpha\sin\beta$

$$\sin\left(x+\frac{\pi}{3}\right) \geq \frac{1}{2} \quad \cdots\cdots\cdots\cdots ②$$

ここで，$0 \leq x < 2\pi$ より，各辺に $\frac{\pi}{3}$ をたして，

$$\frac{\pi}{3} \leq x + \frac{\pi}{3} < \frac{7}{3}\pi \quad となる。$$

よって，右図より，②をみたす角

$x + \frac{\pi}{3}$ の範囲は，

$$\frac{\pi}{3} \leq x + \frac{\pi}{3} \leq \frac{5}{6}\pi, \quad \frac{13}{6}\pi \leq x + \frac{\pi}{3} < \frac{7}{3}\pi$$

よって，①の解は，

$$\underbrace{0}_{\frac{\pi}{3}-\frac{\pi}{3}} \leq x \leq \underbrace{\frac{\pi}{2}}_{\frac{5}{6}\pi-\frac{\pi}{3}}, \quad \underbrace{\frac{11}{6}\pi}_{\frac{13}{6}\pi-\frac{\pi}{3}} \leq x < \underbrace{2\pi}_{\frac{7}{3}\pi-\frac{\pi}{3}} \quad である。$$

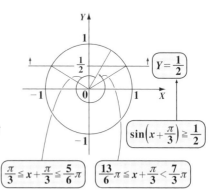

$Y = \frac{1}{2}$

$\sin\left(x+\frac{\pi}{3}\right) \geq \frac{1}{2}$

$\frac{\pi}{3} \leq x + \frac{\pi}{3} \leq \frac{5}{6}\pi$　　$\frac{13}{6}\pi \leq x + \frac{\pi}{3} < \frac{7}{3}\pi$

$$\cdots\cdots\cdots(答)$$

1. 三角関数の基本公式（Ⅰ）

（ i ）$\cos^2\theta + \sin^2\theta = 1$　（ ii ）$\tan\theta = \dfrac{\sin\theta}{\cos\theta}$　（ iii ）$1 + \tan^2\theta = \dfrac{1}{\cos^2\theta}$

2. 三角関数の基本公式（Ⅱ）

(1)$\sin(-\theta) = -\sin\theta$　(2)$\cos(-\theta) = \cos\theta$　(3)$\tan(-\theta) = -\tan\theta$

> $\sin$ と $\tan$ の中の⊖は表に出し，$\cos$ の中の⊖はにぎりつぶす!

3. 三角関数の加法定理

(1) $\begin{cases} \sin(\alpha+\beta) = \sin\alpha\cos\beta + \cos\alpha\sin\beta \\ \sin(\alpha-\beta) = \sin\alpha\cos\beta - \cos\alpha\sin\beta \end{cases}$　
$\begin{array}{cccc} \text{サイタ} & \text{コスモス} & \text{コスモス} & \text{サイタ} \\ \hline \sin & \cos & \cos & \sin \end{array}$

(2) $\begin{cases} \cos(\alpha+\beta) = \cos\alpha\cos\beta - \sin\alpha\sin\beta \\ \cos(\alpha-\beta) = \cos\alpha\cos\beta + \sin\alpha\sin\beta \end{cases}$　
$\begin{array}{cccc} \text{コスモス} & \text{コスモス} & \text{サイタ} & \text{サイタ} \\ \hline \cos & \cos & \sin & \sin \end{array}$

(3) $\begin{cases} \tan(\alpha+\beta) = \dfrac{\tan\alpha + \tan\beta}{1 - \tan\alpha\tan\beta} \\ \tan(\alpha-\beta) = \dfrac{\tan\alpha - \tan\beta}{1 + \tan\alpha\tan\beta} \end{cases}$　
1・マイナス・タン・タン分の タン・プラス・タン
1・プラス・タン・タン分の タン・マイナス・タン

4. 2倍角の公式

(1) $\sin 2\alpha = 2\sin\alpha\cos\alpha$

(2) $\cos 2\alpha = \cos^2\alpha - \sin^2\alpha = 1 - 2\sin^2\alpha = 2\cos^2\alpha - 1$

5. 半角の公式

(1) $\sin^2\alpha = \dfrac{1 - \cos 2\alpha}{2}$　　(2) $\cos^2\alpha = \dfrac{1 + \cos 2\alpha}{2}$

6. 三角関数の合成

$$a\sin\theta + b\cos\theta = \sqrt{a^2+b^2}\sin(\theta+\alpha)$$

$$\left(\cos\alpha = \dfrac{a}{\sqrt{a^2+b^2}}\quad,\quad \sin\alpha = \dfrac{b}{\sqrt{a^2+b^2}}\right)$$

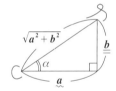

第 4 章
CHAPTER
4 指数関数・対数関数

- ▶ 指数法則，指数関数

- ▶ 指数方程式・指数不等式

- ▶ 対数計算，対数関数

- ▶ 対数方程式・対数不等式

1. まず, 指数法則をマスターしよう。

(Ⅰ) 数学 **Ⅰ・A** の**指数法則**を復習しよう。

(1) $a^0 = 1$　　　　(2) $a^1 = a$　　　　(3) $a^m \times a^n = a^{m+n}$

(4) $(a^m)^n = a^{m \times n}$　　(5) $\dfrac{a^m}{a^n} = a^{m-n}$　　(6) $\left(\dfrac{b}{a}\right)^m = \dfrac{b^m}{a^m}$

(7) $(a \times b)^m = a^m \times b^m$　　$(a, b : 実数,\ a \neq 0,\ m, n : 自然数)$

(Ⅱ) 次に, 数学 **Ⅱ・B** の**指数法則**もマスターしよう。

(1) $a^0 = 1$　　　　(2) $a^1 = a$　　　　(3) $a^p \times a^q = a^{p+q}$

(4) $(a^p)^q = a^{p \times q}$　　(5) $\dfrac{a^p}{a^q} = a^{p-q}$　　(6) $a^{\frac{1}{n}} = \sqrt[n]{a}$

(7) $a^{\frac{m}{n}} = \sqrt[n]{a^m} = \left(\sqrt[n]{a}\right)^m$　　(8) $(ab)^p = a^p b^p$　　(9) $\left(\dfrac{b}{a}\right)^p = \dfrac{b^p}{a^p}$

$(\text{ただし},\ \underline{a > 0},\ p,\ q : 有理数,\ m,\ n : 自然数,\ n \geq 2)$

$\boxed{(6), (7)\text{において, } n \text{が奇数のときは, } a < 0 \text{の場合もあり得る。}}$

(ex) いくつか計算練習しておこう。

・$8^{\frac{1}{2}} \times 4^{\frac{3}{4}} = (2^3)^{\frac{1}{2}} \times (2^2)^{\frac{3}{4}} = 2^{\frac{3}{2}} \times 2^{\frac{3}{2}} = 2^{\frac{3}{2}+\frac{3}{2}} = 2^3 = 8$

・$\left(27^{\frac{1}{4}}\right)^{\frac{2}{3}} = \left\{(3^3)^{\frac{1}{4}}\right\}^{\frac{2}{3}} = \left(3^{\frac{3}{4}}\right)^{\frac{2}{3}} = 3^{\frac{3}{4} \times \frac{2}{3}} = 3^{\frac{1}{2}} = \sqrt{3}$

2. 指数関数 $y = a^x$ のグラフには, 2 種類がある。

指数関数 $y = a^x$　$(a > 0$ かつ $a \neq 1)$ について,

(ⅰ)　$a > 1$ のとき,
　　　単調増加型のグラフ

(ⅱ)　$0 < a < 1$ のとき,
　　　単調減少型のグラフ

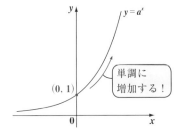

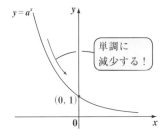

3. 指数方程式の解法には，2 つのパターンがある。

　指数方程式とは，指数関数 (2^x や $3^x \cdots$ など) が入った方程式のことで，この解法には，次の **2** つのパターンがあるので，頭に入れておこう。

$$\begin{cases} (\text{I}) \text{見比べ型} : a^{x_1} = a^{x_2} \text{ならば，} x_1 = x_2 \text{となる。} \\ (\text{II}) \text{置換型} \quad : a^x = t \text{などと置換する。} (t > 0) \end{cases}$$

$(ex)\ \sqrt{2} \cdot 2^x = (2^{-x})^2$ を解くと，$2^{\frac{1}{2}} \cdot 2^x = 2^{-x \times 2}$ 　$2^{x + \frac{1}{2}} = 2^{-2x}$

　　　　指数部を見比べて，$x + \dfrac{1}{2} = -2x$ 　$3x = -\dfrac{1}{2}$ 　$\therefore x = -\dfrac{1}{6}$

$(ex)\ 2^{2x} + 2^x - 2 = 0$ を解こう。$(2^x)^2 + 2^x - 2 = 0$ より，$2^x = t$ と変換すると，

　　　$t^2 + t - 2 = 0$ 　$(t + 2)(t - 1) = 0$ 　ここで，$t = 2^x > 0$ より，$t \neq -2$

　　　$\therefore t = 2^x = \underset{\boxed{2^0}}{1}$ より，$2^x = 2^0$ 　$\therefore x = 0$ ← 最後は，見比べ型になる！

4. 指数不等式の解法では，底 a の値の範囲に注意しよう。

　指数不等式とは，指数関数 (2^x や $3^x \cdots$ など) が入った不等式のことで，この解法には，指数方程式と同様に，次の **2** つのパターンがある。

$$\begin{cases} (\text{I}) \text{見比べ型} \\ (\text{II}) \text{置換型} \quad : a^x = t \text{などと置換する。} (t > 0) \end{cases}$$

ここで，(I)指数不等式の見比べ型の場合，

$$\begin{cases} (\text{i}) a > 1 \text{のとき，不等号の向きは変化しないけれど，} \\ (\text{ii}) 0 < a < 1 \text{のとき，不等号の向きが逆転することに注意が必要だ。} \end{cases}$$

この意味は，下のグラフから明らかだね。

(i) $a > 1$ のとき，　　　　　　(ii) $0 < a < 1$ のとき，

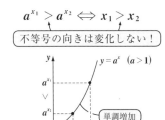

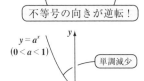

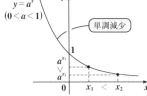

5. まず，対数の定義を頭に入れよう。

$$a^b = c \iff b = \log_a c \quad (\text{ここで，} a \text{ を "底"，} c \text{ を "真数" と呼ぶ。})$$

（対数）（底）（真数）

$(ex)\,(1)\,\log_3 9 = 2 \quad (\because 3^2 = 9)$ $(2)\,\log_5 1 = 0 \quad (\because 5^0 = 1)$

$(3)\,\log_2 \dfrac{1}{4} = -2 \quad \left(\because 2^{-2} = \dfrac{1}{4}\right)$ $(4)\,\log_3 \sqrt{3} = \dfrac{1}{2} \quad (\because 3^{\frac{1}{2}} = \sqrt{3})$

6. 対数計算の 6 つの公式も使いこなそう。

$(1)\,\log_a 1 = 0$ $(2)\,\log_a a = 1$

$(3)\,\log_a xy = \log_a x + \log_a y$ $(4)\,\log_a \dfrac{x}{y} = \log_a x - \log_a y$

$(5)\,\log_a x^p = p \cdot \log_a x$ $(6)\,\log_a x = \dfrac{\log_b x}{\log_b a}$

（ ここで，$\underline{x > 0,\ y > 0}$, $\underline{a > 0\ \text{かつ}\ a \neq 1}$, $\underline{b > 0\ \text{かつ}\ b \neq 1}$, p：実数 ）

（真数条件）　　（底の条件）

7. 対数関数 $y = \log_a x$ のグラフには，2 種類がある。

対数関数 $y = \log_a x$ $(a > 0\ \text{かつ}\ a \neq 1,\ x > 0)$ について，

(i) $a > 1$ のとき $\qquad$ (ii) $0 < a < 1$ のとき

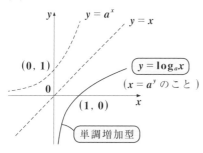

8. 対数方程式の解法には，2 つのパターンがある。

対数方程式とは，対数関数 ($\log_2 x$ や $\log_3 x \cdots$ など) が入った方程式のことで，この解法には，次の 2 つのパターンがあるんだね。

$\begin{cases} (\text{I}) \text{見比べ型}：\log_a x_1 = \log_a x_2 \text{ ならば，} \underline{\underline{x_1 = x_2}} \text{ となる。} \\ (\text{II}) \text{置換型}　：\log_a x = t \text{ などと置換する。} \end{cases}$

9. 対数不等式の解法では，底 a の値の範囲に要注意だ。

対数不等式とは，対数関数($\log_2 x$ や $\log_3 x$…など)が入った不等式のことで，この解法には，対数方程式のときと同様に，次の2つのパターンがあるんだね。

$$\begin{cases} (\text{I}) \text{ 見比べ型} \\ (\text{II}) \text{ 置換型} \quad : \log_a x = t \text{ などと置換して解く。} \end{cases}$$

ここで，(I) 対数不等式の見比べ型の場合，(i)$a > 1$ のときと，(ii)$0 < a < 1$ のときの2通りの解法パターンが存在する。下のグラフと共に理解しよう。

(i) $a > 1$ のとき，

$\log_a x_1 > \log_a x_2$ ならば

$x_1 > x_2$ となる。

不等号の向きはそのまま！

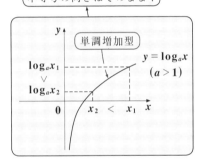

(ii) $0 < a < 1$ のとき，

$\log_a x_1 > \log_a x_2$ ならば

$x_1 < x_2$ となる。

不等号の向きは逆転！

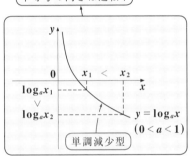

10. 常用対数(底 10 の対数)の利用法もマスターしよう。

(1) 大きな数 x の常用対数から，x の桁数が分かる。

1 以上の数 x の常用対数が，$\log_{10} x = \underline{n}.\cdots$ のとき，x は，$\underline{n+1}$ 桁の数になる。(ただし，n は 0 以上の整数)

(2) 小さな数 x の常用対数から，小数第何位に 0 でない数が現れるかが分かる。

1 より小さいある正の数 x の常用対数が，$\log_{10} x = -\underline{n}.\cdots$ のとき，x は，小数第 $\underline{n+1}$ 位に初めて 0 でない数が現れる。
(ただし，n は 0 以上の整数)

(ex) $\log_{10} 2 = 0.3010$ が与えられているとき，$x = 2^{50}$ が何桁の数になるか調べよう。

この常用対数をとって，$\log_{10} x = \log_{10} 2^{\boxed{50}} = 50 \cdot \log_{10} 2 = 50 \times 0.3010$

$= \underline{\underline{15.05}}$ より，x は $16(=\underline{\underline{15}}+1)$ 桁の数である。

次の計算をせよ。

(1) $16^{\frac{2}{3}} \cdot 4^{\frac{1}{6}}$　　　　(2) $\left(9^{\frac{1}{6}}\right)^{\frac{3}{2}}$　　　　(3) $\left(\sqrt[4]{125}\right)^{\frac{2}{3}}$

(4) $\left(8x^{\frac{3}{2}}y^{\frac{3}{4}}\right)^{\frac{2}{3}}$　　　(5) $\dfrac{4^{\frac{3}{2}}}{(\sqrt{2})^3}$　　　(6) $\left(\dfrac{9^{\frac{5}{4}}}{4\sqrt{2}}\right)^{\frac{2}{5}}$

ヒント！　指数法則の公式 $(a^p)^q = a^{p \times q}$ や $a^{\frac{m}{n}} = \sqrt[n]{a^m} = \left(\sqrt[n]{a}\right)^m$ などを利用して，計算していこう。

解答＆解説

(1) $16^{\frac{2}{3}} \cdot 4^{\frac{1}{6}} = (2^4)^{\frac{2}{3}} \cdot (2^2)^{\frac{1}{6}} = 2^{4 \times \frac{2}{3}} \times 2^{2 \times \frac{1}{6}} = 2^{\frac{8}{3} + \frac{1}{3}}$

$\qquad = 2^{\frac{9}{3}} = 2^3 = 8$ ……………(答)

> 公式
> $(a^p)^q = a^{p \times q}$
> $a^p \cdot a^q = a^{p+q}$
> を使った。

(2) $\left(9^{\frac{1}{6}}\right)^{\frac{3}{2}} = \left(3^{\frac{1}{3}}\right)^{\frac{3}{2}} = 3^{\frac{1}{3} \times \frac{3}{2}} = 3^{\frac{1}{2}} = \sqrt{3}$ …………(答)

$\boxed{(3^2)^{\frac{1}{6}} = 3^{2 \times \frac{1}{6}} = 3^{\frac{1}{3}}}$

(3) $\left(\sqrt[4]{125}\right)^{\frac{2}{3}} = \left(5^{\frac{3}{4}}\right)^{\frac{2}{3}} = 5^{\frac{3}{4} \times \frac{2}{3}} = 5^{\frac{1}{2}} = \sqrt{5}$ …………………(答)

$\boxed{\sqrt[4]{5^3} = (5^3)^{\frac{1}{4}} = 5^{\frac{3}{4}}}$ ← 公式 $\sqrt[n]{a^m} = a^{\frac{m}{n}}$ を使った

> 公式
> $(ab)^p = a^p \cdot b^p$
> を使った。

(4) $\left(8x^{\frac{3}{2}}y^{\frac{3}{4}}\right)^{\frac{2}{3}} = \left(2^3 \cdot x^{\frac{3}{2}} \cdot y^{\frac{3}{4}}\right)^{\frac{2}{3}} = \underline{(2^3)^{\frac{2}{3}}} \cdot \underline{\left(x^{\frac{3}{2}}\right)^{\frac{2}{3}}} \cdot \underline{\left(y^{\frac{3}{4}}\right)^{\frac{2}{3}}}$

$\qquad \boxed{2^{3 \times \frac{2}{3}} = 2^2} \quad \boxed{x^{\frac{3}{2} \times \frac{2}{3}} = x^1} \quad \boxed{y^{\frac{3}{4} \times \frac{2}{3}} = y^{\frac{1}{2}}}$

$\qquad = 4x\sqrt{y}$ ………………………………………………(答)

(5) $\dfrac{4^{\frac{3}{2}}}{(\sqrt{2})^3} = \dfrac{(2^2)^{\frac{3}{2}}}{\left(2^{\frac{1}{2}}\right)^3} = \dfrac{2^3}{2^{\frac{3}{2}}} = 2^{3 - \frac{3}{2}} = 2^{\frac{3}{2}} = 2\sqrt{2}$ ………………(答)

$\boxed{公式\ \dfrac{a^p}{a^q} = a^{p-q}\ を使った。}$

(6) $\left(\dfrac{9^{\frac{5}{4}}}{4\sqrt{2}}\right)^{\frac{2}{5}} = \left(\dfrac{(3^2)^{\frac{5}{4}}}{2^2 \times 2^{\frac{1}{2}}}\right)^{\frac{2}{5}} = \left(\dfrac{3^{\frac{5}{2}}}{2^{\frac{5}{2}}}\right)^{\frac{2}{5}} = \dfrac{\left(3^{\frac{5}{2}}\right)^{\frac{2}{5}}}{\left(2^{\frac{5}{2}}\right)^{\frac{2}{5}}} = \dfrac{3^1}{2^1} = \dfrac{3}{2}$ ………………(答)

$\boxed{公式\ \left(\dfrac{b}{a}\right)^p = \dfrac{b^p}{a^p}\ を使った。}$

初めからトライ！問題 59	指数計算の応用	CHECK 1	CHECK 2	CHECK 3

$3^x + 3^{-x} = \sqrt{6}$ のとき，次の各式の値を求めよ。

(1) $3^{2x} + 3^{-2x}$　　　(2) $3^{3x} + 3^{-3x}$　　　(3) $3^{5x} + 3^{-5x}$

ヒント！ $3^x = \alpha$，$3^{-x} = \beta$ とおくと，$\alpha + \beta = \sqrt{6}$，$\alpha\beta = 1$ と基本対称式の値が分かる。これから，(1)$\alpha^2 + \beta^2$，(2)$\alpha^3 + \beta^3$，(3)$\alpha^5 + \beta^5$ の値を求めよう！

解答＆解説

$3^x = \alpha$，$3^{-x} = \beta$ とおくと，$3^x + 3^{-x} = \sqrt{6}$ より，$\alpha + \beta = \sqrt{6}$ ………①

また，$\alpha \cdot \beta = 3^x \cdot 3^{-x} = 3^{x-x} = 3^0 = 1$ ……② となる。

(1) $3^{2x} + 3^{-2x} = (3^x)^2 + (3^{-x})^2 = \alpha^2 + \beta^2$

$= \underbrace{(\alpha + \beta)}_{\sqrt{6}}^2 - 2 \cdot \underbrace{\alpha\beta}_{1} = (\sqrt{6})^2 - 2 \cdot 1$ ←①，②より

> 対称式 $\alpha^2 + \beta^2$ は，$\alpha^2 + \beta^2 = (\alpha + \beta)^2 - 2\alpha\beta$ と，基本対称式で表せる。

$= 6 - 2 = 4$ ………③ ……………………………(答)

(2) $3^{3x} + 3^{-3x} = (3^x)^3 + (3^{-x})^3 = \alpha^3 + \beta^3$

$= \underbrace{(\alpha + \beta)}_{\sqrt{6}}^3 - 3\underbrace{\alpha\beta}_{1} \cdot \underbrace{(\alpha + \beta)}_{\sqrt{6}}$ ←①，②より

> 対称式 $\alpha^3 + \beta^3$ は，$\alpha^3 + \beta^3 = (\alpha + \beta)^3 - 3\alpha\beta(\alpha + \beta)$ と，基本対称式で表せる。

$= (\sqrt{6})^3 - 3 \cdot 1 \cdot \sqrt{6} = 6\sqrt{6} - 3\sqrt{6} = 3\sqrt{6}$ ………④ …………(答)

(3) $3^{5x} + 3^{-5x} = (3^x)^5 + (3^{-x})^5 = \alpha^5 + \beta^5$ について，

(1)より，$\alpha^2 + \beta^2 = 4$ ……③　　(2)より，$\alpha^3 + \beta^3 = 3\sqrt{6}$　よって，

$4 \times 3\sqrt{6} = (\alpha^2 + \beta^2) \cdot (\alpha^3 + \beta^3) = \alpha^5 + \underline{\alpha^2\beta^3 + \alpha^3\beta^2} + \beta^5$ となる。

余分なものを引く！ → $\alpha^2\beta^2 \cdot (\alpha + \beta)$ ←これが余分だね

$\therefore \alpha^5 + \beta^5 = 12\sqrt{6} - \underbrace{(\alpha\beta)}_{1}^2 \cdot \underbrace{(\alpha + \beta)}_{\sqrt{6}} = 12\sqrt{6} - 1^2 \cdot \sqrt{6} = 11\sqrt{6}$ ←①，②より

$\therefore 3^{5x} + 3^{-5x} = 11\sqrt{6}$ である。 ……………………………(答)

次の関数を求め，このグラフの概形を描け。

$y = 2^x$ を $(-1, 2)$ だけ平行移動して，y 軸に関して対称移動したもの。

ヒント！ 関数の移動の仕方を，下に示しておくね。

$(\text{i}) y = f(x) \xrightarrow[\text{平行移動}]{(a, b) \text{だけ}} y - b = f(x - a)$ $(\text{ii}) y = f(x) \xrightarrow[\text{対称移動}]{y \text{軸に関して}} y = f(-x)$

解答 & 解説

(i) まず，$y = 2^x$ を $(-1, 2)$ だけ平行移動すると，

$$y = 2^x \xrightarrow[\text{平行移動}]{(-1, 2) \text{だけ}} y - 2 = \underbrace{2^{x+1}}_{\boxed{2 \cdot 2^x}} \quad \therefore y = 2 \cdot 2^x + 2 \text{ となる。}$$

$$\begin{cases} x \to x - (-1) \\ y \to y - 2 \end{cases}$$

(ii) さらに，これを y 軸に関して対称移動すると，

$$y = 2 \cdot 2^x + 2 \xrightarrow[\text{対称移動}]{y \text{軸に関して}} y = 2 \cdot 2^{-x} + 2 \text{ となる。}$$

$$x \to -x$$

$\therefore$ 求める関数は，$y = 2 \cdot 2^{-x} + 2$ ……① である。 ……………………(答)

この①は，$y = 2^{-x}$ のグラフの
y 座標を **2** 倍して，$y = 2 \cdot 2^{-x}$
とし，さらに，これを y 軸方
向に **2** だけ平行移動したもの
なので，
$y = 2 \cdot 2^{-x} + 2$ ……①のグラフの
概形は右図のようになる。
　　　　　　　　………(答)

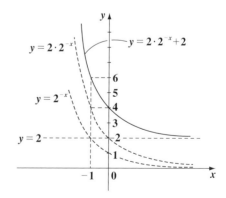

| 初めからトライ！問題 61 | 指数方程式 | CHECK 1 | CHECK 2 | CHECK 3 |

次の指数方程式を解け。

(1) $4 \cdot \sqrt[3]{2^x} = \sqrt{8^x}$ (2) $\dfrac{1}{2^{x^2}} = \dfrac{2^x}{4}$ (3) $\dfrac{27^{x^2}}{3} = 9^x$

ヒント！ (1)，(2) は両辺の底を 2 にそろえ，(3) は両辺の底を 3 にそろえて，指数部同士を見比べればいいんだね。

解答＆解説

(1) $\underset{2^2}{4} \cdot \underset{(2^x)^{\frac{1}{3}}}{\sqrt[3]{2^x}} = \underset{\{(2^3)^x\}^{\frac{1}{2}}}{\sqrt{8^x}}$ より，$2^2 \cdot 2^{\frac{x}{3}} = 2^{\frac{3}{2}x}$ $2^{\left(\frac{x}{3}+2\right)} = 2^{\left(\frac{3}{2}x\right)}$

よって，両辺の指数部を比較して，$\dfrac{x}{3} + 2 = \dfrac{3}{2}x$ ← 両辺に 6 をかけて

$2x + 12 = 9x$ $7x = 12$ $\therefore x = \dfrac{12}{7}$ ……………………………(答)

(2) $\dfrac{1}{\underset{2^{-x^2}}{2^{x^2}}} = \dfrac{\underset{2^x \cdot 2^{-2} = 2^{x-2}}{2^x}}{4}$ より，$2^{\left(-x^2\right)} = 2^{\left(x-2\right)}$ よって，両辺の指数部を比較して，

$-x^2 = x - 2$ $x^2 + \underset{\text{たして } 2 + (-1)}{1} \cdot x - \underset{\text{かけて } 2 \times (-1)}{2} = 0$ $(x+2)(x-1) = 0$

$\therefore x = -2$，または 1 ……………………………(答)

(3) $\dfrac{\underset{(3^3)^{x^2} \cdot 3^{-1}}{27^{x^2}}}{3} = \underset{(3^2)^x = 3^{2x}}{9^x}$ より，$3^{\left(3x^2-1\right)} = 3^{\left(2x\right)}$ よって，両辺の指数部を比較して，

$3x^2 - 1 = 2x$ $3x^2 - 2x - 1 = 0$ $(3x+1)(x-1) = 0$

たすきがけ

$\therefore x = -\dfrac{1}{3}$，または 1 ……………………………(答)

次の連立の指数方程式を解け。

$$\begin{cases} 2^{x+2} + 3^{y+4} = 515 & \cdots\cdots\cdots ① \\ 2^{x} + 3^{y+3} = 129 & \cdots\cdots\cdots ② \end{cases}$$

ヒント！ $2^x = A$，$3^y = B$ とおいて，①，②からまず A と B の値を求め，それから x と y の値を求めればいいんだね。頑張ろう！

解答＆解説

・$\underbrace{2^{x+2}}_{2^2 \times 2^x} + \underbrace{3^{y+4}}_{3^4 \times 3^y} = 515$ $\cdots\cdots\cdots①$ より，$4 \cdot \underset{A}{\underbrace{2^x}} + 81 \cdot \underset{B}{\underbrace{3^y}} = 515$

・$2^{x} + \underbrace{3^{y+3}}_{3^3 \times 3^y} = 129$ $\cdots\cdots\cdots②$ より，$\underset{A}{\underbrace{2^x}} + 27 \cdot \underset{B}{\underbrace{3^y}} = 129$

ここで，$2^x = A$，$3^y = B$ とおくと，①，②は，

$$\begin{cases} 4A + 81B = 515 & \cdots\cdots\cdots①' \\ A + 27B = 129 & \cdots\cdots\cdots②' \end{cases} \text{ となる。}$$

よって，$①' - 3 \times ②'$ より B を消去して，

$$\begin{array}{r} 4A + 81B = 515 \\ -)\ 3A + 81B = 387 \\ \hline A \qquad\quad = 128 \end{array}$$

$\underset{2^x}{\underbrace{A}} = \underset{2^7}{\underbrace{128}}$ $\cdots\cdots\cdots③$ となる。

$2^5 = 32$ より，$2^6 = 64$，$2^7 = 128$ だね。

よって，$A = 2^x$ より③は，

$2^x = 2^7$ となる。　∴$x = 7$ ← 指数部同士の見比べだね。

③を②′に代入して，

$128 + 27B = 129$ 　　$27B = 1$ 　　∴$\underset{3^y}{\underbrace{B}} = \dfrac{1}{27}$ $\cdots\cdots\cdots④$ となる。

$\underbrace{\dfrac{1}{3^3} = 3^{-3}}$

よって，$B = 3^y$ より④は，$3^y = 3^{-3}$ となる。　∴$y = -3$

以上より，連立の指数方程式①，②の解は，

$x = 7$，$y = -3$ である。$\cdots\cdots\cdots\cdots\cdots\cdots\cdots\cdots\cdots\cdots\cdots\cdots\cdots\cdots\cdots$(答)

| 初めからトライ！問題 63 | 指数方程式 | CHECK 1 | CHECK 2 | CHECK 3 |

次の指数方程式を解け。

(1) $3^{2x+1} + 2 \cdot 3^x - 1 = 0$ ………① 　　(2) $2^{2x} - 3 \cdot 2^{x+\frac{1}{2}} + 4 = 0$ ………②

ヒント！ 今回は，置換型の指数方程式の問題だね。(1) では，$3^x = t$ とおき，(2) では，$2^x = t$ とおいて，t の 2 次方程式に持ち込んで解こう。ただし，$t > 0$ には気を付けようね。

解答 & 解説

(1) $\underbrace{3^{2x+1}}_{3 \cdot 3^{2x} = 3 \cdot (3^x)^2} + 2 \cdot 3^x - 1 = 0$ ………① を変形して，

$3 \cdot \underset{(t)}{(3^x)^2} + 2 \cdot \underset{(t)}{3^x} - 1 = 0$ 　ここで，$3^x = t$ とおくと，

グラフより，$t > 0$ だね

$3t^2 + 2t - 1 = 0$ 　$(t > 0)$

$\begin{matrix} 3 \\ 1 \end{matrix} \diagdown\!\!\!\diagup \begin{matrix} -1 \\ 1 \end{matrix}$ ← たすきがけで解く t の 2 次方程式だ

$(3t - 1)(t + 1) = 0$ 　ここで，$t > 0$ より，$t \neq -1$

$\therefore t = \underset{(3^{-1})}{\dfrac{1}{3}}$ より，$t = 3^x = 3^{-1}$ 　$\therefore$①の解は，$x = -1$ ……………(答)

最後は，指数部の見比べ型だ！

(2) $\underbrace{2^{2x}}_{(2^x)^2} - 3 \cdot \underbrace{2^{x+\frac{1}{2}}}_{2^{\frac{1}{2}} \cdot 2^x = \sqrt{2} \cdot 2^x} + 4 = 0$ ………② を変形して，

$\underset{(t)}{(2^x)^2} - 3\sqrt{2} \cdot \underset{(t)}{2^x} + 4 = 0$ 　　ここで，$2^x = t$ とおくと，

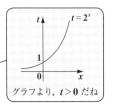

グラフより，$t > 0$ だね

$\underbrace{t^2}_{} - \underbrace{3\sqrt{2} \cdot t}_{} + \underbrace{4}_{} = 0$ 　$(t > 0)$

たして $(-\sqrt{2}) + (-2\sqrt{2})$ 　かけて $(-\sqrt{2}) \times (-2\sqrt{2})$

$(t - \sqrt{2})(t - 2\sqrt{2}) = 0$ 　$\therefore t = \sqrt{2}$，または $2\sqrt{2}$ 　$(t > 0$ をみたす$)$

よって，$t = 2^x = 2^{\frac{1}{2}}$ より，$x = \dfrac{1}{2}$，または，$t = 2^x = 2^{\frac{3}{2}}$ より，$x = \dfrac{3}{2}$

以上より，②の解は，$x = \dfrac{1}{2}$，または $\dfrac{3}{2}$ である。 ……………(答)

次の指数不等式を解け。

$(1)\ (2\sqrt{2})^x > \sqrt[3]{2} \cdot 2^x$ ……①

$(2)\ a^{2x-1} > \left(\dfrac{1}{\sqrt{a}}\right)^{1-x}$ ……② $(a > 0,\ a \ne 1)$

ヒント！ 見比べ型の指数不等式の問題だね。一般に，$a^{x_1} > a^{x_2}$ のとき，(i)$a > 1$ ならば，$x_1 > x_2$ であり，(ii)$0 < a < 1$ ならば，$x_1 < x_2$ となることに要注意だ。

解答＆解説

$(1)\ \underline{(2\sqrt{2})^x > \sqrt[3]{2} \cdot 2^x}$ ………① を変形して，

$\boxed{(2^1 \cdot 2^{\frac{1}{2}})^x = (2^{\frac{3}{2}})^x}$ $\boxed{2^{\frac{1}{3}} \cdot 2^x = 2^{x+\frac{1}{3}}}$

$2^{\frac{3}{2}x} > 2^{x+\frac{1}{3}}$　　両辺の指数部を比較して，

> 底2(>1) より
> $2^{x_1} > 2^{x_2}$ ならば
> $x_1 > x_2$ となるね。

$\dfrac{3}{2}x > x + \dfrac{1}{3}$　　両辺に 6 をかけて，$9x > 6x + 2$

$3x > 2$　　∴①の不等式の解は，$x > \dfrac{2}{3}$ …………………………(答)

$(2)\ a^{2x-1} > \left(\dfrac{1}{\sqrt{a}}\right)^{1-x}$ ………② $(a > 0$ かつ $a \ne 1)$ を変形して，

$\boxed{\left(a^{-\frac{1}{2}}\right)^{1-x} = a^{-\frac{1}{2}(1-x)} = a^{\frac{1}{2}x-\frac{1}{2}}}$

$a^{2x-1} > a^{\frac{1}{2}x-\frac{1}{2}}$ となる。

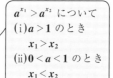

> $a^{x_1} > a^{x_2}$ について
> (i)$a > 1$ のとき
> 　　$x_1 > x_2$
> (ii)$0 < a < 1$ のとき
> 　　$x_1 < x_2$

(i)$a > 1$ のとき，$2x - 1 > \dfrac{1}{2}x - \dfrac{1}{2}$

　　よって，$4x - 2 > x - 1$　　$3x > 1$

　　∴ $x > \dfrac{1}{3}$

(ii)$0 < a < 1$ のとき，$2x - 1 < \dfrac{1}{2}x - \dfrac{1}{2}$　　よって，$4x - 2 < x - 1$

　　$3x < 1$　　∴ $x < \dfrac{1}{3}$

以上 (i)(ii) より，②の不等式の解は，

(i)$a > 1$ のとき，$x > \dfrac{1}{3}$, (ii)$0 < a < 1$ のとき，$x < \dfrac{1}{3}$ ………………(答)

初めからトライ！問題 65　　　指数不等式　　　CHECK 1　CHECK 2　CHECK 3

次の指数不等式を解け。

$$3^{x+1} - 10 \cdot 3^{\frac{x}{2}} + 3 < 0 \quad \cdots\cdots\cdots ①$$

ヒント！　これは，$(\sqrt{3})^x = t$ とおくと，t の 2 次不等式になる置換型の指数不等式の問題なんだね。頑張って，最後まで解いてみよう！

解答 & 解説

$$3^{x+1} - 10 \cdot 3^{\frac{x}{2}} + 3 < 0 \quad \cdots\cdots\cdots ① \text{ を変形して，}$$

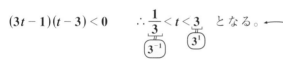

$$3 \cdot 3^x = 3 \cdot (3^{\frac{x}{2}})^2 = 3\{(\sqrt{3})^x\}^2 \qquad (3^{\frac{1}{2}})^x = (\sqrt{3})^x$$

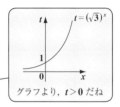
グラフより，$t > 0$ だね

$$3\{\underbrace{(\sqrt{3})^x}_{t}\}^2 - 10 \cdot \underbrace{(\sqrt{3})^x}_{t} + 3 < 0$$

ここで，$(\sqrt{3})^x = t$ とおくと，

$$3t^2 - 10 \cdot t + 3 < 0 \quad (t > 0)$$

たすきがけで解くパターンの t の 2 次方程式だね。

$$\begin{array}{ccc} 3 & \diagdown & -1 \\ 1 & \diagup & -3 \end{array}$$

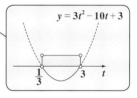
$$y = 3t^2 - 10t + 3$$

$$(3t - 1)(t - 3) < 0 \qquad \therefore \underbrace{\frac{1}{3}}_{3^{-1}} < t < \underbrace{3}_{3^1} \quad \text{となる。}$$

ここで，$t = (\sqrt{3})^x = 3^{\frac{x}{2}}$ を，これに代入して，

$$3^{-1} < 3^{\frac{x}{2}} < 3^1$$

これは，見比べ型の指数不等式だ。底が $3(>1)$ なので，指数部の大小関係は変化しないね。

よって，$-1 < \dfrac{x}{2} < 1$ より，各辺を 2 倍して，①の指数不等式の解は，

$-2 < x < 2$ である。 $\cdots\cdots\cdots\cdots\cdots\cdots\cdots\cdots\cdots\cdots\cdots\cdots\cdots\cdots$(答)

次の指数不等式を解け。

$$2^{2x+\frac{1}{2}} - 5 \cdot 2^x + 2^{\frac{3}{2}} \geqq 0 \quad \cdots\cdots\cdots ①$$

ヒント！　これも置換型の指数不等式だね。今回は，$2^x = t$ とおいて，t の2次不等式に持ち込もう。たすきがけが少し難しいけれど，頑張ろう！

解答＆解説

$\underbrace{2^{2x+\frac{1}{2}}}_{} - 5 \cdot 2^x + \underbrace{2^{\frac{3}{2}}}_{} \geqq 0 \quad \cdots\cdots\cdots ①$ を変形して，

$\boxed{2^{\frac{1}{2}} \cdot 2^{2x} = \sqrt{2} \cdot (2^x)^2}$ $\boxed{2 \cdot 2^{\frac{1}{2}} = 2\sqrt{2}}$

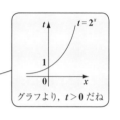

$\sqrt{2}(2^x)^2 - 5 \cdot 2^x + 2\sqrt{2} \geqq 0$ 　　ここで，$2^x = t$ とおくと，

$\sqrt{2}t^2 - 5 \cdot t + 2\sqrt{2} \geqq 0 \quad (t > 0)$

$$
\begin{array}{ccc}
\sqrt{2} & & -1 \rightarrow -1 \\
& \times & \\
1 & & -2\sqrt{2} \rightarrow -4
\end{array}
$$

このたすきがけが意外と難しかったかも…。

グラフより，$t > 0$ だね

$(\sqrt{2}t - 1)(t - 2\sqrt{2}) \geqq 0$

$\therefore t \leqq \dfrac{1}{\sqrt{2}}$，または，$2\sqrt{2} \leqq t$

$\boxed{2^{-\frac{1}{2}}}$ 　$\boxed{2 \cdot 2^{\frac{1}{2}} = 2^{1+\frac{1}{2}} = 2^{\frac{3}{2}}}$

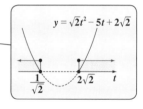

$y = \sqrt{2}t^2 - 5t + 2\sqrt{2}$

ここで，$t = 2^x$ を，これに代入すると，

$2^x \leqq 2^{-\frac{1}{2}}$，または，$2^{\frac{3}{2}} \leqq 2^x$ ← 見比べ型の指数不等式だ！

よって，①の指数不等式の解は，$x \leqq -\dfrac{1}{2}$，または $\dfrac{3}{2} \leqq x$ である。 $\cdots\cdots\cdots$(答)

| 初めからトライ！問題 67 | 指数関数の応用 | CHECK *1* | CHECK *2* | CHECK *3* |

次の関数の最大値 M と最小値 m を求めよ。

$$y = 2^{2x} - 2^{x+2} + 5 \cdots\cdots① \quad (0 \leq x \leq 2)$$

ヒント！ これは，$2^x = t$ と置換すると，$y = t^2 - 4t + 5$ となって，下に凸の t の2次関数になるんだね。$0 \leq x \leq 2$ の範囲から，t の取り得る値の範囲を導いて，y の最大値 M と最小値 m を求めよう。

解答＆解説

①を変形して，$y = \underset{t}{\underbrace{(2^x)}}^2 - 4 \cdot \underset{t}{\underbrace{2^x}} + 5 \cdots\cdots①'$ となる。

ここで，$2^x = t$ とおくと，①' は，

$y = t^2 - 4t + 5 \cdots\cdots②$ となる。

また，$0 \leq x \leq 2$ より，　$\underset{①}{\underbrace{2^0}} \leq \underset{t}{\underbrace{2^x}} \leq \underset{④}{\underbrace{2^2}}$ ←

よって，t の取り得る値の範囲は，

$\underline{1 \leq t \leq 4}$ となる。

以上より，②をさらに変形すると，

$y = (\underset{\text{2で割って2乗}}{\underbrace{t^2 - 4 \cdot t + 4}}) + 5 \underset{\text{4をたした分，引く}}{\underbrace{- 4}}$

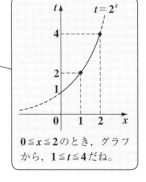

$0 \leq x \leq 2$ のとき，グラフから，$1 \leq t \leq 4$ だね。

$\underline{y = (t-2)^2 + 1} \quad (1 \leq t \leq 4)$

頂点 $(2, 1)$ の下に凸の放物線

よって，右図のグラフより，

(ⅰ) $\underline{t = 2}$，すなわち $\underline{x = 1}$ のとき，

$\underset{\underbrace{2^x = 2^1}}{}$

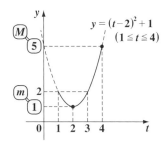

$y = (t-2)^2 + 1$
$(1 \leq t \leq 4)$

y は最小値 $m = 1$ をとる。 $\cdots\cdots\cdots\cdots\cdots\cdots\cdots\cdots\cdots\cdots\cdots\cdots$(答)

(ⅱ) $\underline{t = 4}$，すなわち $\underline{x = 2}$ のとき，y は最大値 $M = 5$ をとる。 $\cdots\cdots\cdots$(答)

$\underset{\underbrace{2^x = 2^2}}{}$

次の対数の式の値を求めよ。

(1) $\log_2 1$　　(2) $\log_2 \sqrt{2}$　　(3) $\log_3 \dfrac{1}{3}$　　(4) $\log_3 9\sqrt{3}$　　(5) $\log_4 2$

(6) $\log_5 125$　　(7) $\log_5 5\sqrt{5}$　　(8) $\log_{\sqrt{5}} 25$　　(9) $\log_{\sqrt{2}} 8$　　(10) $\log_{\sqrt{3}} 3\sqrt{3}$

> ヒント！　$a^b = c$ と $b = \log_a c$ とは同じことなので，これから，$\log_a c$ の値を求めよう。まず，対数計算の基本をマスターすることが大切なんだね。

解答＆解説

(1) $2^0 = 1$ より，$\log_2 1 = 0$ ‥‥‥‥‥‥‥‥‥‥‥‥‥‥‥‥‥‥‥‥‥‥‥（答）

(2) $2^{\frac{1}{2}} = \sqrt{2}$ より，$\log_2 \sqrt{2} = \dfrac{1}{2}$ ‥‥‥‥‥‥‥‥‥‥‥‥‥‥‥‥‥（答）

(3) $3^{-1} = \dfrac{1}{3}$ より，$\log_3 \dfrac{1}{3} = -1$ ‥‥‥‥‥‥‥‥‥‥‥‥‥‥‥‥‥（答）

(4) $3^{\frac{5}{2}} = 3^2 \cdot 3^{\frac{1}{2}} = 9\sqrt{3}$ より，$\log_3 9\sqrt{3} = \dfrac{5}{2}$ ‥‥‥‥‥‥‥‥‥‥‥（答）

(5) $4^{\frac{1}{2}} = \sqrt{4} = 2$ より，$\log_4 2 = \dfrac{1}{2}$ ‥‥‥‥‥‥‥‥‥‥‥‥‥‥‥‥（答）

(6) $5^3 = 125$ より，$\log_5 125 = 3$ ‥‥‥‥‥‥‥‥‥‥‥‥‥‥‥‥‥‥‥‥‥（答）

(7) $5^{\frac{3}{2}} = 5 \cdot 5^{\frac{1}{2}} = 5\sqrt{5}$ より，$\log_5 5\sqrt{5} = \dfrac{3}{2}$ ‥‥‥‥‥‥‥‥‥‥‥‥（答）

(8) $\sqrt{5} = 5^{\frac{1}{2}}$ より，$(\sqrt{5})^4 = \left(5^{\frac{1}{2}}\right)^4 = 5^2 = 25$ より，

　∴ $\log_{\sqrt{5}} 25 = 4$ ‥‥‥‥‥‥‥‥‥‥‥‥‥‥‥‥‥‥‥‥‥‥‥‥‥‥‥（答）

(9) $\sqrt{2} = 2^{\frac{1}{2}}$ より，$(\sqrt{2})^6 = \left(2^{\frac{1}{2}}\right)^6 = 2^3 = 8$ より，

　∴ $\log_{\sqrt{2}} 8 = 6$ ‥‥‥‥‥‥‥‥‥‥‥‥‥‥‥‥‥‥‥‥‥‥‥‥‥‥‥（答）

(10) $\sqrt{3} = 3^{\frac{1}{2}}$ より，$(\sqrt{3})^3 = \left(3^{\frac{1}{2}}\right)^3 = 3^{\frac{3}{2}} = 3 \cdot 3^{\frac{1}{2}} = 3\sqrt{3}$ より，

　∴ $\log_{\sqrt{3}} 3\sqrt{3} = 3$ ‥‥‥‥‥‥‥‥‥‥‥‥‥‥‥‥‥‥‥‥‥‥‥‥（答）

| 初めからトライ！問題 69 | 対数計算 | CHECK 1 | CHECK 2 | CHECK 3 |

次の式を計算せよ。

(1) $\log_2 24$ (2) $\log_8 2$ (3) $\log_3 \dfrac{27}{8}$

(4) $\log_9 3\sqrt{3}$ (5) $\log_2 5 \cdot \log_5 4$ (6) $\log_2 9 \cdot \log_3 8$

ヒント！ 対数計算の公式 $\log_a xy = \log_a x + \log_a y$ や $\log_a x^p = p\log_a x$ など…を使って，式を出来るだけ簡単な形で表そう。

解答 & 解説

(1) $\log_2 24 = \log_2 2^3 \cdot 3 = \log_2 2^3 + \log_2 3$

$2^3 \times 3$

$\log_a xy = \log_a x + \log_a y$
$\log_a x^p = p\log_a x$

$= 3 \cdot \log_2 2 + \log_2 3 = 3 + \log_2 3$ ……………………………(答)

（$\log_2 2 = 1$）

(2) $\log_8 2 = \dfrac{\log_2 2}{\log_2 8} = \dfrac{1}{3}$ ………………………………(答)

$\log_a b = \dfrac{\log_c b}{\log_c a}$

$\log_2 2 = 1$, $\log_2 8 = 3\ (\because 2^3 = 8)$

(3) $\log_3 \dfrac{27}{8} = \log_3 27 - \log_3 8 = 3 - \log_3 2^3 = 3 - 3\cdot\log_3 2$ …………(答)

$3\ (\because 3^3 = 27)$

$\log_a \dfrac{x}{y} = \log_a x - \log_a y$

(4) $\log_9 3\sqrt{3} = \dfrac{\log_3 3\sqrt{3}}{\log_3 9} = \dfrac{\log_3 3^{\frac{3}{2}}}{\log_3 3^2} = \dfrac{\frac{3}{2} \cdot \log_3 3}{2 \cdot \log_3 3} = \dfrac{3}{4}$ ……………(答)

(5) $\log_2 5 \cdot \log_5 4 = \log_2 5 \times \dfrac{\log_2 4}{\log_2 5} = \log_2 4 = 2$ ………………(答)

$2\ (\because 2^2 = 4)$

$\log_a b = \dfrac{\log_c b}{\log_c a}$

(6) $\log_2 3^2 \cdot \log_3 8 = 2 \cdot \log_2 3 \times \dfrac{\log_2 8}{\log_2 3}^3 = 2 \times 3 = 6$ ……………(答)

次の式を計算せよ。

(1) $\log_2 \dfrac{1+\sqrt{2}+\sqrt{3}}{2} + \log_2 \dfrac{1+\sqrt{2}-\sqrt{3}}{2}$

(2) $(\log_5 10 - 1)\cdot \log_4 5$

(3) $(\log_a b + \log_{a^2} b)(\log_b a + \log_{\sqrt{b}} a)$　（ただし $a > 0$, $a \neq 1$, $b > 0$, $b \neq 1$）

ヒント！　少し複雑な式になっているけれど，対数計算の公式 $\log_a xy = \log_a x + \log_a y$ など…を使っていけば，すべてシンプルな結果が導けるよ。頑張ろう！

解答＆解説

(1) $\log_2 \dfrac{1+\sqrt{2}+\sqrt{3}}{2} + \log_2 \dfrac{1+\sqrt{2}-\sqrt{3}}{2} = \log_2 \left\{ \dfrac{(1+\sqrt{2})+\sqrt{3}}{2} \times \dfrac{(1+\sqrt{2})-\sqrt{3}}{2} \right\}$

$\underbrace{1+2\sqrt{2}+2-3 = 2\sqrt{2}}$

$= \log_2 \dfrac{\overbrace{(1+\sqrt{2})^2 - (\sqrt{3})^2}}{4} = \log_2 \dfrac{2\sqrt{2}}{2\sqrt{2}\cdot\sqrt{2}} = \log_2 \underbrace{\dfrac{1}{\sqrt{2}}}_{2^{-\frac{1}{2}}}$

$= \log_2 2^{\left(-\frac{1}{2}\right)} = -\dfrac{1}{2}\underbrace{\log_2 2}_{①} = -\dfrac{1}{2}$ ……………………(答)

(2) $(\log_5 \underline{10} - \underline{1})\cdot \log_4 5 = (\underbrace{\log_5 10 - \log_5 5})\cdot \underbrace{\dfrac{1}{\log_5 4}}$

$\underbrace{}_{\log_5 5} \qquad \underbrace{\log_5 \frac{10}{5} = \log_5 2} \qquad \boxed{\log_b a = \dfrac{1}{\log_a b}}$

$= \log_5 2 \cdot \underbrace{\dfrac{1}{\log_5 2^{②}}} = \log_5 2 \times \dfrac{1}{2\cdot \log_5 2} = \dfrac{1}{2}$ ……………………(答)

(3) $(\underline{\log_a b + \log_{a^2} b})\cdot(\underline{\log_b a + \log_{\sqrt{b}} a}) = \dfrac{3}{2}\cdot \log_a b \times 3\cdot \log_b a$

$\boxed{\dfrac{\log_a b}{\underbrace{\log_a a^2}_{2}} = \dfrac{1}{2}\log_a b} \qquad \boxed{\dfrac{\log_b a}{\underbrace{\log_b \sqrt{b}}_{\frac{1}{2}}} = \dfrac{\log_b a}{\frac{1}{2}} = 2\log_b a}$

$= \dfrac{9}{2}\cdot \log_a b \times \dfrac{1}{\log_a b} = \dfrac{9}{2}$ ……………………(答)

次の対数方程式を解け。

$$\log_2(x+2) + 2\log_4(x+3) + \log_{\frac{1}{2}}2 = 0 \quad\cdots\cdots①$$

ヒント！　見比べ型，つまり，$\log_a x_1 = \log_a x_2$ より $x_1 = x_2$ として解くタイプの対数方程式なんだね。でも，対数方程式を解く前に必ず真数条件をチェックすることを心がけよう。

解答＆解説

$\log_2(x+2) + 2\cdot\log_4(x+3) + \log_{\frac{1}{2}}2 = 0 \quad\cdots\cdots①$ について，

まず，何はともあれ，真数条件を押さえよう！

真数条件：$x+2>0$ かつ，$x+3>0$ より，

$x>-2$ かつ $x>-3$　　$\therefore x>-2$ となる。

次に，①の対数の底をすべて 2 にそろえると，

$$\log_2(x+2) + 2\cdot\log_4(x+3) + \log_{\frac{1}{2}}2 = 0 \text{ より，}$$

$\dfrac{\log_2(x+3)}{\log_2 4} = \dfrac{1}{2}\log_2(x+3)$　　$\dfrac{\log_2 2}{\log_2\frac{1}{2}} = -\log_2 2$

公式：$\log_a b = \dfrac{\log_c b}{\log_c a}$ を使った。

$$\log_2(x+2) + 2\times\frac{1}{2}\log_2(x+3) - \log_2 2 = 0$$

$$\log_2(x+2)\cdot(x+3) = \log_2 2 \quad\leftarrow\text{見比べ型の対数方程式になった！}$$

この両辺の真数部分同士を比較して，

$(x+2)(x+3)=2$　　$x^2+3x+2x+6=2$

$x^2+5x+4=0$　　$(x+1)(x+4)=0$　　$\therefore x=-1,\ -4$

たして$1+4$　かけて1×4

ここで，真数条件：$x>-2$ より，$x\neq-4$

以上より，対数方程式①の解は，$x=-1$ $\cdots\cdots$(答)

101

次の対数方程式を解け。

$$\log_3 9x - 6 \cdot \log_x 9 = 3 \quad \cdots\cdots\cdots ①$$

ヒント！ 今回は，①を底 **3** の対数で表して，$\log_3 x = t$ とおくことにより，t の **2** 次方程式にもち込める，置換型の対数方程式なんだね。もちろん，①では，x は真数部と底にあるので，真数と底の条件，$x > 0$ かつ $x \neq 1$ を最初に押さえよう。

解答＆解説

$\log_3 9x - 6 \cdot \log_x 9 = 3 \quad \cdots\cdots\cdots ①$ について，
（⊕） （⊕，かつ**1**ではない）

真数条件より，$9x > 0$ ∴ $x > 0$ 　　底の条件より，$x > 0$ かつ $x \neq 1$
以上より，真数と底の条件は，$\underline{x > 0 \text{ かつ } x \neq 1}$ となる。

①の対数の底をすべて **3** にそろえてまとめると，

$$\log_3 9x - 6 \cdot \log_x 9 = 3 \qquad 2 + \log_3 x - 6 \cdot \frac{2}{\log_3 x} = 3$$

$\boxed{\log_3 9 + \log_3 x}$ 　$\boxed{\dfrac{\log_3 9}{\log_3 x} = \dfrac{2}{\log_3 x}}$
$\boxed{2}$

$$\log_3 x - 1 - \frac{12}{\log_3 x} = 0 \qquad \text{ここで，} \log_3 x = t \text{ とおくと，}$$

$$t - 1 - \frac{12}{t} = 0 \quad (t \neq 0)$$

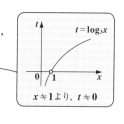
$x \neq 1$ より，$t \neq 0$

両辺に t をかけて，$t^2 \underline{-1} \cdot t \underline{-12} = 0$
$\boxed{\text{たして} -4 + 3}$ $\boxed{\text{かけて} (-4) \times 3}$

$$(t - 4)(t + 3) = 0 \qquad ∴ t = 4, \text{ または} -3 \quad (\text{これらは，} t \neq 0 \text{ をみたす})$$

(i) $t = \log_3 x = 4$ のとき，　$x = 3^4 = 81$

(ii) $t = \log_3 x = -3$ のとき，　$x = 3^{-3} = \dfrac{1}{3^3} = \dfrac{1}{27}$

以上 (i) (ii) より，①の方程式の解は，$x = 81$，または $\dfrac{1}{27}$ 　$\cdots\cdots\cdots\cdots$(答)
　（これらは真数と底の条件：$\underline{x > 0 \text{ かつ } x \neq 1}$ をみたす）

| 初めからトライ！問題 73 | 対数不等式 | CHECK 1 | CHECK 2 | CHECK 3 |

次の対数不等式を解け。

$$\log_2(x-2) < 3 + \log_{\frac{1}{2}}(x-4) \cdots\cdots ①$$

ヒント！　まず，真数条件を押さえよう。後は底 2 の対数にすべて書き変えると，見比べ型の対数不等式になることが分かるはずだ。

解答＆解説

$\log_2\underset{\oplus}{(x-2)} < 3 + \log_{\frac{1}{2}}\underset{\oplus}{(x-4)} \cdots\cdots ①$ について，

真数条件より，$x-2>0$ より $x>2$，かつ

$x-4>0$ より $x>4$

∴①の真数条件は，$\underline{x>4}$ である。◀—

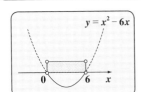

$\log_2(x-2) < \underset{\overset{\shortparallel}{\boxed{\log_2 8}}}{3} + \log_{\frac{1}{2}}(x-4) \cdots\cdots ①$ を変形して，

$$\boxed{\dfrac{\boxed{\log_2(x-3)}}{\boxed{\log_2\frac{1}{2}}_{\boxed{-1}}} = \dfrac{\log_2(x-4)}{-1} = -\log_2(x-4)}$$

$\log_2(x-2) < \log_2 8 - \log_2(x-4)$

$\log_2(x-2) + \log_2(x-4) < \log_2 8$

$\log_2 \boxed{(x-2)(x-4)} < \log_2 \boxed{8}$　より，—

見比べ型の対数不等式
$\log_a x_1 < \log_a x_2$ について
(ⅰ) $a>1$ のとき，$x_1 < x_2$
(ⅱ) $0<a<1$ のとき，$x_1 > x_2$

$(x-2)(x-4) < 8$ ◀—

$x^2 - 4x - 2x + 8 < 8$

$x^2 - 6x < 0$　　$x(x-6) < 0$

∴ $0 < x < 6$

よって，これと真数条件 $\underline{x>4}$ より，

求める①の解は，

$4 < x < 6$ である。　$\cdots\cdots\cdots$(答)

$y = x^2 - 6x$

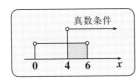

真数条件

103

次の対数不等式を解け。

$$(1 - \log_2 x)^2 + \log_2 4 + \log_2 x < 5 \quad \cdots\cdots ①$$

ヒント！ 今回は，$\log_2 x = t$ とおくと，t の2次不等式となる。つまり置換型の対数不等式の問題なんだね。もちろん，初めに真数条件を押さえることを，お忘れなく…。

解答＆解説

$(1 - \log_2 x)^2 + \log_2 4 + \log_2 x < 5 \quad \cdots\cdots ①$ について，

$\underset{\oplus}{}\quad \underset{2(\because 2^2 = 4)}{}\quad \underset{\oplus}{}$

真数条件より，$\underline{x > 0}$

ここで，$\log_2 x = t$　とおくと，①は，

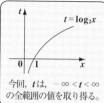

今回，t は，$-\infty < t < \infty$ の全範囲の値を取り得る。

$\underset{t^2 - 2t + 1}{(1 - t)^2} + 2 + t < 5$

$t^2 \underset{たして1 + (-2)}{-1 \cdot t} \underset{かけて1 \times (-2)}{-2} < 0$

$(t + 1)(t - 2) < 0$

$\therefore \underset{\log_2 \frac{1}{2}}{-1} < \underset{\log_2 x}{t} < \underset{\log_2 4}{2}$　となる。

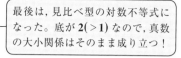

$y = t^2 - t - 2$

よって，$\log_2 \dfrac{1}{2} < \log_2 x < \log_2 4$

最後は，見比べ型の対数不等式になった。底が $2(>1)$ なので，真数の大小関係はそのまま成り立つ！

以上より，①の不等式の解は，

$\dfrac{1}{2} < x < 4$ である。$\cdots\cdots\cdots\cdots\cdots$ (答)

（これは，真数条件：$\underline{x > 0}$ をみたす）

| 初めからトライ！問題 75 | 指数・対数不等式 | CHECK 1 | CHECK 2 | CHECK 3 |

次の指数不等式を解け。

(1) $3 \cdot 2^{2x} - 8 \cdot 2^x - 3 \leqq 0$ ……① 　　(2) $2 \cdot 3^{2x} - 5 \cdot 3^x + 2 \leqq 0$ ……②

ヒント！ 指数不等式の問題だけれど，最終的には対数不等式になる問題だ。頑張ろう！

解答＆解説

(1) $3 \cdot (2^x)^2 - 8 \cdot 2^x - 3 \leqq 0$ ……① について，$2^x = t$ とおくと，$t > 0$

となり，①は次の t の2次不等式になる。

$3t^2 - 8t - 3 \leqq 0$ 　　$(3t+1)(t-3) \leqq 0$

$\oplus (\because t > 0)$

ここで，$3t + 1 > 0$ より，両辺をこれで割って

$t - 3 \leqq 0$ 　$t \leqq 3$ 　∴ $2^x \leqq 3$ ……③ となる。

ここで，③の両辺について，底 $2(>1)$ の対数

をとっても，大小関係は変わらない。よって，

 $\leqq \log_2 3$ 　$x \cdot \log_2 2 \leqq \log_2 3$

∴ ①の不等式の解は，$x \leqq \log_2 3$ ……………………………………(答)

(2) $2 \cdot (3^x)^2 - 5 \cdot 3^x + 2 \leqq 0$ ……② について，$3^x = t$ とおくと，$t > 0$ となり，②は

$2t^2 - 5 \cdot t + 2 \leqq 0$ 　　$(2t-1)(t-2) \leqq 0$

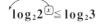

∴ $\dfrac{1}{2} \leqq \underset{3^x}{t} \leqq 2$ より，$2^{-1} \leqq 3^x \leqq 2$ ……④

ここで，④の各辺について，底 $3(>1)$ の対数

をとっても，大小関係は変わらない。よって，

 $\leqq \underset{x}{\log_3 3^x} \leqq \log_3 2$

∴ ②の解は，$-\log_3 2 \leqq x \leqq \log_3 2$ ………(答)

$\log_{10}2 = 0.3010$, $\log_{10}3 = 0.4771$ のとき，次の数の桁数を求めよ。

(1) 2^{80}　　　(2) 3^{60}　　　(3) 6^{40}　　　(4) 5^{50}

ヒント！　**1** 以上の数 x の常用対数 (底が **10** の対数) が，$\log_{10}x = n.\cdots$ (n : 0 以上の整数) のとき，x は $n+1$ 桁の数であることが分かるんだね。

解答 & 解説

$\log_{10}2 = 0.3010$, $\log_{10}3 = 0.4771$ を利用して，

(1) 2^{80} の常用対数を求めると，

$$\log_{10}2^{80} = 80 \times \underset{(0.3010)}{\log_{10}2} = 80 \times 0.3010 = \underline{\underline{24.08}}$$

よって，2^{80} は，**25** 桁の数である。$\cdots\cdots\cdots\cdots\cdots\cdots$(答)

(2) 3^{60} の常用対数を求めると，

$$\log_{10}3^{60} = 60 \times \underset{(0.4771)}{\log_{10}3} = 60 \times 0.4771 = \underline{\underline{28.626}}$$

よって，3^{60} は，**29** 桁の数である。$\cdots\cdots\cdots\cdots\cdots\cdots$(答)

(3) 6^{40} の常用対数を求めると，

$$\log_{10}6^{40} = 40 \times \log_{10}2 \cdot 3 = 40 \cdot (\log_{10}2 + \log_{10}3)$$
$$= 40 \cdot (0.3010 + 0.4771) = 40 \times 0.7781 = \underline{\underline{31.124}}$$

よって，6^{40} は，**32** 桁の数である。$\cdots\cdots\cdots\cdots\cdots\cdots$(答)

(4) 5^{50} の常用対数を求めると，

$$\log_{10}5^{50} = 50 \cdot \log_{10}\frac{10}{2} = 50(\underset{①}{\log_{10}10} - \underset{(0.3010)}{\log_{10}2}) = 50(1 - 0.3010)$$

$$= 50 \times 0.699 = \underline{\underline{34.95}}$$

よって，5^{50} は，**35** 桁の数である。$\cdots\cdots\cdots\cdots\cdots\cdots$(答)

| 初めからトライ!問題 77 | 常用対数 | CHECK 1 | CHECK 2 | CHECK 3 |

$\log_{10}2 = 0.3010$，$\log_{10}3 = 0.4771$ のとき，次の数は小数第何位に初めて 0 でない数が現れるか調べよ。

(1) $\left(\dfrac{1}{4}\right)^{40}$　　(2) $\left(\dfrac{1}{5}\right)^{30}$　　(3) $\left(\dfrac{1}{6}\right)^{20}$

ヒント！ 1 より小さい正の数 x の常用対数が，$\log_{10}x = -n. \cdots$（n：0 以上の整数）のとき，x は小数第 $n+1$ 位に初めて 0 でない数が現れることになるんだね。

解答＆解説

$\log_{10}2 = 0.3010$，$\log_{10}3 = 0.4771$ を利用して，

(1) $\left(\dfrac{1}{4}\right)^{40} = \left(\dfrac{1}{2^2}\right)^{40} = (2^{-2})^{40} = 2^{-80}$ の常用対数を求めると，

$$\log_{10}2^{-80} = -80 \times \underset{(0.3010)}{\log_{10}2} = -80 \times 0.3010 = -24.08$$

よって，$\left(\dfrac{1}{4}\right)^{40}$ は，小数第 25 位に初めて 0 でない数が現れる。………(答)

(2) $\left(\dfrac{1}{5}\right)^{30} = \left(\dfrac{2}{10}\right)^{30}$ の常用対数を求めると，

$$\log_{10}\left(\dfrac{2}{10}\right)^{30} = 30 \cdot \log_{10}\dfrac{2}{10} = 30 \cdot (\underset{(0.3010)}{\log_{10}2} - \underset{(1)}{\log_{10}10})$$
$$= 30 \cdot (0.3010 - 1) = 30 \times (-0.699) = -20.97$$

よって，$\left(\dfrac{1}{5}\right)^{30}$ は，小数第 21 位に初めて 0 でない数が現れる。………(答)

(3) $\left(\dfrac{1}{6}\right)^{20} = (6^{-1})^{20} = 6^{-20}$ の常用対数を求めると，

$$\log_{10}6^{-20} = -20 \times \log_{10}2 \cdot 3 = -20(\underset{(0.3010)}{\log_{10}2} + \underset{(0.4771)}{\log_{10}3})$$
$$= -20 \cdot (0.3010 + 0.4771) = -20 \times 0.7781 = -15.562$$

よって，$\left(\dfrac{1}{6}\right)^{20}$ は，小数第 16 位に初めて 0 でない数が現れる。………(答)

1. 指数法則

(1) $a^0 = 1$ (2) $a^1 = a$ (3) $a^p \times a^q = a^{p+q}$

(4) $(a^p)^q = a^{pq}$ (5) $\dfrac{a^p}{a^q} = a^{p-q}$ (6) $a^{\frac{1}{n}} = \sqrt[n]{a}$

(7) $a^{\frac{m}{n}} = \sqrt[n]{a^m} = (\sqrt[n]{a})^m$ (8) $(ab)^p = a^p b^p$ (9) $\left(\dfrac{b}{a}\right)^p = \dfrac{b^p}{a^p}$

（ p, q：有理数， m, n：自然数， $n \geqq 2$ ）

2. 指数方程式

（ⅰ）見比べ型：$a^{x_1} = a^{x_2} \iff x_1 = x_2$ ← 指数部の見比べ

（ⅱ）置換型 ：$a^x = t$ などと置き換える。$(t > 0)$

3. 指数不等式

（ⅰ）$a > 1$ のとき， $a^{x_1} > a^{x_2} \iff x_1 > x_2$ 不等号の向きは変化しない！

（ⅱ）$0 < a < 1$ のとき，$a^{x_1} > a^{x_2} \iff x_1 < x_2$ ← 不等号の向きが逆転！

4. 対数の定義

$a^b = c \iff b = \log_a c$ ← 対数 $\log_a c$ は，$a^b = c$ の指数部 b のこと

5. 対数計算の公式

(1) $\log_a xy = \log_a x + \log_a y$ (2) $\log_a \dfrac{x}{y} = \log_a x - \log_a y$

(3) $\log_a x^p = p\log_a x$ (4) $\log_a x = \dfrac{\log_b x}{\log_b a}$ など。

（ $x > 0, y > 0, a > 0$ かつ $a \neq 1, b > 0$ かつ $b \neq 1, p$：実数 ）

真数条件　　底の条件

6. 対数方程式（まず，真数条件を押さえる！）

（ⅰ）見比べ型：$\log_a x_1 = \log_a x_2 \iff x_1 = x_2$ ← 真数同士の見比べ

（ⅱ）置換型 ：$\log_a x = t$ などと置き換える。

7. 対数不等式（まず，真数条件を押さえる！）

（ⅰ）$a > 1$ のとき， $\log_a x_1 > \log_a x_2 \iff x_1 > x_2$

（ⅱ）$0 < a < 1$ のとき，$\log_a x_1 > \log_a x_2 \iff x_1 < x_2$

不等号の向きが逆転！

第 5 章
CHAPTER

5 微分法と積分法

- ▶ 微分係数と導関数
- ▶ 微分計算，接線と法線の方程式
- ▶ 3 次関数のグラフとその応用
- ▶ 不定積分の計算
- ▶ 定積分の計算，定積分で表された関数
- ▶ 面積計算，面積公式

1. 関数の極限の考え方に慣れよう。

(1) まず，$\lim\limits_{x \to a} f(x)$ の意味を押さえよう。

関数 $f(x)$ について，変数 x をある値 a に限りなく近づけていったときの極限を，$\lim\limits_{x \to a} f(x)$ と表すんだね。そして，

(ⅰ) $\lim\limits_{x \to a} f(x) = \alpha$ (ある値) となるとき，$f(x)$ は α に**収束する**といい，

(ⅱ) そうでない場合，つまり ∞ (無限大) に大きくなったり，$-\infty$ (負の無限大) に小さくなったり，値が振動して定まらないとき，**発散する**という。

(2) $\dfrac{0}{0}$ の**不定形**の極限は，特に重要だ。

たとえば，$\lim\limits_{x \to 1} \dfrac{x^2 - 1}{x - 1}$ のように，分子・分母が共に 0 に近づく場合，これも

(ⅰ) ある値に収束する場合と，(ⅱ) 発散する場合がある。

(ex) $\lim\limits_{x \to 1} \dfrac{x^2 - 1}{x - 1} = \lim\limits_{x \to 1} \dfrac{\overset{}{(x - 1)}(x + 1)}{x - 1} = \lim\limits_{x \to 1} (\overset{1}{(x}+ 1) = 2$ (収束)

2. 微分係数 $f'(a)$ と導関数 $f'(x)$ の定義式をマスターしよう。

(1) 微分係数 $f'(a)$ の定義式を頭に入れよう。

関数 $y = f(x)$ の微分係数 $f'(a)$ の定義式は，

$$f'(a) = \lim_{h \to 0} \frac{f(a+h) - f(a)}{h} \quad \text{である。} (a：ある定数)$$

($f'(a)$ は，$y = f(x)$ 上の点 $\mathrm{A}(a,\ f(a))$ における接線の傾きになる。)

(2) 導関数 $f'(x)$ の定義式も覚えよう。

関数 $y = f(x)$ の導関数 $f'(x)$ の定義式は，

$$f'(x) = \lim_{h \to 0} \frac{f(x+h) - f(x)}{h} \quad \text{である。} (x：変数)$$

3. 微分計算の基本公式で,導関数 $f'(x)$ はテクニカルに求められる。

(1) 微分計算の基本公式を押さえよう。

$$(x^n)' = n \cdot x^{n-1}$$
$$(n = 1, \ 2, \ 3, \ \cdots)$$

x^n を x で微分したら,$n \cdot x^{n-1}$ になることを示している。もう,極限の定義式で求めなくていい。

(2) 微分計算の性質を使いこなそう。

(i) $\{f(x) + g(x)\}' = f'(x) + g'(x)$
$\{f(x) - g(x)\}' = f'(x) - g'(x)$

関数が "たし算" や "引き算" されたものは,項別に微分できる!

(ii) $\{kf(x)\}' = kf'(x)$ (k:実数定数)

関数を定数倍したものの微分では,関数を微分して,その後で定数をかければいい。

4. 接線と法線の公式もマスターしよう。

(i) 曲線 $y = f(x)$ 上の点 $\mathrm{A}(t, f(t))$ における接線の方程式は,

$$y = f'(t)(x - t) + f(t)$$

(ii) 曲線 $y = f(x)$ 上の点 $\mathrm{A}(t, f(t))$ における法線の方程式は,

$$y = -\frac{1}{f'(t)}(x - t) + f(t)$$

(ただし,$f'(t) \neq 0$)

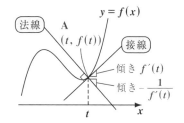

5. $f'(x)$ の符号から,関数 $y = f(x)$ の増減が分かる。

(i) $f'(x) > 0$ のとき,$y = f(x)$ は増加する。

(ii) $f'(x) < 0$ のとき,$y = f(x)$ は減少する。

このように,関数 $y = f(x)$ の導関数 $f'(x)$ の符号を調べることにより,関数 $y = f(x)$ のグラフの概形を描けるんだね。

(ex) 関数 $y = f(x) = x^3 - 3x + 2$ の導関数を求めて,$y = f(x)$ のグラフの概形を描こう。

$f'(x) = 3x^2 - 3 = 3(x+1)(x-1)$

$\therefore f'(x) = 0$ のとき $x = -1, 1$ であり,$f'(x)$ の符号 ($\oplus, \ominus$) より,$y = f(x)$ の増減が分かって,$y = f(x)$ のグラフは右図のようになる。

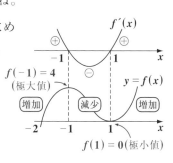

111

6. まず，不定積分から始めよう。

(1) 不定積分の定義は次の通りだ。

$f(x)$ を x で不定積分すると，

$\int f(x)\,dx = F(x) + C$　となる。（ただし，$F'(x) = f(x)$）

（$F(x)$：一般には定数項をもたない**原始関数**，C：**積分定数**）

(2) 積分計算の基本公式を押さえよう。

$$\int x^n\,dx = \frac{1}{n+1}x^{n+1} + C \quad (n = 0,\ 1,\ 2,\ 3,\ \cdots,\ C：積分定数)$$

(3) 積分計算の性質も使いこなそう。

（ⅰ）$\int \{f(x) + g(x)\}\,dx = \int f(x)\,dx + \int g(x)\,dx$

$\int \{f(x) - g(x)\}\,dx = \int f(x)\,dx - \int g(x)\,dx$

> 関数が"たし算"や"引き算"されたものの積分は，項別に積分できる。

（ⅱ）$\int kf(x)\,dx = k\int f(x)\,dx$　（k：実数定数）

> 関数を定数倍したものの積分では，関数を積分して，その後で定数をかければいい。

7. 定積分もマスターしよう。

(1) 定積分の定義を押さえよう。

関数 $f(x)$ が，積分区間 $a \leq x \leq b$ において原始関数 $F(x)$ をもつとき，その定義分を次のように定義する。

$$\int_a^b f(x)\,dx = \Big[F(x) \Big]_a^b = F(b) - F(a)$$

$F(x)$：一般に定数項（積分定数 C）をもたない原始関数を用いる。

(2) 定積分の公式を頭に入れよう。

（ⅰ）$\int_a^b \{f(x) + g(x)\}\,dx = \int_a^b f(x)\,dx + \int_a^b g(x)\,dx$

$\int_a^b \{f(x) - g(x)\}\,dx = \int_a^b f(x)\,dx - \int_a^b g(x)\,dx$

（ⅱ）$\int_a^b kf(x)\,dx = k\int_a^b f(x)\,dx$　（k：実数定数）

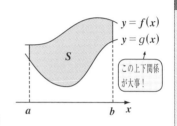

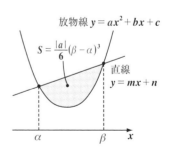

8. 定積分で表された関数には 2 つのタイプがある。

(Ⅰ) $\displaystyle\int_a^b f(t)\,dt$ の場合，$(a,\ b：ともに定数)$

$\displaystyle\int_a^b f(t)\,dt = A$ (定数) とおく。

(Ⅱ) $\displaystyle\int_a^x f(t)\,dt$ の場合，$(a：定数，\ x：変数)$

(ⅰ) $x = a$ を代入して，$\displaystyle\int_a^a f(t)\,dt = 0$ とする。

(ⅱ) x で微分して，$\left\{\displaystyle\int_a^x f(t)\,dt\right\}' = f(x)$ とする。

9. 定積分を使って，面積が計算できる。

区間 $a \leqq x \leqq b$ において，2 曲線 $y = f(x)$
と $y = g(x)$ とで挟まれる図形の面積 S は

$$S = \int_a^b \{\underset{(大)}{f(x)} - \underset{(小)}{g(x)}\}\,dx$$

(ただし，$a \leqq x \leqq b$ において $f(x) \geqq g(x)$ とする)

この大小関係が大事！

> $y = f(x)$ が x 軸 $(y = 0)$ のとき，または，$y = g(x)$ が x 軸 $(y = 0)$ のときは，曲線と x 軸とで挟まれる図形の面積を求めることになる。

10. 面積公式も覚えておくと，役に立つ。

放物線 $y = ax^2 + bx + c$ と 直線 $y = mx + n$
とで囲まれる図形の面積 S は，この 2 つの
グラフの交点の x 座標 $\alpha,\ \beta\ (\alpha < \beta)$ と，x^2
の係数 a の 3 つだけで，次式を用いて簡単
に計算できる。

$$面積\ S = \frac{|a|}{6}(\beta - \alpha)^3$$

次の関数の極限を求めよ。

(1) $\displaystyle\lim_{x \to 0} \frac{x^2 + 3x}{x}$ 　　　(2) $\displaystyle\lim_{x \to 1} \frac{x - 1}{x^2 - 1}$ 　　　(3) $\displaystyle\lim_{x \to -2} \frac{x^2 + x - 2}{x + 2}$

ヒント！ (1), (2), (3) いずれも $\dfrac{0}{0}$ の不定形の極限の問題だね。この手の問題を解くコツは，$\dfrac{0}{0}$ となる要素を打ち消すことなんだね。

解答＆解説

(1) $\displaystyle\lim_{x \to 0} \frac{x^2 + 3x}{x} = \lim_{x \to 0} \frac{\cancel{x}(x + 3)}{\cancel{x}}$ 　←〔$\dfrac{0}{0}$ の要素を打ち消した〕

〔$x \to 0$ のとき，分子：$x^2 + 3x \to 0$，分母：$x \to 0$ となるので，$\dfrac{0}{0}$ の不定形だね。〕

$= \displaystyle\lim_{x \to 0} (\underset{0}{\textcircled{x}} + 3) = 0 + 3 = 3$ ……………………………(答)

(2) $\displaystyle\lim_{x \to 1} \frac{x - 1}{x^2 - 1} = \lim_{x \to 1} \frac{\cancel{x - 1}}{(x + 1)(\cancel{x - 1})}$ 　←〔$\dfrac{0}{0}$ の要素を打ち消した〕

〔$x \to 1$ のとき，分子：$x - 1 \to 0$，分母：$x^2 - 1 \to 0$ より，$\dfrac{0}{0}$ の不定形だね。〕

$= \displaystyle\lim_{x \to 1} \frac{1}{\underset{1}{\textcircled{x}} + 1} = \lim_{x \to 1} \frac{1}{1 + 1} = \frac{1}{2}$ ……………………………(答)

(3) $\displaystyle\lim_{x \to -2} \frac{x^2 + x - 2}{x + 2} = \lim_{x \to -2} \frac{(\cancel{x + 2})(x - 1)}{\cancel{x + 2}}$ 　←〔$\dfrac{0}{0}$ の要素を打ち消した〕

〔$x \to -2$ のとき，分子$\to (-2)^2 + (-2) - 2 = 4 - 2 - 2 = 0$，分母：$x + 2 \to -2 + 2 = 0$ となるので，$\dfrac{0}{0}$ の不定形だね。〕

$= \displaystyle\lim_{x \to -2} (\underset{-2}{\textcircled{x}} - 1) = -2 - 1 = -3$ ……………………………(答)

| 初めからトライ！問題 79 | 微分係数 | CHECK *1* | CHECK *2* | CHECK *3* |

(1) 関数 $f(x) = x^2 + x$ の微分係数 $f'(1)$ を定義式を使って求めよ。

(2) 関数 $g(x) = 2x^3$ の微分係数 $g'(2)$ を定義式を使って求めよ。

ヒント！ 関数 $f(x)$ の微分係数 $f'(a)$ は，定義式 $\lim_{h \to 0} \dfrac{f(a+h)-f(a)}{h}$ から求める ことができるんだね。これも，$\dfrac{0}{0}$ の不定形の極限なので，$\dfrac{0}{0}$ の要素を打ち消そう！

解答 & 解説

(1) $f(x) = x^2 + x$ の微分係数 $f'(1)$ を，定義式により求めると，

$$f'(1) = \lim_{h \to 0} \frac{\overbrace{f(1+h)}^{(1+h)^2+1+h} - \overbrace{f(1)}^{(1^2+1)}}{h} = \lim_{h \to 0} \frac{\overbrace{(1+h)^2}^{1+2h+h^2}+1+h-(1^2+1)}{h}$$

$$= \lim_{h \to 0} \frac{\cancel{1}+2h+h^2+\cancel{1}+h-\cancel{2}}{h}$$

$$= \lim_{h \to 0} \frac{3h+h^2}{h} = \lim_{h \to 0} \frac{\cancel{h}(3+h)}{\cancel{h}} \quad \boxed{\dfrac{0}{0}\text{ の要素を打ち消した}}$$

$$= \lim_{h \to 0} (3 + \underset{0}{\boxed{h}}) = 3 + 0 = 3 \quad \cdots\cdots (答)$$

(2) $g(x) = 2x^3$ の微分係数 $g'(2)$ を，定義式により求めると，

$$g'(2) = \lim_{h \to 0} \frac{\overbrace{g(2+h)}^{2(2+h)^3} - \overbrace{g(2)}^{2 \cdot 2^3}}{h} = \lim_{h \to 0} \frac{2\overbrace{(2+h)^3}^{(2^3+3\cdot2^2\cdot h+3\cdot2\cdot h^2+h^3)} - 16}{h}$$

$$= \lim_{h \to 0} \frac{2(8+12h+6h^2+h^3)-\cancel{16}}{h}$$

$$= \lim_{h \to 0} \frac{2 \cdot \cancel{h} \cdot (12+6h+h^2)}{\cancel{h}} \quad \boxed{\dfrac{0}{0}\text{ の要素を打ち消した}}$$

$$= \lim_{h \to 0} 2 \cdot (12 + 6\underset{0}{\boxed{h}} + \underset{0}{\boxed{h^2}}) = 2 \times 12 = 24 \quad \cdots\cdots (答)$$

(1) 関数 $f(x) = x^2 + x$ の導関数 $f'(x)$ を定義式を使って求めよ。

(2) 関数 $g(x) = 2x^3$ の導関数 $g'(x)$ を定義式を使って求めよ。

ヒント！　関数 $f(x)$ の導関数 $f'(x)$ を，定義式 $\lim\limits_{h \to 0} \dfrac{f(x+h) - f(x)}{h}$ を使って求めよう。今回これらの極限は，値ではなく関数に収束する。だから導関数なんだね！

解答 & 解説

(1) $f(x) = x^2 + x$ の導関数 $f'(x)$ を，定義式により求めると，

$$f'(x) = \lim_{h \to 0} \frac{\overset{(x+h)^2+x+h}{\overbrace{f(x+h)}} - \overset{(x^2+x)}{\overbrace{f(x)}}}{h} = \lim_{h \to 0} \frac{\overset{x^2+2xh+h^2}{\overbrace{(x+h)^2}} + x + h - (x^2 + x)}{h}$$

$$= \lim_{h \to 0} \frac{x^2 + 2hx + h^2 + x + h - x^2 - x}{h}$$

$$= \lim_{h \to 0} \frac{h(2x + 1 + h)}{h} \quad \longleftarrow \boxed{\tfrac{0}{0} \text{の要素を打ち消した}}$$

$$= \lim_{h \to 0} (2x + 1 + \underset{0}{h}) = 2x + 1 \quad \cdots\cdots\cdots\text{(答)}$$

(2) $g(x) = 2x^3$ の導関数 $g'(x)$ を，定義式により求めると，

$$g'(x) = \lim_{h \to 0} \frac{\overset{2(x+h)^3}{\overbrace{g(x+h)}} - \overset{2x^3}{\overbrace{g(x)}}}{h} = \lim_{h \to 0} \frac{2\overset{x^3+3x^2h+3xh^2+h^3}{\overbrace{(x+h)^3}} - 2x^3}{h}$$

$$= \lim_{h \to 0} \frac{2(x^3 + 3hx^2 + 3h^2x + h^3) - 2x^3}{h}$$

$$= \lim_{h \to 0} \frac{2 \cdot h(3x^2 + 3hx + h^2)}{h} \quad \longleftarrow \boxed{\tfrac{0}{0} \text{の要素を打ち消した}}$$

$$= \lim_{h \to 0} 2(3x^2 + 3\underset{0}{h}x + \underset{0}{h^2}) = 2 \cdot 3x^2 = 6x^2 \quad \cdots\cdots\cdots\text{(答)}$$

初めからトライ！問題 81　　　微分計算　　　CHECK 1　　CHECK 2　　CHECK 3

次の各関数を微分せよ。

(1) $y = 3x^2 - 2x$　　　　　　　　(2) $y = -2x^2 + 3x - 1$

(3) $y = 2x^3 + 4x^2 + 3x + 1$　　(4) $y = 3x^4 - 2x^2 + 1$

ヒント！　$(x^n)' = n \cdot x^{n-1}$, $C' = 0$, $\{f(x) + g(x)\}' = f'(x) + g'(x)$, $\{kf(x)\}' = kf'(x)$
の微分計算の公式を使って，計算していけばいいんだね。

解答＆解説

(1) $y' = (3x^2 - 2x)' = (3x^2)' - (2x)'$　　←　$(f - g)' = f' - g'$

　　　$= 3 \cdot (x^2)' - 2 \cdot x'$　　　←　$(kf)' = kf'$

　　　$= 3 \cdot 2x - 2 \cdot 1$　　　　←　$(x^n)' = nx^{n-1}$

　　　$= 6x - 2$ $\cdots\cdots\cdots\cdots\cdots$（答）

この一連の操作で機械的に微分できる！

(2) $y' = (-2x^2 + 3x - 1)' = (-2x^2)' + (3x)' - \cancel{1}_0$

　　　$= -2 \cdot (x^2)' + 3 \cdot x'$

　　　$= -2 \cdot 2x + 3 \cdot 1 = -4x + 3$ $\cdots\cdots\cdots\cdots\cdots$（答）

(3) $y' = (2x^3 + 4x^2 + 3x + 1)' = (2x^3)' + (4x^2)' + (3x)' + \cancel{1}_0$

　　　$= 2 \cdot (x^3)' + 4 \cdot (x^2)' + 3 \cdot x'$

　　　$= 2 \cdot 3x^2 + 4 \cdot 2x + 3 \cdot 1$

　　　$= 6x^2 + 8x + 3$ $\cdots\cdots\cdots\cdots\cdots$（答）

(4) $y' = (3x^4 - 2x^2 + 1)' = (3x^4)' - (2x^2)' + \cancel{1}_0$

　　　$= 3 \cdot (x^4)' - 2 \cdot (x^2)'$

　　　$= 3 \cdot 4x^3 - 2 \cdot 2x$

　　　$= 12x^3 - 4x$ $\cdots\cdots\cdots\cdots\cdots$（答）

曲線 $y = f(x) = -x^2 + 4x + 1$ 上の点 $\mathrm{A}(1, 4)$ における (ⅰ)接線，および (ⅱ)法線の方程式を求めよ。

ヒント！ 曲線 $y = f(x)$ 上の点 $(t, f(t))$ における接線は，$y = f'(t)(x - t) + f(t)$ で，また，法線は，$y = -\dfrac{1}{f'(t)}(x - t) + f(t)$ で求めることができるんだね。

解答 & 解説

$y = f(x) = -x^2 + 4x + 1$ を x で微分して，

$f'(x) = (-x^2 + 4x + 1)' = -2x + 4$ より，

$f'(1) = -2 \times 1 + 4 = 2$　　よって，

> $y = f(x) = -x^2 + 4x + 1$ に $x = 1$ を代入すると，$y = f(1) = -1 + 4 + 1 = 4$ となるので，点 $\mathrm{A}(1, 4)$ は，曲線 $y = f(x)$ 上の点だね。

(ⅰ) 曲線 $y = f(x)$ 上の点 $\mathrm{A}(1, 4)$ における接線の方程式は，$\boxed{f(1)}$

$$y = \overset{\frown}{2} \cdot (x - 1) + 4 \qquad y = 2x - 2 + 4$$

$$[y = f'(1) \cdot (x - 1) + f(1)]$$

$\therefore y = 2x + 2$ である。 ……………………………(答)

(ⅱ) 曲線 $y = f(x)$ 上の点 $\mathrm{A}(1, 4)$ における法線の方程式は，

$$y = -\frac{1}{2} (x - 1) + 4$$

$$\left[y = -\frac{1}{f'(1)} (x - 1) + f(1) \right]$$

$$y = -\frac{1}{2} x + \frac{1}{2} + 4$$

$\therefore y = -\dfrac{1}{2} x + \dfrac{9}{2}$ である。 ………(答)

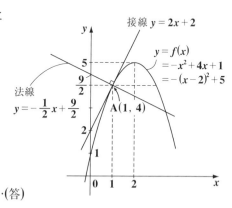

接線 $y = 2x + 2$

$y = f(x)$
$= -x^2 + 4x + 1$
$= -(x - 2)^2 + 5$

法線
$y = -\dfrac{1}{2} x + \dfrac{9}{2}$

$\mathrm{A}(1, 4)$

曲線 $y = f(x) = -x^3 + 4x$ 上の点 $A(2, 0)$ における（ i ）接線，および（ ii ）法線の方程式を求めよ。

ヒント！ 3次関数 $y = f(x)$ 上の点 $A(2, f(2))$ における接線は，$y = f'(2)(x-2) + f(2)$ で求め，法線は，$y = -\dfrac{1}{f'(2)}(x-2) + f(2)$ で求めればいいんだね。

解答 & 解説

$y = f(x) = -x^3 + 4x$ を x で微分して，

$f'(x) = (-x^3 + 4x)' = -3x^2 + 4$ より，

$f'(2) = -3 \cdot 2^2 + 4 = -12 + 4 = -8$ よって，

> $y = f(x) = -x^3 + 4x$ に $x = 2$ を代入すると，
> $f(2) = -2^3 + 4 \cdot 2 = -8 + 8 = 0$
> となるので，点 $A(2, 0)$ は，
> 曲線 $y = f(x)$ 上の点だね。

（ i ）曲線 $y = f(x)$ 上の点 $A(2, 0)$ における接線の方程式は，$\overbrace{f(2)}$

$$y = \overbrace{-8} \cdot (x - 2) + \underset{}{0}$$
$$[y = f'(2) \cdot (x - 2) + f(2)]$$
$$\therefore y = -8x + 16 \text{ である。} \cdots\cdots\cdots\cdots\cdots\text{(答)}$$

（ ii ）曲線 $y = f(x)$ 上の点 $A(2, 0)$ における法線の方程式は，

$$y = -\frac{1}{-8}(x - 2) + \underset{}{0}$$
$$\left[y = -\frac{1}{f'(2)}(x - 2) + f(2)\right]$$

$$y = \frac{1}{8}\overbrace{(x - 2)}$$

$$\therefore y = \frac{1}{8}x - \frac{1}{4} \text{ である。} \cdots\cdots\text{(答)}$$

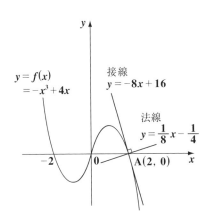

3 次関数 $y = f(x) = x^3 + 3x^2 - 9x - 6$ の増減と極値を調べ，このグラフの概形を描け。

ヒント！ $y = f(x)$ の導関数 $f'(x)$ の増減（$\oplus$, $\ominus$）を調べて，増減表を作り，極値（極大値と極小値）を調べて，$y = f(x)$ のグラフの概形を描くんだね。

解答 & 解説

$y = f(x) = x^3 + 3x^2 - 9x - 6$ を x で微分して，

$f'(x) = (x^3)' + 3 \cdot (x^2)' - 9 \cdot x'$

定数 -6 を微分すると 0 だから省略した。

$\qquad = 3x^2 + 3 \cdot 2x - 9$

$\qquad = 3(x^2 + 2x - 3)$

$\qquad = 3(x + 3)(x - 1)$

これから，$f'(x)$ は x 軸と $x = -3, 1$ で交わる下に凸の放物線だね。

よって，$f'(x) = 0$ のとき，

$x = -3, \ 1$

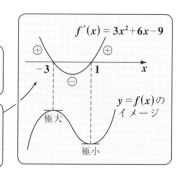

以上より，関数 $y = f(x)$ の増減表は，右のようになる。

$f(x)$ の増減表

x		-3		1	
$f'(x)$	$+$	0	$-$	0	$+$
$f(x)$	↗	㉑	↘	⑪	↗

極大値　　　極小値

（ⅰ）$x = -3$ のとき，

極大値 $f(-3) = \underbrace{(-3)^3 + 3 \cdot (-3)^2}_{-27 + 27} - 9 \cdot (-3) - 6$

$\qquad\qquad = 27 - 6 = 21$

（ⅱ）$x = 1$ のとき，

極小値 $f(1) = 1^3 + 3 \cdot 1^2 - 9 \cdot 1 - 6$

$\qquad\qquad = 4 - 15 = -11$

以上より，3 次関数 $y = f(x)$ のグラフの概形は，右図のようになる。

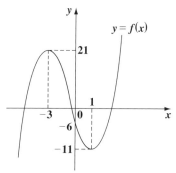

$\cdots\cdots$(答)

| 初めからトライ！問題 85 | 3 次関数のグラフ | CHECK *1* | CHECK *2* | CHECK *3* |

3 次関数 $y = f(x) = -2x^3 - 6x^2 - 6x + 3$ の増減を調べて，そのグラフの概形を描け。

ヒント！ 導関数 $f'(x)$ を求めて，$f'(x)$ の符号 ($\oplus$，$\ominus$) から，3 次関数 $y = f(x)$ のグラフの概形を描くことができる。今回，$f'(x) = 0$ となる点は，極大点でも極小点でもないことに気を付けよう。

解答＆解説

$y = f(x) = -2x^3 - 6x^2 - 6x + 3$ を x で微分して，

$f'(x) = -2 \cdot (x^3)' - 6 \cdot (x^2)' - 6 \cdot x'$

> 定数 3 を微分すると 0 だから省略した。

$\quad = -2 \cdot 3x^2 - 6 \cdot 2x - 6 \cdot 1$

$\quad = -6x^2 - 12x - 6$

$\quad = -6(x^2 + 2x + 1)$

$\quad = -6(x + 1)^2$

> これから，$f'(x)$ は x 軸と $x = -1$ で接する上に凸の放物線だね。

よって，$f'(x) = 0$ のとき，

$x = -1$（重解）

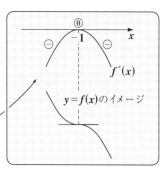

$y = f(x)$ のイメージ

以上より，関数 $y = f(x)$ の増減表は右のようになる。ここで，

$f(-1) = -2 \cdot \underline{(-1)^3} \underbrace{-6 \cdot (-1)^2 - 6 \cdot (-1)}_{-6+6 = 0} + 3$

（下線部： (-1)）

$\quad\quad = 2 + 3 = 5$

$f(x)$ の増減表

x		-1	
$f'(x)$	$-$	0	$-$
$f(x)$	↘	⑤	↘

> これは，山の値でも谷の値でもないので，極値ではない！

以上より，3 次関数 $y = f(x)$ のグラフの概形は，右図のようになる。

………(答)

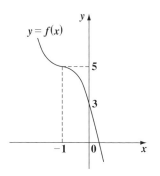

$y = f(x)$

3 次方程式 $x^3 - 6x^2 + 9x + k - 1 = 0$ ……① (k：定数) の実数解の個数を，定数 k により分類せよ。

ヒント！　①の 3 次方程式の文字定数 k を分離して，$f(x) = k$ の形にし，さらにこれを曲線 $y = f(x)$ と直線 $y = k$ に分解する。すると，曲線 $y = f(x)$ と直線 $y = k$ の交点の x 座標が①の解となるんだね。これから，グラフを利用して，①の実数解の個数が k の値によりどのように変化するかが，ヴィジュアルに分かるんだね。

解答 & 解説

方程式 $x^3 - 6x^2 + 9x + k - 1 = 0$ ………① を変形して，

$-x^3 + 6x^2 - 9x + 1 = k$ ………①′ ← $f(x) = k$ の形に変形した

さらに，①′を分解して，

$$\begin{cases} y = f(x) = -x^3 + 6x^2 - 9x + 1 & ………② \leftarrow \boxed{3\text{次関数}} \\ y = k & ………③ \leftarrow \boxed{x\,\text{軸に平行な直線}} \end{cases}$$

②と③のグラフの共有点の x 座標が①の方程式の実数解となる。

よって，$y = f(x)$ ……② のグラフの概形を求める。

まず，$f(x)$ を x で微分して，

$f'(x) = -(x^3)' + 6 \cdot (x^2)' - 9 \cdot x'$ ← 定数 1 は微分すると 0 だから省略した。

$\quad = -3x^2 + 6 \cdot 2x - 9 \cdot 1$

$\quad = -3x^2 + 12x - 9$

$\quad = -3(x^2 - 4x + 3)$

$\quad = -3(x-1)(x-3)$

これから，$f'(x)$ は x 軸と $x = 1, 3$ で交わる上に凸の放物線だね。

$f'(x) = -3x^2 + 12x - 9$

$y = f(x)$ のイメージ

よって，$f'(x) = 0$ のとき，

$x = 1, 3$

以上より，3 次関数 $y = f(x)$ の増減表は，右のようになる。

(ⅰ) $x = 1$ のとき，

極小値 $f(1) = -1^3 + 6 \cdot 1^2 - 9 \cdot 1 + 1$

$\qquad = 6 - 9 = -3$

$f(x)$ の増減表

x		1		3	
$f'(x)$	$-$	0	$+$	0	$-$
$f(x)$	↘	-3	↗	1	↘

極小値　　　極大値

122

(ⅱ) $x = 3$ のとき,

極大値 $f(3) = \underline{-3^3 + 6 \cdot 3^2 - 9 \cdot 3} + 1 = 1$

$\boxed{-27 + 54 - 27 = 0}$

以上より, $y = f(x)$ ……② のグラフ
の概形は右図のようになる。

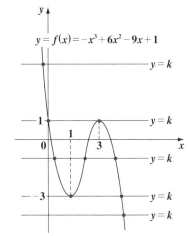

$y = f(x) = -x^3 + 6x^2 - 9x + 1$

そして,①の3次方程式の実数解の
個数は,この曲線 $y = f(x)$ と,x 軸
に平行な直線 $y = k$ との共有点の個
数に等しい。

よって,右のグラフより,①の3次
方程式の実数解の個数は,

$\begin{cases}
(ⅰ)\ k < -3 \ \text{または} \ 1 < k \ \text{のとき,} & \text{1 個である。} \\
(ⅱ)\ k = -3,\ 1 \ \text{のとき,} & \text{2 個である。} \quad\cdots\cdots\cdots\cdots\cdots\text{(答)}\\
(ⅲ)\ -3 < k < 1 \ \text{のとき,} & \text{3 個である。}
\end{cases}$

このように,文字定数 k を含んだ3次方程式の実数解の個数の問題は,$f(x) = k$ の
形にして,曲線 $y = f(x)$ と直線 $y = k$ との共有点の個数を調べればいいんだ。
頻出の解法パターンだから,シッカリ頭に入れておこう。

次の不定積分を計算せよ。

$(1)\int(x^2+2x+1)dx$ $\qquad$ $(2)\int(-3x^2-x+4)dx$

$(3)\int(2x^3-4x^2-2x+2)dx$ $\qquad$ $(4)\int(t^4-2t^2+3)dt$

ヒント！ 積分公式 $\int x^n dx = \dfrac{1}{n+1}x^{n+1}+C$ と，項別積分，係数は積分後にかけることなどを利用して解いていこう。積分とは，微分の逆の操作なんだね。

解答＆解説

$(1)\int(x^2+2x+1)dx=\underbrace{\int x^2 dx}_{\frac{1}{3}x^3}+\underbrace{2\int x dx}_{\frac{1}{2}x^2}+\underbrace{\int 1 dx}_{x}$

> ・項別に積分できる。
> ・係数は積分後にかける。
> ・最後に積分定数 C をたす。

$\qquad = \dfrac{1}{3}x^3 + 2\cdot\dfrac{1}{2}x^2 + x + C = \dfrac{1}{3}x^3 + x^2 + x + C$ ……………(答)

> 積分と微分は逆の操作なので，積分結果を微分して，検算できる。つまり，
> $\left(\dfrac{1}{3}x^3+x^2+x+C\right)'=\dfrac{1}{3}\cdot 3x^2+2x+1=x^2+2x+1$ と元に戻れば，正解だ！

$(2)\int(-3x^2-x+4)dx=-3\cdot\dfrac{1}{3}x^3-\dfrac{1}{2}x^2+4x+C$

$\qquad = -x^3-\dfrac{1}{2}x^2+4x+C$ ………………………………(答)

$(3)\int(2x^3-4x^2-2x+2)dx=2\cdot\dfrac{1}{4}x^4-4\cdot\dfrac{1}{3}x^3-2\cdot\dfrac{1}{2}x^2+2x+C$

$\qquad = \dfrac{1}{2}x^4-\dfrac{4}{3}x^3-x^2+2x+C$ …………………………(答)

$(4)\int(t^4-2t^2+3)dt=\dfrac{1}{5}t^5-2\cdot\dfrac{1}{3}t^3+3t+C$

> 文字変数は x でなくても，何でも構わない！

$\qquad = \dfrac{1}{5}t^5-\dfrac{2}{3}t^3+3t+C$ ………………………………(答)

初めからトライ！問題 88　　　　不定積分　　　

次の不定積分を計算せよ。

$$(1)\int (3x^2 - 6tx + 4t^3)\,dx \qquad (2)\int (3x^2 - 6tx + 4t^3)\,dt$$

ヒント！　エッ，(1) と (2) が同じ問題だって !? 違うよ！　(1) は，dx が付いているから，t は定数扱いにして，x で積分しよう。これに対して，(2) は，最後に dt が付いているから，x が定数扱いで，t で積分すればいいんだね。この違いをシッカリ理解しよう。

解答＆解説

$$(1)\int (\underbrace{3}_{定数}\cdot x^2 - \underbrace{6t}_{定数扱い}\cdot x + \underbrace{4t^3}{})\underbrace{dx}_{xで積分}$$

← x での積分だから
$\int (\odot x^2 - \triangle x + \Box)\,dx$
のイメージでの積分だ！

$$= 3\cdot\frac{1}{3}x^3 - 6t\cdot\frac{1}{2}x^2 + 4t^3\cdot x + C$$

$$= x^3 - 3tx^2 + 4t^3x + C \quad\cdots\cdots\cdots\cdots\cdots\cdots\cdots\text{(答)}$$

$$(2)\int (3x^2 - 6tx + 4t^3)\underbrace{dt}_{tで積分}$$

$$= \int (\underbrace{4}_{定数}\cdot t^3 - \underbrace{6x}_{定数扱い}\cdot t + \underbrace{3x^2}{})\,dt$$

← t での積分だから
$\int (\odot t^3 - \triangle t + \Box)\,dt$
のイメージの積分だね。

$$= 4\cdot\frac{1}{4}t^4 - 6x\cdot\frac{1}{2}t^2 + 3x^2\cdot t + C$$

$$= t^4 - 3xt^2 + 3x^2t + C \quad\cdots\cdots\cdots\cdots\cdots\cdots\text{(答)}$$

次の定積分の値を求めよ。

$(1)\displaystyle\int_0^3 (6x^2 - 2x + 1)\,dx$

$(2)\displaystyle\int_1^2 (-4x^3 - 3x^2 + 2x)\,dx$

$(3)\displaystyle\int_{-1}^2 (x^4 - x^2 + 1)\,dx$

ヒント！ $\displaystyle\int_a^b f(x)\,dx = \Big[F(x)\Big]_a^b = F(b) - F(a)$ の要領で定積分の値を求めよう。

解答＆解説

$(1)\displaystyle\int_0^3 \underbrace{(6x^2 - 2x + 1)}_{f(x)}\,dx = \Big[\underbrace{2x^3 - x^2 + x}_{F(x)}\Big]_0^3$

$F'(x) = (2x^3 - x^2 + x)' = 6x^2 - 2x + 1 = f(x)$ となって，**OK** だね。

$\quad = 2\cdot 3^3 - 3^2 + 3 - (2\cdot 0^3 - 0^2 + 0) = 54 - 9 + 3 = 48$ ················(答)

$(2)\displaystyle\int_1^2 \underbrace{(-4x^3 - 3x^2 + 2x)}_{f(x)}\,dx = \Big[\underbrace{-x^4 - x^3 + x^2}_{F(x)}\Big]_1^2$

$F'(x) = (-x^4 - x^3 + x^2)' = -4x^3 - 3x^2 + 2x = f(x)$ となって，**OK** だね。

$\quad = \underbrace{-2^4 - 2^3 + 2^2}_{-16 - 8 + 4 = -20} - (-1^4 - 1^3 + 1^2) = -20 + 1 = -19$ ················(答)

$(3)\displaystyle\int_{-1}^2 \underbrace{(x^4 - x^2 + 1)}_{f(x)}\,dx = \Big[\underbrace{\tfrac{1}{5}x^5 - \tfrac{1}{3}x^3 + x}_{F(x)}\Big]_{-1}^2$

$F'(x) = \left(\tfrac{1}{5}x^5 - \tfrac{1}{3}x^3 + x\right)' = x^4 - x^2 + 1 = f(x)$ となって，**OK** だね。

$\quad = \dfrac{1}{5}\cdot 2^5 - \dfrac{1}{3}\cdot 2^3 + 2 - \left\{\dfrac{1}{5}(-1)^5 - \dfrac{1}{3}(-1)^3 - 1\right\}$

$\quad = \dfrac{32}{5} - \dfrac{8}{3} + 2 - \left(-\dfrac{1}{5} + \dfrac{1}{3} - 1\right)$

$\quad = \dfrac{33}{5} - \dfrac{9}{3} + 3 = \dfrac{33}{5}$ ··················(答)

| 初めからトライ！問題 90 | 定積分の計算 | CHECK 1 | CHECK 2 | CHECK 3 |

次の定積分の値を求めよ。

$$(1)\int_2^4 (x^3 - 2x^2 + 3x)\,dx + \int_4^2 (x^3 - 2x^2 + 3x)\,dx$$

$$(2)\int_{-1}^1 (x^2 + x + 1)\,dx - \int_2^1 (x^2 + x + 1)\,dx$$

ヒント！ $\int_a^a f(x)\,dx = 0$ や $\int_a^b f(x)\,dx = -\int_b^a f(x)\,dx$ などの公式を使って解こう。

解答＆解説

$$(1)\int_2^4 (x^3 - 2x^2 + 3x)\,dx + \int_4^2 (x^3 - 2x^2 + 3x)\,dx$$

$$\int_a^b f(x)\,dx + \int_b^c f(x)\,dx = \int_a^c f(x)\,dx$$

$$= \int_2^2 (x^3 - 2x^2 + 3x)\,dx = 0 \quad\cdots\cdots\cdots\text{(答)}$$

$\int_a^a f(x)\,dx = \Big[F(x)\Big]_a^a = F(a) - F(a) = 0$ となるので，
積分計算しなくても，結果は 0 だとスグに分かるんだね。

$$(2)\int_{-1}^1 (x^2 + x + 1)\,dx \underbrace{- \int_2^1 (x^2 + x + 1)\,dx}_{+\int_1^2 (x^2+x+1)\,dx}$$

公式
$$-\int_b^a f(x)\,dx = \int_a^b f(x)\,dx$$

$$= \int_{-1}^1 (x^2 + x + 1)\,dx + \int_1^2 (x^2 + x + 1)\,dx$$

$$\int_a^b f(x)\,dx + \int_b^c f(x)\,dx = \int_a^c f(x)\,dx$$

$$= \int_{-1}^2 (x^2 + x + 1)\,dx$$

$$= \left[\frac{1}{3}x^3 + \frac{1}{2}x^2 + x\right]_{-1}^2$$

$$= \frac{1}{3}\cdot 2^3 + \frac{1}{2}\cdot 2^2 + 2 - \left\{\frac{1}{3}(-1)^3 + \frac{1}{2}(-1)^2 - 1\right\}$$

$$= \frac{8}{3} + 4 - \left(-\frac{1}{3} + \frac{1}{2} - 1\right) = \frac{9}{3} + 5 - \frac{1}{2} = 8 - \frac{1}{2}$$

$$= \frac{16 - 1}{2} = \frac{15}{2} \quad\cdots\cdots\cdots\cdots\cdots\cdots\cdots\cdots\cdots\cdots\cdots\cdots\text{(答)}$$

関数 $f(x)$ が，$f(x) = 3x^2 + 2\displaystyle\int_0^1 f(t)\,dt$ ………① をみたすとき，

関数 $f(x)$ を求めよ。

ヒント！ $f(t)$ の原始関数を $F(t)$ とおくと，$\displaystyle\int_0^1 f(t)\,dt = \Big[F(t)\Big]_0^1 = F(1) - F(0)$
となって，これはある定数の値をとる。だから，これを A（定数）とおけるんだね。

解答＆解説

$f(x) = 3x^2 + 2\underbrace{\displaystyle\int_0^1 f(t)\,dt}_{A（定数）とおける}$ ………① について，

$A = \displaystyle\int_0^1 f(t)\,dt$ ………② とおくと，①は，

$f(x) = 3x^2 + 2A$ ………③ となる。

> $f(x)$ は，x の 2 次関数であることが分かった。後は，定数 A の値を求めるだけだね。

よって，$\underbrace{f(t) = 3t^2 + 2A}$ ………③′

文字変数を x から t に変えて②に代入する。

として，③′を②に代入すると，

$A = \displaystyle\int_0^1 (3t^2 + 2A)\,dt = \Big[t^3 + 2A \cdot t\Big]_0^1$

$\quad = 1^3 + 2A \cdot 1 - (0^3 + 2A \cdot 0) = 2A + 1$

$\therefore A = 2A + 1$ より，$A = -1$ ………④　　← A の値が求まった！

よって，④を③に代入して，求める関数 $f(x)$ は，

$f(x) = 3x^2 + 2 \cdot (-1) = 3x^2 - 2$ である。　　………………………(答)

初めからトライ！問題 92 | 定積分で表された関数 | CHECK *1* | CHECK *2* | CHECK *3*

関数 $g(x)$ が，$g(x) = -1 + 3x^2 \displaystyle\int_{-1}^{2} g(t)\,dt$ ……① をみたすとき，

関数 $g(x)$ を求めよ。

ヒント！ $\displaystyle\int_{-1}^{2} g(t)\,dt$ は定数となるので，$\displaystyle\int_{-1}^{2} g(t)\,dt = A$（定数）とおくと，$g(x)$ は，

2次関数 $g(x) = 3Ax^2 - 1$ となるので，この A の値を求めればいいんだね。頑張ろう！

解答＆解説

$g(x) = -1 + 3x^2 \underbrace{\displaystyle\int_{-1}^{2} g(t)\,dt}_{A（定数）}$ ……① について，

$A = \displaystyle\int_{-1}^{2} g(t)\,dt$ ……② とおくと，①は，

$g(x) = -1 + 3x^2 \cdot A$

$\therefore g(x) = 3A \cdot x^2 - 1$ ……③ となる。

③より，$g(t) = 3A \cdot t^2 - 1$ ……③′ ← 文字変数 x を t に変えて，②に代入する。

として，③′を②に代入すると，

$A = \displaystyle\int_{-1}^{2} (3At^2 - 1)\,dt = \left[At^3 - t \right]_{-1}^{2}$

$\quad = A \cdot 2^3 - 2 - \left\{ A \cdot (-1)^3 - (-1) \right\}$

$\quad = 8A - 2 - (-A + 1) = 8A - 2 + A - 1$

$\quad = 9A - 3$

$\therefore A = 9A - 3$ より，$8A = 3$ $\quad \therefore A = \dfrac{3}{8}$ ……④

④を③に代入して，求める関数 $g(x)$ は，

$g(x) = 3 \cdot \dfrac{3}{8} x^2 - 1 = \dfrac{9}{8} x^2 - 1$ である。 ……(答)

(1) 関数 $f(x)$ が，$\displaystyle\int_a^x f(t)dt = 2x^2 - x$ ………① をみたすとき，a の値と

　　関数 $f(x)$ を求めよ。

(2) 関数 $g(x)$ が，$\displaystyle\int_a^x g(t)dt = 1 - x^3$ ………② をみたすとき，a の値と

　　関数 $g(x)$ を求めよ。

ヒント！ $\displaystyle\int_a^x f(t)dt = \left[F(t)\right]_a^x = F(x) - F(a)$ となるので，これは x の関数になるんだね。この場合，(ⅰ)$x = a$ を代入して，$\displaystyle\int_a^a f(t)dt = 0$，(ⅱ)$x$ で微分して，$\left\{\displaystyle\int_a^x f(t)dt\right\}' = f(x)$ として，解いていけばいいんだね。この解法パターンも重要だよ。

解答＆解説

(1) $\displaystyle\int_a^x f(t)dt = 2x^2 - x$ ………① について，

　(ⅰ) ①の両辺に $x = a$ を代入して，$\displaystyle\int_a^a f(t)dt = \boxed{2a^2 - a = 0}$ より，

　　　$a(2a - 1) = 0$　　∴ $a = 0$，または $\dfrac{1}{2}$　………………………(答)

　(ⅱ) ①の両辺を x で微分して，

　　　$\left\{\displaystyle\int_a^x f(t)dt\right\}' = (2x^2 - x)'$ より，$f(x) = 4x - 1$　…………(答)

(2) $\displaystyle\int_a^x g(t)dt = 1 - x^3$ ………② について，

　(ⅰ) ②の両辺に $x = a$ を代入して，$\displaystyle\int_a^a g(t)dt = \boxed{1 - a^3 = 0}$ より，

　　　$a^3 = 1$　　∴ $a = 1$　……………………………………………………(答)

　(ⅱ) ②の両辺を x で微分して，

　　　$\left\{\displaystyle\int_a^x g(t)dt\right\}' = (1 - x^3)'$ より，$g(x) = -3x^2$　…………(答)

| 初めからトライ！問題 94 | 定積分で表された関数 | CHECK 1 | CHECK 2 | CHECK 3 |

2 次関数 $f(x)$ が，$3\int_0^x f(t)dt - f(x) = 3x^3 - 2x$ ……① をみたすとき，

2 次関数 $f(x)$ を求めよ。

ヒント！　$f(x) = ax^2 + bx + c\,(a \neq 0)$ とおいて，(i) まず，①の両辺の x に $x = 0$ を代入し，(ii) 次に，①の両辺を x で微分して，a, b, c の値を求めよう。頑張れ！

解答 & 解説

2 次関数 $f(x) = ax^2 + bx + c$ ……②$(a \neq 0)$ とおいて，a, b, c の値を求める。

$3\int_0^x f(t)dt - f(x) = 3x^3 - 2x$ ……① について，

(i) ①の両辺に $x = 0$ を代入して，

$$3\underbrace{\int_0^0 f(t)dt}_{0} - f(0) = \underbrace{3 \cdot 0^3 - 2 \cdot 0}_{0}$$ より，$f(0) = 0$

これから，$f(x) = ax^2 + bx$ であることが分かった。

よって，②より，$f(0) = \underbrace{a \cdot 0^2 + b \cdot 0}_{0} + c = 0$ より，$\underline{c = 0}$

$\therefore f(x) = ax^2 + bx$ ……②´

(ii) ②´を x で微分して，$f'(x) = 2ax + b$ ……②´´

①の両辺を x で微分して，

$$\left\{3\int_0^x f(t)dt - f(x)\right\}' = (3x^3 - 2x)'$$

$$3\underbrace{\left\{\int_0^x f(t)dt\right\}'}_{f(x) = ax^2 + bx} - \underbrace{f'(x)}_{(2ax + b)\,(②´´より)} = 9x^2 - 2$$

$$3(ax^2 + bx) - (2ax + b) = 9x^2 - 2$$

$$\underbrace{3a}_{9}x^2 + \underbrace{(3b - 2a)}_{0}x - \underbrace{b}_{2} = 9x^2 - 2$$

これは，x の恒等式 (両辺がまったく同じ式) なので，各係数を比較できる！

各係数を比較して，$3a = 9$, $3b - 2a = 0$, $b = 2$

$\therefore \underline{a = 3}$, $\underline{b = 2}$

以上より，求める 2 次関数 $f(x)$ は，$f(x) = 3x^2 + 2x$ である。……(答)

次の定積分の関数を求めよ。

$$(1) \int_0^2 (6t^2 - 2xt + 4x^3)\,dt \qquad\qquad (2) \int_0^2 (6t^2 - 2xt + 4x^3)\,dx$$

ヒント！　もう (1) と (2) の違いは分かるね。(1) の最後に dt が付いているので，これは t での積分（x は定数扱い）であり，(2) の最後に dx が付いているので，これは x での積分（t は定数扱い）なんだね。

解答＆解説

$(1) \displaystyle\int_0^2 (\underset{\text{定数}}{6} \cdot t^2 - \underset{\text{定数扱い}}{2x} \cdot t + \underset{}{4x^3})\,dt$ ← t での積分なので，$2x$ や $4x^3$ は定数と考えて積分しよう。

$$= \left[6 \cdot \frac{1}{3} t^3 - 2x \cdot \frac{1}{2} t^2 + 4x^3 \cdot t \right]_0^2$$

$$= \left[2t^3 - x \cdot t^2 + 4x^3 \cdot t \right]_0^2$$

$$= \underset{\boxed{16}}{2 \cdot 2^3} - \underset{\boxed{4x}}{x \cdot 2^2} + \underset{\boxed{8x^3}}{4x^3 \cdot 2} - (\underset{\boxed{0}}{2 \cdot 0^3 - x \cdot 0^2 + 4x^3 \cdot 0})$$

しかし，積分後，t には 2 と 0 が代入されてなくなるので，最後は x の関数となるんだね。

$$= 8x^3 - 4x + 16 \quad\cdots\cdots\cdots\cdots\cdots\text{(答)}$$

$(2) \displaystyle\int_0^2 (6t^2 - 2xt + 4x^3)\,dx$

$$= \int_0^2 (\underset{\text{定数}}{4} \cdot x^3 - \underset{\text{定数扱い}}{2t} \cdot x + 6t^2)\,dx$$ ← x での積分なので，$2t$ や $6t^2$ は定数と考えて積分しよう。

$$= \left[4 \cdot \frac{1}{4} x^4 - 2t \cdot \frac{1}{2} x^2 + 6t^2 \cdot x \right]_0^2$$

$$= \left[x^4 - t \cdot x^2 + 6t^2 \cdot x \right]_0^2$$

$$= \underset{\boxed{16}}{2^4} - \underset{\boxed{4t}}{t \cdot 2^2} + \underset{\boxed{12t^2}}{6t^2 \cdot 2} - (\underset{\boxed{0}}{0^4 - t \cdot 0^2 + 6t^2 \cdot 0})$$

しかし，積分後，x には 2 と 0 が代入されてなくなるので，最終的には t の関数になるんだね。面白かった？

$$= 12t^2 - 4t + 16 \quad\cdots\cdots\cdots\cdots\cdots\text{(答)}$$

初めからトライ！問題 96　面積計算　CHECK 1　CHECK 2　CHECK 3

区間 $-\sqrt{2} \leqq x \leqq 2$ において，曲線 $y = f(x) = -x^2 + 2$ と x 軸とで挟まれる図形の面積 S を求めよ。

ヒント！ $-\sqrt{2} \leqq x \leqq \sqrt{2}$ のとき $f(x) \geqq 0$, $\sqrt{2} \leqq x \leqq 2$ のとき $f(x) \leqq 0$ であることに気を付けて，面積 S を求めよう。

解答 & 解説

$y = f(x) = -x^2 + 2$ ……① とおく。

$f(x) = 0$ のとき，$-x^2 + 2 = 0$ より，

$x^2 = 2$　∴ $x = \pm\sqrt{2}$　よって，

$y = f(x)$ は，x 軸と $x = \pm\sqrt{2}$ で交わる上に凸の放物線だね。

$y = f(x) = -x^2 + 2$　$f(x) \geqq 0$　$f(x) \leqq 0$

$\begin{cases} (\text{i}) -\sqrt{2} \leqq x \leqq \sqrt{2} \text{ のとき，} f(x) \geqq 0 \\ (\text{ii}) \sqrt{2} \leqq x \leqq 2 \text{ のとき，} f(x) \leqq 0 \end{cases}$ となる。

以上より，$-\sqrt{2} \leqq x \leqq 2$ において，

曲線 $y = f(x)$ と x 軸とで挟まれる図形の面積 S は，

$$S = \int_{-\sqrt{2}}^{\sqrt{2}} f(x)dx - \int_{\sqrt{2}}^{2} f(x)dx = \int_{-\sqrt{2}}^{\sqrt{2}} (-x^2 + 2)dx \underbrace{- \int_{\sqrt{2}}^{2} (-x^2 + 2)dx}_{+\int_{\sqrt{2}}^{2}(x^2-2)dx}$$

$$= \left[-\frac{1}{3}x^3 + 2x \right]_{-\sqrt{2}}^{\sqrt{2}} + \left[\frac{1}{3}x^3 - 2x \right]_{\sqrt{2}}^{2}$$

$$= -\frac{1}{3} \cdot 2\sqrt{2} + 2\sqrt{2} - \left\{ -\frac{1}{3}(-\sqrt{2})^3 + 2(-\sqrt{2}) \right\} + \frac{1}{3} \cdot 8 - 4 - \left(\frac{1}{3} \cdot 2\sqrt{2} - 2\sqrt{2} \right)$$

$$= -\frac{2\sqrt{2}}{3} + 2\sqrt{2} - \frac{2\sqrt{2}}{3} + 2\sqrt{2} + \frac{8}{3} - 4 - \frac{2\sqrt{2}}{3} + 2\sqrt{2}$$

$$= 3 \times \left(-\frac{2\sqrt{2}}{3} \right) + 3 \times 2\sqrt{2} + \frac{8-12}{3}$$

$$= -2\sqrt{2} + 6\sqrt{2} - \frac{4}{3} = 4\sqrt{2} - \frac{4}{3} \quad \text{……(答)}$$

133

次の曲線 $C : y = f(x)$ と直線 l とで囲まれる図形の面積 S を求めよ。

(1) 曲線 $C : y = f(x) = x^2 - 4$ と，直線 $l : y = -x - 2$

(2) 曲線 $C : y = f(x) = -2x^2 + 6x - 4$ と，直線 $l : y = 2x - 4$

ヒント！ (1)，(2) 共に放物線 $C : y = f(x)$ と直線 l とで囲まれる図形の面積を求める問題なので，$y = f(x)$ と l との大小関係をシッカリ押さえておく必要があるんだね。さらに，これは積分せずに "面積公式" を利用することもできるんだね。

解答＆解説

(1) $\begin{cases} 曲線\ C : y = f(x) = x^2 - 4 \cdots\cdots① & \leftarrow \boxed{下に凸の放物線} \\ 直線\ l : y = -x - 2 \cdots\cdots\cdots\cdots② \end{cases}$ とおく。

①，②より y を消去して，$x^2 - 4 = -x - 2$

$x^2 + \underline{1} \cdot x \underline{- 2} = 0 \qquad (x + 2)(x - 1) = 0 \qquad \therefore x = -2,\ 1$

$\boxed{たして 2 + (-1)}\ \boxed{かけて 2 \times (-1)}$

$\begin{cases} \cdot x = -2\ のとき，②より，\ y = -(-2) - 2 = 2 - 2 = 0 \\ \cdot x = 1\ のとき，②より，\ y = -1 - 2 = -3 \end{cases}$

よって，放物線 C と直線 l は，

2 点 $(-2,\ 0)$ と $(1,\ -3)$ で交わり，

区間 $-2 \leqq x \leqq 1$ で，$\underline{-x - 2} \geqq \underline{x^2 - 4}$

$\boxed{l\ が上側}\ \boxed{C\ が下側}$

よって，求める面積 S は，

$S = \displaystyle\int_{-2}^{1} \{ \underline{-x - 2} - (\underline{x^2 - 4}) \} dx$

$\boxed{上側}\quad\boxed{下側}$

$= \displaystyle\int_{-2}^{1} (-x^2 - x + 2) dx$

$= \left[-\dfrac{1}{3} x^3 - \dfrac{1}{2} x^2 + 2x \right]_{-2}^{1}$

$= -\dfrac{1}{3} - \dfrac{1}{2} + 2 - \left\{ -\dfrac{1}{3} \cdot (-8) - 2 - 4 \right\}$

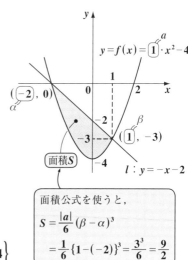

$y = f(x) = \boxed{1} \cdot x^2 - 4$

$(\boxed{-2},\ 0)$
α

$\boxed{面積 S}$

$(\boxed{1},\ -3)$
β

$l : y = -x - 2$

面積公式を使うと，

$S = \dfrac{|a|}{6} (\beta - \alpha)^3$

$= \dfrac{1}{6} \{ 1 - (-2) \}^3 = \dfrac{3^3}{6} = \dfrac{9}{2}$

$$\therefore S = -\frac{1}{3} - \frac{1}{2} + 2 - \frac{8}{3} + 6 = -\frac{9}{3} + 8 - \frac{1}{2}$$

面積公式を使った結果と同じだね。

$$= 5 - \frac{1}{2} = \frac{10-1}{2} = \frac{9}{2} \text{ である。} \cdots\cdots\cdots\cdots\cdots\cdots(答)$$

(2) $\begin{cases} \text{曲線 } C : y = f(x) = -2x^2 + 6x - 4 \cdots\cdots\cdots ③ \\ \text{直線 } l : y = 2x - 4 \quad\cdots\cdots\cdots\cdots\cdots\cdots ④ \end{cases}$ ← 上に凸の放物線

③, ④より y を消去して, $-2x^2 + 6x - \cancel{4} = 2x - \cancel{4}$

$2x^2 - 4x = 0 \qquad x^2 - 2x = 0 \qquad x(x-2) = 0 \qquad \therefore x = 0,\ 2$

$\begin{cases} \cdot x = 0 \text{ のとき, ④より, } y = 2 \times 0 - 4 = -4 \\ \cdot x = 2 \text{ のとき, ④より, } y = 2 \times 2 - 4 = 0 \end{cases}$

よって, 放物線 C と直線 l は,

2点 $(0,\ -4)$ と $(2,\ 0)$ で交わり,

区間 $0 \leqq x \leqq 2$ で, $\underline{-2x^2 + 6x - 4} \geqq \underline{2x - 4}$

C が上側　　　l が下側

よって, 求める面積 S は,

$$S = \int_0^2 \{\underline{-2x^2 + 6x - \cancel{4}} - (\underline{2x - \cancel{4}})\}dx$$

上側　　　下側

$$= \int_0^2 (-2x^2 + 4x)dx$$

$$= \left[-\frac{2}{3}x^3 + 2x^2 \right]_0^2$$

$$= -\frac{2}{3} \cdot 2^3 + 2 \cdot 2^2 - \left(\cancel{-\frac{2}{3} \cdot 0^3 + 2 \cdot 0^2}\right)$$

$$= -\frac{16}{3} + 8 = \frac{24 - 16}{3}$$

$$= \frac{8}{3} \cdots\cdots\cdots\cdots\cdots\cdots\cdots(答)$$

面積公式を使った結果と同じだね。

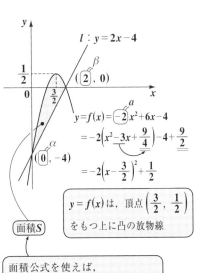

$l : y = 2x - 4$

β

$(2,\ 0)$

α

$(0,\ -4)$

$y = f(x) = -2x^2 + 6x - 4$

$$= -2\left(x^2 - 3x + \frac{9}{4}\right) - 4 + \frac{9}{2}$$

$$= -2\left(x - \frac{3}{2}\right)^2 + \frac{1}{2}$$

$y = f(x)$ は, 頂点 $\left(\dfrac{3}{2},\ \dfrac{1}{2}\right)$ をもつ上に凸の放物線

面積 S

面積公式を使えば,

$$S = \frac{|a|}{6}(\beta - \alpha)^3 = \frac{|-2|}{6}(2-0)^3$$

$$= \frac{1}{3} \cdot 2^3 = \frac{8}{3}$$

1. 微分係数 $f'(a)$ と導関数 $f'(x)$ の定義式

$$f'(a) = \lim_{h \to 0} \frac{f(a+h) - f(a)}{h}, \quad f'(x) = \lim_{h \to 0} \frac{f(x+h) - f(x)}{h}$$

2. 微分計算の公式

$(1)(x^n)' = n \cdot x^{n-1}$ $(2)\{kf(x)\}' = kf'(x)$ など。

3. 接線と法線の方程式

(i)接線：$y = f'(t)(x-t) + f(t)$ (ii)法線：$y = -\dfrac{1}{f'(t)}(x-t) + f(t)$

4. $f'(x)$ の符号と関数 $f(x)$ の増減

(i) $f'(x) > 0$ のとき，増加。 (ii) $f'(x) < 0$ のとき，減少。

5. 3 次方程式 $f(x) = k$ の実数解の個数

$y = f(x)$ と $y = k$ のグラフを利用して解く。

6. 不定積分と定積分

$$\int f(x)\,dx = F(x) + C, \qquad \int_a^b f(x)\,dx = \Big[F(x)\Big]_a^b = F(b) - F(a)$$

7. 積分計算の公式

$$\int x^n\,dx = \frac{1}{n+1}x^{n+1} + C \quad (n \neq -1), \quad \int_a^a f(x)\,dx = 0 \quad \text{など。}$$

8. 定積分で表された関数には 2 つのタイプがある

(i) $\displaystyle\int_a^b f(t)\,dt$ のタイプ (ii) $\displaystyle\int_a^x f(t)\,dt$ のタイプ

9. 面積計算の基本公式

$$S = \int_a^b \{\underbrace{f(x)}_{上側} - \underbrace{g(x)}_{下側}\}\,dx \quad \left(\begin{array}{l}区間 \ a \leqq x \leqq b \ において，\\ f(x) \geqq g(x) \ とする。\end{array}\right)$$

10. 面積公式

放物線と直線とで囲まれる図形の面積：$S = \dfrac{|a|}{6}(\beta - \alpha)^3$

6 平面ベクトル

テーマ

- ▶ ベクトルの 1 次結合，まわり道の原理

- ▶ 平面ベクトルの成分表示，内積

- ▶ 平面ベクトルの内分点・外分点の公式

- ▶ ベクトル方程式

1. 平面ベクトルとは, 大きさと向きをもった量だ。

ベクトルとは, 大きさと向きをもった量のことで,

平面ベクトルとは平面上にのみ存在するベクトルの

ことなんだね。一般に $\vec{a}$ や $\vec{b}$, $\overrightarrow{\mathrm{AB}}$, …などで表す。

同じ $\vec{a}$

2. まず, ベクトルの実数倍と平行条件を押さえよう。

(1) $\vec{a}$ を実数 k 倍したベクトル $k\vec{a}$ について,

(i) $k > 0$ のとき, $k\vec{a}$ は,

$\vec{a}$ と同じ向きで, その大きさを k 倍したベクトルになる。

(ii) $k < 0$ のとき, $k\vec{a}$ は, | たとえば, $k = -2$ のとき $-k = 2$ となる。|

$\vec{a}$ と逆向きで, その大きさを $-k$ 倍したベクトルになる。

(特に $k = -1$ のとき, $-1 \cdot \vec{a} = -\vec{a}$ を, $\vec{a}$ の**逆ベクトル**という。)

(2) **零ベクトル** $\vec{0}$ 大きさが 0 の特殊なベクトル ($0 \cdot \vec{a} = \vec{0}$ となる。)

(3) **単位ベクトル** $\vec{e}$ 大きさが 1 のベクトル

(4) 2つのベクトル $\vec{a}$ と $\vec{b}$ の平行条件も覚えよう。

共に $\vec{0}$ でない 2 つのベクトル $\vec{a}$ と $\vec{b}$ が

$\vec{a} /\!/ \vec{b}$ (平行) となるための必要十分条件

は, $\vec{a} = k\vec{b}$ である。($k : 0$ でない実数)

これは, $\vec{a}$ と
等しくなる!

3. まわり道の原理も, ベクトルの重要公式だ。

$\overrightarrow{\mathrm{AB}}$ に対して何か中継点を "○" とおくと,

(I) たし算形式のまわり道の原理は,

$\overrightarrow{\mathrm{AB}} = \overrightarrow{\mathrm{A○}} + \overrightarrow{○\mathrm{B}}$ となる。

(II) 引き算形式のまわり道の原理は,

$\overrightarrow{\mathrm{AB}} = \overrightarrow{○\mathrm{B}} - \overrightarrow{○\mathrm{A}}$ となる。

| B から A を引くと覚えよう! |

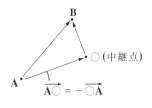

○(中継点)

$\overrightarrow{\mathrm{A○}} = -\overrightarrow{○\mathrm{A}}$

(ex) $\overrightarrow{\mathrm{AB}} = \overrightarrow{\mathrm{AP}} + \overrightarrow{\mathrm{PB}}$, $\overrightarrow{\mathrm{AB}} = \overrightarrow{\mathrm{CB}} - \overrightarrow{\mathrm{CA}}$ などと, 変形できる。

4. ベクトルの成分表示と計算公式をマスターしよう。

$\vec{a} = (x_1, y_1)$, $\vec{b} = (x_2, y_2)$ のとき, k, l を実数とおくと,

(1) $k \cdot \vec{a} = k(x_1, y_1) = (kx_1, ky_1)$

> $\vec{a}$ の x 成分と y 成分のそれぞれに k がかかる！

(2) 和 $\vec{a} + \vec{b} = (x_1, y_1) + (x_2, y_2) = (x_1 + x_2, y_1 + y_2)$

> $\vec{a}$ と $\vec{b}$ の x 成分同士, y 成分同士をそれぞれたす！

差 $\vec{a} - \vec{b} = (x_1, y_1) - (x_2, y_2) = (x_1 - x_2, y_1 - y_2)$

> $\vec{a}$ と $\vec{b}$ の x 成分同士, y 成分同士をそれぞれ引く！

(3) $k\vec{a} + l\vec{b} = k(x_1, y_1) + l(x_2, y_2)$ ← $\vec{a}$ と $\vec{b}$ の 1 次結合

$\qquad = (kx_1, ky_1) + (lx_2, ly_2)$

$\qquad = (kx_1 + lx_2, ky_1 + ly_2)$

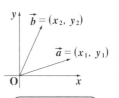

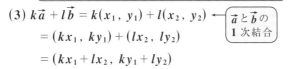

> 始点を原点 O に一致させたときの終点の座標がベクトルの成分表示になる。
> $|\vec{a}| = \sqrt{x_1{}^2 + y_1{}^2}$
> $|\vec{b}| = \sqrt{x_2{}^2 + y_2{}^2}$

5. ベクトルの内積の定義と直交条件も覚えよう。

2 つのベクトル $\vec{a}$ と $\vec{b}$ のなす角を θ とおくと,

$\vec{a}$ と $\vec{b}$ の**内積** $\vec{a} \cdot \vec{b}$ は次のように定義される。

$$\vec{a} \cdot \vec{b} = |\vec{a}||\vec{b}|\cos\theta$$

> "(大きさ)×(大きさ)×(なす角の cos)" と覚えよう！

(ただし, $0° \leqq \theta \leqq 180°$ とする。)

したがって, $\vec{a} \perp \vec{b}$(直交)のとき, $\vec{a} \cdot \vec{b} = 0$ となる。

(逆に, $\vec{a} \neq \vec{0}$, $\vec{b} \neq \vec{0}$ のとき, $\vec{a} \cdot \vec{b} = 0$ ならば, $\vec{a} \perp \vec{b}$ となる。)

6. 内積の成分表示にもチャレンジしよう。

(1) 内積は, 次のように成分で表される。

$\vec{a} = (x_1, y_1)$, $\vec{b} = (x_2, y_2)$ のとき,

内積 $\vec{a} \cdot \vec{b}$ は, $\vec{a} \cdot \vec{b} = \underline{x_1 x_2 + y_1 y_2}$ となる。

> 内積は「x 成分同士, y 成分同士の積の和」と覚えよう！

(2) これから, $\vec{a}$ と $\vec{b}$ のなす角 θ の余弦 $\cos\theta$ も, 次のように表される。

共に $\vec{0}$ でない 2 つのベクトル $\vec{a} = (x_1, y_1)$, $\vec{b} = (x_2, y_2)$ のなす角を θ とおくと,

$|\vec{a}| = \sqrt{x_1{}^2 + y_1{}^2}$, $|\vec{b}| = \sqrt{x_2{}^2 + y_2{}^2}$, $\vec{a} \cdot \vec{b} = x_1 x_2 + y_1 y_2$ より,

$$\cos\theta = \frac{\vec{a} \cdot \vec{b}}{|\vec{a}||\vec{b}|} = \frac{x_1 x_2 + y_1 y_2}{\sqrt{x_1{}^2 + y_1{}^2}\sqrt{x_2{}^2 + y_2{}^2}} \quad となる。$$

$(ex)\ \vec{a} = (1,\ -2),\ \vec{b} = (3,\ 1)$ のとき，

内積 $\vec{a} \cdot \vec{b} = 1 \cdot 3 + (-2) \cdot 1 = 3 - 2 = 1$ であり，$|\vec{a}| = \sqrt{1^2 + (-2)^2} = \sqrt{5}$，

$|\vec{b}| = \sqrt{3^2 + 1^2} = \sqrt{10}$ より，$\vec{a}$ と $\vec{b}$ のなす角を θ とおくと，

$\cos\theta = \dfrac{\vec{a} \cdot \vec{b}}{|\vec{a}||\vec{b}|} = \dfrac{1}{\sqrt{5} \cdot \sqrt{10}} = \dfrac{1}{5\sqrt{2}} = \dfrac{\sqrt{2}}{10}$ となるんだね。大丈夫？

7. 内分点と外分点の公式も頭に入れよう。

(1) 内分点の公式は "たすきがけ" で覚えよう。

点 P が線分 AB を $m : n$ に内分するとき，

$$\overrightarrow{OP} = \frac{n\overrightarrow{OA} + m\overrightarrow{OB}}{m + n} \quad となる。$$

$\begin{pmatrix} 特に，点 P が線分 AB の中点となるとき，\\ \overrightarrow{OP} = \dfrac{\overrightarrow{OA} + \overrightarrow{OB}}{2} \quad となる。 \end{pmatrix}$

公式の分子では，n は $\overrightarrow{OA}$ に，m は $\overrightarrow{OB}$ に "たすきがけ" でかかる！

(2) 外分点の公式も同様に覚えよう。

点 P が線分 AB を $m : n$ に外分するとき，

$$\overrightarrow{OP} = \frac{-n\overrightarrow{OA} + m\overrightarrow{OB}}{m - n} \quad となる。$$

内分点の公式の n が $-n$ になっている！

この図は，$m < n$ のときのイメージだ！

(ex) 点 P が線分 AB を $2 : 1$ に外分するとき，

$$\overrightarrow{OP} = \frac{-1 \cdot \overrightarrow{OA} + 2 \cdot \overrightarrow{OB}}{2 - 1} = -\overrightarrow{OA} + 2\overrightarrow{OB} \quad となるんだね。$$

8. 円のベクトル方程式も押さえよう。

(1) 点 A を中心とし，半径 r の円を動点 P が描くとき，

円の方程式 $|\overrightarrow{OP} - \overrightarrow{OA}| = r$ となるんだね。

(2) 線分 AB を直径にもつ円のベクトル方程式は次式で表される。

$$(\overrightarrow{OP} - \overrightarrow{OA}) \cdot (\overrightarrow{OP} - \overrightarrow{OB}) = 0$$

$\begin{pmatrix} 直径 AB に対する円周角 \angle APB = 90° より，\overrightarrow{AP} \perp \overrightarrow{BP} となる。\\ よって，\overrightarrow{AP} \cdot \overrightarrow{BP} = 0 から (\overrightarrow{OP} - \overrightarrow{OA}) \cdot (\overrightarrow{OP} - \overrightarrow{OB}) = 0 が導けるんだね。 \end{pmatrix}$

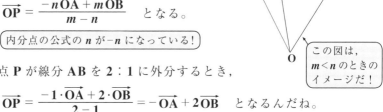

9. 直線のベクトル方程式もマスターしよう。

(1) 直線の方程式は，通る点 **A** と**方向ベクトル**$\vec{d}$ で決まる。

点 **A** を通り，方向ベクトル$\vec{d}$ の直線のベクトル方程式は，"**媒介変数**" t を用いて，次式で表される。

$$\overrightarrow{OP} = \overrightarrow{OA} + t\vec{d}$$

(2) 直線の方程式は，成分で表すこともできる。

点 $A(x_1, y_1)$ を通り，方向ベクトル$\vec{d} = (l, m)$ の直線の方程式は，

(ⅰ) 媒介変数 t を用いると，

$$\begin{cases} x = x_1 + tl \\ y = y_1 + tm \end{cases} \quad \text{と表せるし，また，}$$

(ⅱ) $l \neq 0$，$m \neq 0$ のとき，

$$\frac{x - x_1}{l} = \frac{y - y_1}{m} \ (= t) \quad \text{と表せる。}$$

10. 直線，線分，三角形のベクトル方程式は，まとめて覚えよう。

(1) 直線 **AB** のベクトル方程式

$$\overrightarrow{OP} = \alpha\overrightarrow{OA} + \beta\overrightarrow{OB} \qquad (\alpha + \beta = 1)$$

(2) 線分 **AB** のベクトル方程式

$$\overrightarrow{OP} = \alpha\overrightarrow{OA} + \beta\overrightarrow{OB} \qquad (\alpha + \beta = 1, \ \underline{\alpha \geq 0, \ \beta \geq 0})$$

直線 **AB** に比べて，これが新たに加わる。

(3) △**OAB** のベクトル方程式

$$\overrightarrow{OP} = \alpha\overrightarrow{OA} + \beta\overrightarrow{OB} \qquad (\alpha + \beta \leq 1, \ \alpha \geq 0, \ \beta \geq 0)$$

線分 **AB** に比べて，この不等号が新たに加わる。

(1) 直線 AB	(2) 線分 AB	(3) △OAB
$\overrightarrow{OP} = \alpha\overrightarrow{OA} + \beta\overrightarrow{OB}$	$\overrightarrow{OP} = \alpha\overrightarrow{OA} + \beta\overrightarrow{OB}$	$\overrightarrow{OP} = \alpha\overrightarrow{OA} + \beta\overrightarrow{OB}$
$(\alpha + \beta = 1)$	$(\alpha + \beta = 1, \ \alpha \geq 0, \ \beta \geq 0)$	$(\alpha + \beta \leq 1, \ \alpha \geq 0, \ \beta \geq 0)$

(1) 右図に $\vec{a}$ を示す。この $\vec{a}$ を基にして

$2\vec{a}$, $\dfrac{1}{2}\vec{a}$, $-\dfrac{1}{2}\vec{a}$, $-\vec{a}$, $-2\vec{a}$ を図示

せよ。

$\vec{a}$

(2) 右図に大きさが 2 のベクトル $\vec{b}$ があ

る。$\vec{b}$ と同じ向きの単位ベクトル $\vec{e}$

と，$\vec{b}$ と逆向きの単位ベクトル $-\vec{e}$

を図示せよ。

$\vec{b}$

ヒント！ ベクトルとは，大きさと向きをもった量なので，与えられた $\vec{a}$ や $\vec{b}$ を基に実際に図を描きながら慣れていくことが大切なんだね。

解答＆解説

(1) $\vec{a}$ に対して，向きは同じで，その大き

さを 2 倍，$\dfrac{1}{2}$ 倍したものが $2\vec{a}$ と $\dfrac{1}{2}\vec{a}$

であり，向きが逆向きで，その大きさを

$\dfrac{1}{2}$ 倍，1 倍，2 倍したものが，$-\dfrac{1}{2}\vec{a}$,

$-\vec{a}$, $-2\vec{a}$ である。これらの図を右に

まとめて示す。……………………(答)

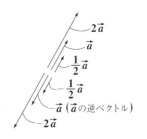

$2\vec{a}$
$\vec{a}$
$\dfrac{1}{2}\vec{a}$
$-\dfrac{1}{2}\vec{a}$
$-\vec{a}$（$\vec{a}$ の逆ベクトル）
$-2\vec{a}$

(2) $\vec{b}$ の大きさが 2，すなわち $|\vec{b}|=2$ より，

$\vec{b}$ と同じ向きの単位ベクトル (大きさ

1 のベクトル) $\vec{e}$ と，逆向きの単位ベク

トル $-\vec{e}$ を右図に示す。…………(答)

$|\vec{b}|=2$　$\vec{b}$　$\vec{e}$　$-\vec{e}$

| 初めからトライ！問題 99 | ベクトルの計算 | CHECK *1* | CHECK *2* | CHECK *3* |

次のベクトルの式を簡単にせよ。さらに，(2) は，$\overrightarrow{OA}$，$\overrightarrow{OB}$，$\overrightarrow{OC}$ で表せ。

(1) $4(3\vec{a} + \vec{b}) - 5(2\vec{a} - \vec{b})$

(2) $2(3\overrightarrow{AB} - \overrightarrow{AC}) - 3(\overrightarrow{AB} - 3\overrightarrow{AC})$

ヒント！ (1) は，a と b の文字の式 $4(3a + b) - 5(2a - b)$ と同様に変形できる。(2) も同様だね。さらに，(2) では，まわり道の原理を利用して，$\overrightarrow{AB} = \overrightarrow{OB} - \overrightarrow{OA}$ など…の変形をして，最終的に $\overrightarrow{OA}$，$\overrightarrow{OB}$，$\overrightarrow{OC}$ で表そう。

解答 & 解説

(1) $4(3\vec{a} + \vec{b}) - 5(2\vec{a} - \vec{b})$

$= 12\vec{a} + 4\vec{b} - 10\vec{a} + 5\vec{b}$

$= (12 - 10)\vec{a} + (4 + 5)\vec{b}$

$= 2\vec{a} + 9\vec{b}$ ....(答)

> これは，多項式の変形
> $4(3a + b) - 5(2a - b)$
> $= 12a + 4b - 10a + 5b$
> $= 2a + 9b$
> と，まったく同様なんだね。

(2) $2(3\overrightarrow{AB} - \overrightarrow{AC}) - 3(\overrightarrow{AB} - 3\overrightarrow{AC})$

$= 6\overrightarrow{AB} - 2\overrightarrow{AC} - 3\overrightarrow{AB} + 9\overrightarrow{AC}$

$= 3\overrightarrow{AB} + 7\overrightarrow{AC}$ ....① ....(答)

$(\overrightarrow{OB} - \overrightarrow{OA})$ $(\overrightarrow{OC} - \overrightarrow{OA})$

ここで，まわり道の原理を用いると，

$\overrightarrow{AB} = \overrightarrow{OB} - \overrightarrow{OA}$ ....②

$\overrightarrow{AC} = \overrightarrow{OC} - \overrightarrow{OA}$ ....③

②，③を①に代入して，

与式 $= 3(\overrightarrow{OB} - \overrightarrow{OA}) + 7(\overrightarrow{OC} - \overrightarrow{OA})$

与えられた式
という意味

$= 3\overrightarrow{OB} - 3\overrightarrow{OA} + 7\overrightarrow{OC} - 7\overrightarrow{OA}$

$= -10\overrightarrow{OA} + 3\overrightarrow{OB} + 7\overrightarrow{OC}$ ....(答)

（終点）
B

$\overrightarrow{AB} = \overrightarrow{AO} + \overrightarrow{OB}$
$\quad\quad\quad -\overrightarrow{OA}$

A
（始点）

O
（中継点）

$= \overrightarrow{OB} - \overrightarrow{OA}$

右図に示すような正六角形 ABCDEF と
中心 O がある。$\overrightarrow{AB} = \vec{a}$，$\overrightarrow{AF} = \vec{b}$ とおく
とき，次の各ベクトルを $\vec{a}$ と $\vec{b}$ で表せ。

(1) $\overrightarrow{AD}$　　　(2) $\overrightarrow{BD}$　　　(3) $\overrightarrow{DF}$

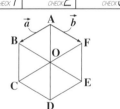

ヒント！　$\overrightarrow{AO} = \vec{a} + \vec{b}$ となるのはいいね。そして，$\overrightarrow{AO} = \overrightarrow{OD} = \overrightarrow{BC} = \overrightarrow{FE}$ と
なるのも大丈夫だね。まわり道の原理も利用して，うまく解いていこう。

解答＆解説

図1より，$\overrightarrow{AO} = \vec{a} + \vec{b}$ ………① また，

$\overrightarrow{AO} = \overrightarrow{OD} = \overrightarrow{BC} = \overrightarrow{FE}$ …………② である。

(1) $\overrightarrow{AD} = 2\overrightarrow{AO} = 2(\vec{a} + \vec{b})$ （①より）

　　　　$= 2\vec{a} + 2\vec{b}$ ……………………(答)

図1

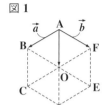

(2) 図2より，

$\overrightarrow{BD} = \underset{\substack{\overrightarrow{AO} = \vec{a}+\vec{b} \\ (②, ①より)}}{\overrightarrow{BC}} + \underset{(\vec{b})}{\overrightarrow{CD}}$ ←まわり道の原理

　　　$= \vec{a} + \vec{b} + \vec{b}$

　　　$= \vec{a} + 2\vec{b}$ ………………(答)

図2

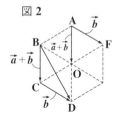

(3) 図3より，

$\overrightarrow{DF} = \underset{\substack{\overrightarrow{BA} = -\overrightarrow{AB} \\ = -\vec{a}}}{\overrightarrow{DE}} + \underset{\substack{-\overrightarrow{AO} = -(\vec{a}+\vec{b}) \\ (②, ①より)}}{\overrightarrow{EF}}$ ←まわり道の原理

　　　$= -\vec{a} - (\vec{a} + \vec{b})$

　　　$= -\vec{a} - \vec{a} - \vec{b}$

　　　$= -2\vec{a} - \vec{b}$ ……………(答)

図3

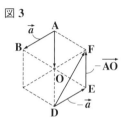

初めからトライ！問題 101　　ベクトルの成分表示　　CHECK *1*　　CHECK *2*　　CHECK *3*

$\vec{a} = (2, -1)$, $\vec{b} = (-1, 1)$ がある。次の各問いに答えよ。

(1) $\vec{c} = 2\vec{a} - \vec{b}$ のとき，$\vec{c}$ を成分表示し，$|\vec{c}|$ を求めよ。

(2) $\vec{d} = -3\vec{a} - 5\vec{b}$ のとき，$\vec{d}$ を成分表示し，$|\vec{d}|$ を求めよ。

ヒント！　成分表示されたベクトルを実数倍するとき，$k(x_1, y_1) = (kx_1, ky_1)$ となる。また，ベクトル (x_1, y_1) の大きさは，$\sqrt{x_1^2 + y_1^2}$ となるんだね。

解答＆解説

$\vec{a} = (2, -1)$, $\vec{b} = (-1, 1)$ について，

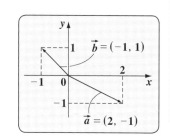

(1) $\vec{c} = 2\vec{a} - \vec{b}$

$\quad = 2(2, -1) - 1 \cdot (-1, 1)$

$\quad = (4, -2) + (1, -1)$

$\quad = (4+1, -2-1) = (5, -3)$　………(答)

$\vec{c}$ の大きさ $|\vec{c}|$ は，

$|\vec{c}| = \sqrt{5^2 + (-3)^2} = \sqrt{25+9} = \sqrt{34}$　……………………………(答)

(2) $\vec{d} = -3\vec{a} - 5\vec{b}$

$\quad = -3(2, -1) - 5(-1, 1)$

$\quad = (-6, 3) + (5, -5)$

$\quad = (-6+5, 3-5) = (-1, -2)$　……………………………………(答)

$\vec{d}$ の大きさ $|\vec{d}|$ は，

$|\vec{d}| = \sqrt{(-1)^2 + (-2)^2} = \sqrt{1+4} = \sqrt{5}$　……………………(答)

次の各問いに答えよ。ただし、θ は 2 つのベクトルのなす角として、
$0° \leqq \theta \leqq 180°$ とする。

(1) $|\vec{a}| = 3$, $|\vec{b}| = 4$, $\theta = 120°$ のとき、内積 $\vec{a} \cdot \vec{b}$ を求めよ。

(2) $|\overrightarrow{OA}| = \sqrt{5}$, $|\overrightarrow{OB}| = \sqrt{6}$, $\overrightarrow{OA} \cdot \overrightarrow{OB} = \sqrt{15}$ のとき、$\overrightarrow{OA}$ と $\overrightarrow{OB}$ のなす
　　角 θ を求めよ。

ヒント！　内積の公式 $\vec{a} \cdot \vec{b} = |\vec{a}||\vec{b}|\cos\theta$（$\theta : \vec{a}$ と $\vec{b}$ のなす角）を利用して解い
ていけばいいんだね。

解答＆解説

(1) $|\vec{a}| = 3$, $|\vec{b}| = 4$, $\vec{a}$ と $\vec{b}$ のなす角 $\theta = 120°$ より、内積 $\vec{a} \cdot \vec{b}$ は、

$$\vec{a} \cdot \vec{b} = \underset{③}{|\vec{a}|}\ \underset{④}{|\vec{b}|} \cdot \underset{-\frac{1}{2}}{\cos 120°}$$

$$= 3 \cdot 4 \cdot \left(-\frac{1}{2}\right) = -\frac{12}{2} = -6 \ \text{である。} \quad\cdots\cdots\cdots\cdots\text{(答)}$$

(2) $|\overrightarrow{OA}| = \sqrt{5}$, $|\overrightarrow{OB}| = \sqrt{6}$, $\overrightarrow{OA} \cdot \overrightarrow{OB} = \sqrt{15}$ より、$\overrightarrow{OA}$ と $\overrightarrow{OB}$ のなす角を θ
$(0° \leqq \theta \leqq 180°)$ とおくと、

$$\underset{\sqrt{15}}{\overrightarrow{OA} \cdot \overrightarrow{OB}} = \underset{\sqrt{5}}{|\overrightarrow{OA}|}\ \underset{\sqrt{6}}{|\overrightarrow{OB}|} \cos\theta \ \text{より、}$$

$$\cos\theta = \frac{\overrightarrow{OA} \cdot \overrightarrow{OB}}{|\overrightarrow{OA}||\overrightarrow{OB}|} = \frac{\sqrt{15}}{\sqrt{5} \cdot \underset{\sqrt{3} \times \sqrt{2}}{\sqrt{6}}} = \frac{\sqrt{15}}{\sqrt{15} \times \sqrt{2}} = \frac{1}{\sqrt{2}}$$

$$\therefore \theta = 45° \ \text{である。} \quad\cdots\cdots\cdots\cdots\cdots\cdots\cdots\text{(答)}$$

$\vec{a}$ と $\vec{b}$ の内積 $\vec{a} \cdot \vec{b}$ は、$\vec{a} \cdot \vec{b} = |\vec{a}||\vec{b}|\cos\theta$ より、その結果はベクトルではなくて、
ある値になるんだね。特に、$90° < \theta \leqq 180°$ のとき $\cos\theta < 0$ より、内積 $\vec{a} \cdot \vec{b}$ は負の
値をとることも気を付けておこう。

初めからトライ！問題 103　　　　内積の演算　　　CHECK 1　　CHECK 2　　CHECK 3

$|\vec{a}| = 2$，$|\vec{b}| = \sqrt{3}$，内積 $\vec{a} \cdot \vec{b} = -\sqrt{6}$ のとき，次の各式の値を求めよ。

$(1)\,(\vec{a} + \vec{b}) \cdot (2\vec{a} - \vec{b})$　　　　　$(2)\,|\vec{a} + \vec{b}|$

ヒント！　　(1) は，$(a+b)(2a-b) = 2a^2 + ab - b^2$ と同様に計算できる。また，同じ $\vec{a}$ 同士のなす角 θ は当然 $\theta = 0°$ より，$\vec{a} \cdot \vec{a} = |\vec{a}||\vec{a}|\underset{①}{\underline{\cos 0°}}$ から，$|\vec{a}|^2 = \vec{a} \cdot \vec{a}$ となる。これから，(2) は，$|\vec{a} + \vec{b}|^2 = (\vec{a} + \vec{b}) \cdot (\vec{a} + \vec{b})$ と変形して展開できる。

解答＆解説

$|\vec{a}| = 2$，$|\vec{b}| = \sqrt{3}$，$\vec{a} \cdot \vec{b} = -\sqrt{6}$ を用いて，

これは，
$(a+b)(2a-b)$
　$= 2a^2 + ab - b^2$
と同様だね。

$(1)\,(\overbrace{\vec{a} + \vec{b}) \cdot (2\vec{a} - \vec{b}}) = 2\underset{(2^2)}{|\vec{a}|^2} + \underset{(-\sqrt{6})}{\vec{a} \cdot \vec{b}} - \underset{(\sqrt{3})^2}{|\vec{b}|^2}$

$= 2 \cdot 2^2 - \sqrt{6} - (\sqrt{3})^2 = 8 - \sqrt{6} - 3$

$= 5 - \sqrt{6}$ ………………………………………………(答)

$(2)\,|\vec{a} + \vec{b}|$ の 2 乗の値を求めると，

これも，
$(a+b)^2 = a^2 + 2ab + b^2$
の変形と同様なんだね。
このように，|ベクトルの式| の
形がきたら，"2乗して展開する"
と覚えておこう！

$|\vec{a} + \vec{b}|^2 = (\overbrace{\vec{a} + \vec{b}) \cdot (\vec{a} + \vec{b}})$

$= \underset{(2^2)}{|\vec{a}|^2} + 2\underset{(-\sqrt{6})}{\vec{a} \cdot \vec{b}} + \underset{(\sqrt{3})^2}{|\vec{b}|^2}$

$= 4 - 2\underset{(2.4\cdots)}{\sqrt{6}} + 3 = 7 - 2\sqrt{6}$

よって，$|\vec{a} + \vec{b}|$ の値は，

$|\vec{a} + \vec{b}| = \sqrt{7 - 2\sqrt{6}} = \sqrt{6} - \sqrt{1} = \sqrt{6} - 1$ である。 ……………………(答)

たして $6+1$　かけて 6×1

2 重根号のはずし方は，$\sqrt{\underset{たして}{(a+b)} - 2\underset{かけて}{\sqrt{ab}}} = \sqrt{a} - \sqrt{b}$（ただし，$a > b > 0$）
の公式を利用すればいいんだね。

147

2 つのベクトル $\vec{a} = (\sqrt{3}, -1)$, $\vec{b} = (3, \sqrt{3})$ があり，$\vec{a}$ と $\vec{b}$ のなす角を θ $(0° \leqq \theta \leqq 180°)$ とおく。

(1) $|\vec{a}|$, $|\vec{b}|$，および内積 $\vec{a} \cdot \vec{b}$ を求め，角度 θ を求めよ。

(2) $\vec{a}$ と垂直で，大きさの等しいベクトル $\vec{c}$ を求めよ。

ヒント！　(1) $\vec{a} = (x_1, y_1)$, $\vec{b} = (x_2, y_2)$ のとき，$|\vec{a}| = \sqrt{x_1^2 + y_1^2}$, $|\vec{b}| = \sqrt{x_2^2 + y_2^2}$, $\vec{a} \cdot \vec{b} = x_1 x_2 + y_1 y_2$ より，これらから $\cos\theta$ を求められるね。

(2) 一般に，$\vec{a} = (x_1, y_1)$ と垂直で大きさが等しい
ベクトル $\vec{c}$ は，$\vec{c} = \underline{(-y_1, x_1)}$，または $\underline{(y_1, -x_1)}$ と

$\boxed{\vec{a} \text{ の } x_1 \text{ と } y_1 \text{ を入れ替えて，いずれか一方に} \ominus \text{を付けると覚えよう！}}$

なる。何故なら，たとえば，$\vec{c} = (-y_1, x_1)$ とすると，
$\vec{a} \cdot \vec{c} = x_1(-y_1) + y_1 x_1 = 0$ となるので，$\vec{a} \perp \vec{c}$ だね。
また，$|\vec{c}| = \sqrt{(-y_1)^2 + x_1^2} = \sqrt{x_1^2 + y_1^2} = |\vec{a}|$ となるからだね。

$\vec{c} = (-y_1, x_1)$　$\vec{a} = (x_1, y_1)$

$\vec{c} = (y_1, -x_1)$

解答 & 解説

(1) $\vec{a} = (\sqrt{3}, -1)$, $\vec{b} = (3, \sqrt{3})$ より，

$|\vec{a}| = \sqrt{(\sqrt{3})^2 + (-1)^2} = \sqrt{4} = 2$ ………(答)

$|\vec{b}| = \sqrt{3^2 + (\sqrt{3})^2} = \sqrt{12} = 2\sqrt{3}$ ………(答)

$\vec{a} \cdot \vec{b} = \underline{\sqrt{3} \cdot 3 + (-1) \cdot \sqrt{3}} = 2\sqrt{3}$ ……(答)

$\boxed{3\sqrt{3} - \sqrt{3} = 2\sqrt{3}}$

$\boxed{\begin{array}{l} \vec{a} = (x_1, y_1), \ \vec{b} = (x_2, y_2) \text{ のとき，} \\ |\vec{a}| = \sqrt{x_1^2 + y_1^2}, \ |\vec{b}| = \sqrt{x_2^2 + y_2^2}, \\ \vec{a} \cdot \vec{b} = x_1 x_2 + y_1 y_2 \text{ であり，} \\ \vec{a} \cdot \vec{b} = |\vec{a}||\vec{b}|\cos\theta \text{ より，} \\ \cos\theta = \dfrac{\vec{a} \cdot \vec{b}}{|\vec{a}||\vec{b}|} = \dfrac{x_1 x_2 + y_1 y_2}{\sqrt{x_1^2 + y_1^2}\sqrt{x_2^2 + y_2^2}} \\ \text{となるんだね。} \end{array}}$

∴ $\vec{a}$ と $\vec{b}$ のなす角 θ の $\cos$ は，

$\cos\theta = \dfrac{\vec{a} \cdot \vec{b}}{|\vec{a}||\vec{b}|} = \dfrac{2\sqrt{3}}{2 \cdot 2\sqrt{3}} = \dfrac{1}{2}$

ここで，$0° \leqq \theta \leqq 180°$ より，$\theta = 60°$ ……………………………(答)

(2) $\vec{a} = (\sqrt{3}, -1)$ と垂直で，大きさの等しいベクトルを $\vec{c}$ とおくと，

$\vec{c} = \underline{(1, \sqrt{3})}$，または $\underline{(-1, -\sqrt{3})}$ である。 ……………………(答)

$\boxed{\begin{array}{l} \sqrt{3} \text{ と} -1 \text{ を入れ替えて，} \\ -1 \text{に} \ominus \text{を付けて} 1 \text{ とした} \end{array}}$ $\boxed{\begin{array}{l} \sqrt{3} \text{ と} -1 \text{ を入れ替えて，} \\ \sqrt{3} \text{に} \ominus \text{を付けて} -\sqrt{3} \text{ とした} \end{array}}$

初めからトライ！問題 105 | ベクトルの大きさの最小値 | CHECK 1 CHECK 2 CHECK 3

2 つのベクトル $\vec{a} = (1, 2)$, $\vec{b} = (2, -2)$ がある。ここで，P を

$P = |t\vec{a} + \vec{b}|$ ………① (t：実数) と定義するとき，P の最小値とそのとき

の t の値を求めよ。

ヒント！ ①の右辺が，|ベクトルの式| の形をしているので，①の両辺を 2 乗して，変形すると，P^2 は下に凸の t の 2 次関数になるんだね。これから，P^2，すなわち P の最小値と，そのときの t の値が求められるんだね。頑張ろう！

解答 & 解説

$\vec{a} = (1, 2)$, $\vec{b} = (2, -2)$ より，

$|\vec{a}|^2 = 1^2 + 2^2 = 5$ ………………②, $|\vec{b}|^2 = 2^2 + (-2)^2 = 8$ ………③

$\vec{a} \cdot \vec{b} = 1 \cdot 2 + 2 \cdot (-2) = -2$ ………④ となる。ここで，

$P = |t\vec{a} + \vec{b}|$ ………① の両辺を 2 乗すると，

$P^2 = |t\vec{a} + \vec{b}|^2 = (t\vec{a} + \vec{b}) \cdot (t\vec{a} + \vec{b})$

この右辺の変形は $(ta+b)^2 = t^2a^2 + 2tab + b^2$ と同様だね。

$= t^2 \underset{\boxed{5}}{|\vec{a}|^2} + 2t \cdot \underset{\boxed{-2}}{\vec{a} \cdot \vec{b}} + \underset{\boxed{8}}{|\vec{b}|^2}$ ← ②，③，④より

$\therefore P^2 = 5t^2 - 4t + 8$ ← P^2 は，t の 2 次関数

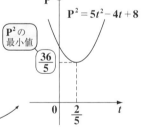

$= 5\left(t^2 - \frac{4}{5}t + \frac{4}{25}\right) + 8 - \frac{4}{5}$

2 で割って 2 乗 | $\frac{4}{5}$ をたした分，引く

$= 5\left(t - \frac{2}{5}\right)^2 + \frac{36}{5}$ ← 頂点 $\left(\frac{2}{5}, \frac{36}{5}\right)$ の下に凸の放物線

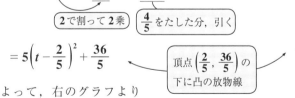

よって，右のグラフより

明らかに，P^2，すなわち P は，$t = \frac{2}{5}$ のときに最小となる。

最小値 $P = \sqrt{\frac{36}{5}} = \frac{6}{\sqrt{5}}$ ← 分子・分母に $\sqrt{5}$ をかけて $= \frac{6\sqrt{5}}{5}$ ……………………(答)

平面上に 3 つのベクトル $\overrightarrow{OA} = (1, 2)$, $\overrightarrow{OB} = (3, -4)$, $\overrightarrow{OC}$ がある。$\overrightarrow{OA}$ と $\overrightarrow{BC}$ は平行であり，かつ，$\overrightarrow{OC}$ と $\overrightarrow{OB}$ が垂直であるとき，$\overrightarrow{OC}$ の成分を求めよ。

ヒント！ 一般に，2 つのベクトル $\vec{a}$ と $\vec{b}$ が，(i) 平行のとき $\vec{a} = k\vec{b}$（k：実数）であり，(ii) 垂直のとき $\vec{a} \cdot \vec{b} = 0$ となるんだね。

解答 & 解説

$\overrightarrow{OA} = (1, 2)$, $\overrightarrow{OB} = (3, -4)$ である。

(i) $\overrightarrow{BC} // \overrightarrow{OA}$（平行）より，実数 k を用いて，

$$\overrightarrow{BC} = k\overrightarrow{OA} = \widehat{k(1, 2)}$$

$$\therefore \underline{\overrightarrow{BC}} = (k, 2k) \cdots\cdots\cdots ① \quad となる。$$

$\boxed{\overrightarrow{OC} - \overrightarrow{OB}}$ ← **まわり道の原理**

(ii) ①より，$\overrightarrow{OC} - \overrightarrow{OB} = (k, 2k)$ より，

$$\overrightarrow{OC} = (k, 2k) + \overrightarrow{OB} = (k, 2k) + (3, -4)$$

$$\therefore \overrightarrow{OC} = (\underline{k} + 3, 2\underline{k} - 4) \cdots\cdots\cdots ② \quad となる。$$

ここで，$\overrightarrow{OC} \perp \overrightarrow{OB}$（垂直）より，

$$\overrightarrow{OC} \cdot \overrightarrow{OB} = \widehat{(k + 3) \times 3} + \widehat{(2k - 4) \times (-4)}$$

$$= 3k + 9 - 8k + 16$$

$$= \boxed{-5k + 25 = 0}$$

$$\therefore 5k = 25 \quad より，\quad k = \underline{5} \cdots\cdots\cdots ③$$

以上より③を②に代入すると，$\overrightarrow{OC}$ の成分表示が次のように得られる。

$$\overrightarrow{OC} = (\underline{5} + 3, 2 \times \underline{5} - 4) = (8, 6) \quad \cdots\cdots\cdots\cdots\cdots\cdots\cdots\cdots (答)$$

初めからトライ！問題107 | 1次結合 | CHECK *1* | CHECK *2* | CHECK *3*

平面上に 3 つのベクトル $\vec{a} = (1, 1)$, $\vec{b} = (1, -1)$, $\vec{p} = (x_1, -1)$ がある。

(1) $\vec{p} = \alpha \vec{a} + \dfrac{5}{2} \vec{b}$ と表されるとき，実数 x_1 と α の値を求めよ。

(2) $\vec{p}$ と垂直な 2 つの単位ベクトルを求めよ。

ヒント！ 一般に，平行でなく，かつ $\vec{0}$ でもない 2 つのベクトル $\vec{a}$ と $\vec{b}$ の 1 次結合 $\alpha \vec{a} + \beta \vec{b}$ により，平面上のどんなベクトルも表すことができるんだね。(1) は，この 1 次結合の問題だ。(2) は，$\vec{p}$ と垂直で大きさの等しいベクトルは，$(1, x_1)$ と $(-1, -x_1)$ の 2 つだから，その長さ (大きさ) で割れば，求める 2 つの単位ベクトルになるんだね。

解答 & 解説

(1) $\vec{p} = (x_1, -1)$ は，2 つのベクトル $\vec{a} = (1, 1)$ と $\vec{b} = (1, -1)$ の 1 次結合で，

$\vec{p} = \alpha \underline{\vec{a}} + \dfrac{5}{2} \underline{\vec{b}}$ （α, β：実数定数）と表されるので，

$(x_1, -1) = \alpha \underline{(1, 1)} + \dfrac{5}{2} \underline{(1, -1)} = (\alpha, \alpha) + \left(\dfrac{5}{2}, -\dfrac{5}{2} \right)$

$= \left(\alpha + \dfrac{5}{2}, \alpha - \dfrac{5}{2} \right)$ となる。

> x 成分同士，y 成分同士見比べればいい。これを，ベクトルの相等というんだね。

よって，$x_1 = \alpha + \dfrac{5}{2}$ ……①，$-1 = \alpha - \dfrac{5}{2}$ ……② となる。

②より，$\alpha = \dfrac{5}{2} - 1 = \dfrac{5-2}{2} = \dfrac{3}{2}$ ……②′ ②′ を①に代入して，

$x_1 = \dfrac{3}{2} + \dfrac{5}{2} = \dfrac{8}{2} = 4$ $\quad \therefore x_1 = 4$, $\alpha = \dfrac{3}{2}$ ………………(答)

(2) $\vec{p} = (4, -1)$ より，これと直交し，大きさの等しいベクトルを $\vec{q_1}$, $\vec{q_2}$ とおくと，

$\vec{q_1} = (1, 4)$ と $\vec{q_2} = (-1, -4)$

よって，これらをその大きさ

$|\vec{q_1}| = |\vec{q_2}| = |\vec{p}| = \sqrt{1^2 + 4^2} = \sqrt{17}$ で割った

ものが，求める単位ベクトル $\vec{e_1}$ と $\vec{e_2}$ である。

$\therefore \vec{e_1} = \dfrac{1}{\sqrt{17}} (1, 4)$, $\vec{e_2} = \dfrac{1}{\sqrt{17}} (-1, -4)$ ………………(答)

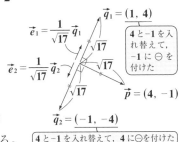

xy 座標平面上に 3 点 A$(2, 3)$，B$(3, 1)$，C$(5, 4)$ がある。

(1) $\overrightarrow{AB}$ と $\overrightarrow{AC}$ を求めよ。

(2) △ABC の面積 S を，公式 $S = \dfrac{1}{2}\sqrt{|\overrightarrow{AB}|^2 |\overrightarrow{AC}|^2 - (\overrightarrow{AB}\cdot\overrightarrow{AC})^2}$ ………(*)
を用いて求めよ。

ヒント！ (1)$\overrightarrow{AB} = \overrightarrow{OB} - \overrightarrow{OA}$, $\overrightarrow{AC} = \overrightarrow{OC} - \overrightarrow{OA}$ から求めればいいね。(2)の△ABC
の面積公式は，$S = \dfrac{1}{2}|\overrightarrow{AB}|\cdot|\overrightarrow{AC}|\cdot\sin\theta$ $(\theta = \angle BAC)$ から導かれる公式なんだね。

解答 & 解説

(1) $\overrightarrow{OA} = (2, 3)$，$\overrightarrow{OB} = (3, 1)$，$\overrightarrow{OC} = (5, 4)$ より，

$\qquad \overrightarrow{AB} = \overrightarrow{OB} - \overrightarrow{OA} = (3, 1) - (2, 3)$

$\qquad\qquad = (3-2, 1-3) = (1, -2)$ ………(答)

$\qquad \overrightarrow{AC} = \overrightarrow{OC} - \overrightarrow{OA} = (5, 4) - (2, 3)$

$\qquad\qquad = (5-2, 4-3) = (3, 1)$ …………(答)

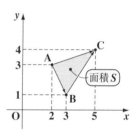

面積 S

(2) $\overrightarrow{AB} = (1, -2)$，$\overrightarrow{AC} = (3, 1)$ より，

$\qquad |\overrightarrow{AB}|^2 = 1^2 + (-2)^2 = 5$ ……………①, $\quad |\overrightarrow{AC}|^2 = 3^2 + 1^2 = 10$ ………②

$\qquad \overrightarrow{AB}\cdot\overrightarrow{AC} = 1\cdot 3 + (-2)\cdot 1 = 1$ ………③

以上より，求める△ABC の面積 S の公式 (*) に①，②，③を代入して，

$$S = \frac{1}{2}\sqrt{\underbrace{|\overrightarrow{AB}|^2}_{5}\cdot\underbrace{|\overrightarrow{AC}|^2}_{10} - \underbrace{(\overrightarrow{AB}\cdot\overrightarrow{AC})^2}_{1}} = \frac{1}{2}\sqrt{5\times 10 - 1}$$

（①，②，③より）

$$= \frac{\sqrt{49}}{2} = \frac{7}{2}$$ ……………………………………………………(答)

$\overrightarrow{AB} = (x_1, y_1)$, $\overrightarrow{AC} = (x_2, y_2)$ のとき，△ABC の面積 S は，次の公式から，
$S = \dfrac{1}{2}|x_1 y_2 - x_2 y_1| = \dfrac{1}{2}|1\times 1 - 3\times(-2)| = \dfrac{1}{2}\times 7 = \dfrac{7}{2}$ と求めることもできる。

初めからトライ！問題109 | 内分点の公式 | CHECK *1* | CHECK *2* | CHECK *3*

右図に示すような平行四辺形 **ABCD** があり，
2 つの対角線 **AC** と **BD** の交点を **P** とおく。
また，辺 **BC** を 2：1 に内分する点を **Q** とおき，
線分 **AQ** と **BD** の交点を **R** とおく。
$\overrightarrow{AB} = \vec{a}$，$\overrightarrow{AD} = \vec{b}$ とおいて，次の各ベクトル
を $\vec{a}$ と $\vec{b}$ で表せ。

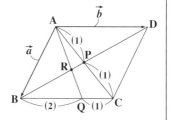

(1) $\overrightarrow{AP}$ **(2)** $\overrightarrow{AQ}$ **(3)** $\overrightarrow{AR}$

ヒント！ ベクトルの内分点の問題だけれど，平面図形の"メネラウスの定理"
も利用しよう。

解答 & 解説

(1) 平行四辺形の対角線は，互いに他を 2
等分するので，**BP：PD ＝ 1：1** である。

$$\therefore \overrightarrow{AP} = \frac{\vec{a} + \vec{b}}{2} = \frac{1}{2}(\vec{a} + \vec{b}) \cdots\cdots(答)$$

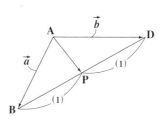

(2) △ABC で考えると，点 **Q** は辺 **BC** を 2：1
に内分する。また $\overrightarrow{AC} = 2\overrightarrow{AP} = \vec{a} + \vec{b}$ より，

$$\therefore \overrightarrow{AQ} = \frac{1 \cdot \overbrace{\overrightarrow{AB}}^{\vec{a}} + 2 \cdot \overbrace{\overrightarrow{AC}}^{(\vec{a}+\vec{b})}}{2+1} = \frac{\vec{a} + 2(\vec{a} + \vec{b})}{3}$$

$$= \frac{1}{3}(3\vec{a} + 2\vec{b}) \cdots\cdots\cdots\cdots(答)$$

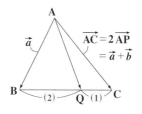

(3) **AR：RQ ＝ m：n** とおくと，右図より，
メネラウスの定理を用いて，

$$\frac{3}{2} \times \frac{1}{1} \times \frac{n}{m} = 1 \qquad \frac{n}{m} = \frac{2}{3} \text{より,}$$

$$m : n = 3 : 2 \qquad \therefore \mathbf{AQ : AR = 5 : 3}$$

$$\therefore \overrightarrow{AR} = \frac{3}{5}\overrightarrow{AQ} = \frac{3}{5} \times \frac{1}{3}(3\vec{a} + 2\vec{b})$$

$$= \frac{1}{5}(3\vec{a} + 2\vec{b}) \cdots\cdots\cdots\cdots(答)$$

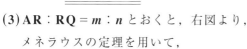

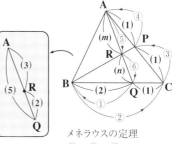

メネラウスの定理
$$\frac{②}{①} \times \frac{④}{③} \times \frac{⑥}{⑤} = 1$$

153

平面上に **2** つのベクトル $\overrightarrow{OA} = (-2, 5)$, $\overrightarrow{OB} = (1, 4)$ がある。

(1) 点 **P** が線分 **AB** を **2：1** に内分するとき，$\overrightarrow{OP}$ を求めよ。

(2) 点 **Q** が線分 **AB** を **1：4** に外分するとき，$\overrightarrow{OQ}$ を求めよ。

(3) △**OPQ** の重心を **G** とおく。$\overrightarrow{OG}$ を求めよ。

> ヒント！ (1)(2)は，内分公式 $\overrightarrow{OP} = \dfrac{n\overrightarrow{OA} + m\overrightarrow{OB}}{m + n}$，外分公式 $\overrightarrow{OQ} = \dfrac{-n\overrightarrow{OA} + m\overrightarrow{OB}}{m - n}$
> を用いる。(3)△**OPQ** の重心 **G** は，$\overrightarrow{OG} = \dfrac{1}{3}(\overrightarrow{OO} + \overrightarrow{OP} + \overrightarrow{OQ})$ で求まるんだね。

解答＆解説

$\overrightarrow{OA} = (-2, 5)$, $\overrightarrow{OB} = (1, 4)$ より，

(1) 点 **P** が，線分 **AB** を **2：1** に内分するので，

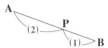

$$\overrightarrow{OP} = \frac{1 \cdot \overrightarrow{OA} + 2 \cdot \overrightarrow{OB}}{2 + 1} = \frac{1}{3}\{(-2, 5) + 2(1, 4)\}$$

$$= \frac{1}{3}(-2+2, 5+8) = \frac{1}{3}(0, 13) = \left(0, \frac{13}{3}\right) \quad\cdots\cdots\cdots\cdots(答)$$

(2) 点 **Q** が，線分 **AB** を **1：4** に外分するので，

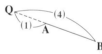

$$\overrightarrow{OQ} = \frac{-4 \cdot \overrightarrow{OA} + 1 \cdot \overrightarrow{OB}}{1 - 4} = -\frac{1}{3}\{-4(-2, 5) + (1, 4)\}$$

$$= -\frac{1}{3}(8+1, -20+4) = \frac{1}{3}(-9, 16) = \left(-3, \frac{16}{3}\right) \quad\cdots\cdots\cdots(答)$$

(3) $\overrightarrow{OP} = \left(0, \dfrac{13}{3}\right)$, $\overrightarrow{OQ} = \left(-3, \dfrac{16}{3}\right)$ より，△**OPQ** の重心を **G** とおくと，

$$\overrightarrow{OG} = \frac{1}{3}(\overrightarrow{OO} + \overrightarrow{OP} + \overrightarrow{OQ})$$

$$= \frac{1}{3}\left\{\left(0, \frac{13}{3}\right) + \left(-3, \frac{16}{3}\right)\right\}$$

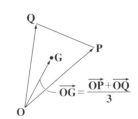

$$= \frac{1}{3}\left(-3, \frac{29}{3}\right) = \left(-1, \frac{29}{9}\right) \quad\cdots\cdots\cdots(答)$$

$$\overrightarrow{OG} = \frac{\overrightarrow{OP} + \overrightarrow{OQ}}{3}$$

初めからトライ！問題 111	円の方程式	CHECK 1	CHECK 2	CHECK 3

動点 P, 定点 A に対して, $|\overrightarrow{OP}|^2 - 2\overrightarrow{OA} \cdot \overrightarrow{OP} = 0$ ……① が成り立つ。このとき,
次の問いに答えよ。

(1) ①は円の方程式である。この円の中心と半径を求めよ。

(2) $A(1, 2)$ のとき, $|\overrightarrow{OP}|$ の最大値を求めよ。

ヒント！ (1) ①を変形して, $|\overrightarrow{OP} - \overrightarrow{OA}| = r$ (中心 A, 半径 r の円)の形にもち込めばいいんだね。(2) P は円周上の点なので, 原点 O から最も離れた位置にきたとき $|\overrightarrow{OP}|$ は最大となるはずだ。図形的に判断してみよう。

解答&解説

(1) $|\overrightarrow{OP}|^2 - 2\overrightarrow{OA} \cdot \overrightarrow{OP} = 0$ ……① を変形して,

$|\overrightarrow{OP}|^2 - 2\overrightarrow{OA} \cdot \overrightarrow{OP} + \underline{|\overrightarrow{OA}|^2} = \underline{|\overrightarrow{OA}|^2}$

$|\overrightarrow{OP} - \overrightarrow{OA}|^2 = |\overrightarrow{OA}|^2$ 　左辺にたした分, 右辺にもたす

$\therefore |\overrightarrow{OP} - \overrightarrow{OA}| = |\overrightarrow{OA}|$ ……② となる。
　　　　中心 A 　　これが, 半径 r になる

> $p^2 - 2a \cdot p = 0$ より,
> $p^2 - 2ap + \underline{a^2} = 0 + \underline{a^2}$
> 2で割って2乗　　左辺にたした分, 右辺にもたす
> $(p - a)^2 = a^2$ の変形と同様だ。

よって, ①は, 中心 A, 半径 $r = |\overrightarrow{OA}|$ の円を表す。 …………(答)

(2) $A(1, 2)$ のとき, $|\overrightarrow{OA}| = \sqrt{1^2 + 2^2} = \sqrt{5}$ より,

②は, $|\overrightarrow{OP} - \overrightarrow{OA}| = \sqrt{5}$ となる。

つまり, 動点 P は中心 $A(1, 2)$,

半径 $r = \sqrt{5}$ の原点 O を通る円を描く。

よって, 右図より明らかに,

P が点 $(2, 4)$ の位置にあるとき,

$|\overrightarrow{OP}|$ は最大値 $2\sqrt{5}$ をとる。 ………(答)
　原点 O と P との間の距離

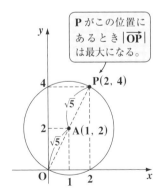

P がこの位置にあるとき $|\overrightarrow{OP}|$ は最大になる。

直線 l は，点 $A(-1, 4)$ を通り，方向ベクトル $\vec{d} = (2, -1)$ の直線である。次の各問いに答えよ。

(1) 直線 l の方程式を $y = mx + n\,(m, n：定数)$ の形で表せ。

(2) 直線 l が定点 $B(\alpha, 5)$ を通るとき，α の値を求めよ。

ヒント！　(1) 定点 $A(x_1, y_1)$ を通り，方向ベクトル $\vec{d} = (l, m)$ をもつ直線 l の方程式は，動点 $P(x, y)$ とおくと，$\overrightarrow{OP} = \overrightarrow{OA} + t\vec{d}\,(t：媒介変数)$ の形で表される。さらに，これを変形して，t を消去すると，直線 l は方程式 $\dfrac{x - x_1}{l} = \dfrac{y - y_1}{m}$ で表されるんだね。

解答＆解説

(1) 直線 l は，定点 $A(-1, 4)$ を通り，

方向ベクトル $\vec{d} = (2, -1)$ をもつ

ので，その方程式は，

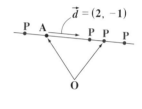

$$\underbrace{\frac{x+1}{2}}_{x-(-1)} = \frac{y-4}{-1} \quad \cdots\cdots① $$

公式：
$$\frac{x - x_1}{l} = \frac{y - y_1}{m}$$
を使った。

となる。①を変形して，

$$y - 4 = -\frac{1}{2}(x + 1) \qquad y = -\frac{1}{2}x - \frac{1}{2} + 4$$

$$\therefore \underline{y = -\frac{1}{2}x + \frac{7}{2}} \quad \cdots\cdots② \qquad\qquad\qquad\qquad\qquad\text{……(答)}$$

(2) l は，点 $B(\underline{\alpha}, \underline{5})$ を通るので，この座標を②に代入して成り立つ。

よって，$\underline{5} = -\frac{1}{2} \cdot \underline{\alpha} + \frac{7}{2}$ 　　両辺に 2 をかけて，

$$10 = -\alpha + 7 \qquad \alpha = 7 - 10$$

$$\therefore \alpha = -3 \qquad\qquad\qquad\qquad\qquad\qquad\qquad\qquad\text{……(答)}$$

初めからトライ！問題113　　直線の方程式　　CHECK 1　CHECK 2　CHECK 3

次の問いに答えよ。

(1) 直線 l が，点 $A(x_1, y_1)$ を通り，法線ベクトル $\vec{n} = (a, b)$ をもつとき，l の方程式が，$a(x - x_1) + b(y - y_1) = 0$ と表されることを示せ。

(2) 直線 l が，点 $A(4, -3)$ を通り，法線ベクトル $\vec{n} = (2, -3)$ をもつとき，l の方程式を求めよ。

ヒント！　(1) 直線 l 上の動点を $P(x, y)$ とおき，$\vec{n} \perp \overrightarrow{AP}$ (垂直) となることから，直線 l の方程式が導ける。(2) は，その例題だね。

解答＆解説

(1) 右図に示すように，点 $A(x_1, y_1)$ を通り，法線ベクトル $\vec{n} = (a, b)$

　　直線 l と垂直なベクトル

をもつ直線 l 上に動点 $P(x, y)$ をとると，

$$\overrightarrow{AP} = \overrightarrow{OP} - \overrightarrow{OA} = (x, y) - (x_1, y_1)$$
$$= (x - x_1, y - y_1) \quad \text{となる。}$$

$\vec{n} = (a, b)$

直線 l　　$A(x_1, y_1)$　$P(x, y)$

$\overrightarrow{AP}$

$\cdot O$

ここで，$\vec{n} \perp \overrightarrow{AP}$ より，$\vec{n} \cdot \overrightarrow{AP} = 0$ ……① となる。

よって，$\vec{n} \cdot \overrightarrow{AP} = (a, b) \cdot (x - x_1, y - y_1) = a(x - x_1) + b(y - y_1)$ ……②より，

②を①に代入して，直線 l の方程式

$a(x - x_1) + b(y - y_1) = 0$ ………(*) が導かれる。　……………………(終)

(2) 直線 l が，点 $A(\underset{x_1}{4}, \underset{y_1}{-3})$ を通り，法線ベクトル $\vec{n} = (\underset{a}{2}, \underset{b}{-3})$ をもつとき，

(*)より，直線 l の方程式は，次のように求められる。

$2(x - 4) - 3 \cdot \{y - (-3)\} = 0 \qquad 2(x - 4) - 3(y + 3) = 0$

$2x - 8 - 3y - 9 = 0$

$\therefore 2x - 3y - 17 = 0$ ………………………………………………(答)

xy 座標平面上に，点 $A(-1, 5)$ と，直線 $l_1 : 2x + 3y - 1 = 0$ がある。

(1) 点 A を通り，直線 l_1 と平行な直線 l_2 の方程式を求めよ。

(2) 点 A を通り，直線 l_1 と垂直な直線 l_3 の方程式を求めよ。

ヒント！ 直線 l_1 の法線ベクトル $\vec{n} = (2, 3)$ だね。(1)$l_1 /\!/ l_2$(平行)より，l_2 の法線ベクトルも $\vec{n} = (2, 3)$ と同じになる。(2)$l_1 \perp l_3$(垂直)より，l_3 の法線ベクトルは $\vec{n}$ と垂直な $\vec{n}' = (3, -2)$ となるんだね。

解答 & 解説

点 $A(-1, 5)$，直線 $l_1 : \underset{\substack{\frown \\ (a)}}{2}x + \underset{\substack{\frown \\ (b)}}{3}y - 1 = 0$ ………①

より，直線 l_1 の法線ベクトル $\vec{n}$ は，$\vec{n} = (2, 3)$

(1) 直線 l_2 は，l_1 と平行より，l_1 と同じ法線ベクトル $\vec{n} = (2, 3)$ をもつ。

また，l_2 は点 $A(-1, 5)$ を通るので，l_2 の方程式は，

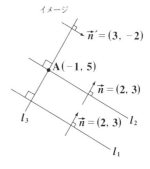

$\underset{\substack{\frown \\ (a)}}{2}(x + 1) + \underset{\substack{\frown \\ (b)}}{3}(y - 5) = 0$ 　 $\therefore 2x + 3y - 13 = 0$ ……………………(答)

(2) 直線 l_3 は，l_1 と垂直より，l_3 の法線ベクトルを $\vec{n}'$ とおくと，$\vec{n}' \perp \vec{n}$ となる。よって，$\vec{n}'$ として，$\underline{\vec{n}' = (3, -2)}$ を用いる。

> $\vec{n}$ の成分 $(2, 3)$ の 2 と 3 を入れ替え，2 に⊖をつけたもの。
> これで，$\vec{n}'$ は $\vec{n} \perp \vec{n}'$ で，かつ $|\vec{n}| = |\vec{n}'|$ をみたすベクトルとなるんだね。

また，直線 l_3 は，点 $A(-1, 5)$ を通るので，直線 l_3 の方程式は，

$\overset{\frown}{3}(x + 1) - \overset{\frown}{2}(y - 5) = 0$ 　　 $3x + 3 - 2y + 10 = 0$

$\therefore 3x - 2y + 13 = 0$ である。………………………………(答)

初めからトライ！問題115　　　直線 AB の方程式　　CHECK *1* CHECK *2* CHECK *3*

xy 座標平面上に 2 点 $A(-1, 3)$，$B(2, 2)$ がある。直線 AB に対して，原点 O から下した垂線の足を H とおく。H の座標を求めよ。

ヒント！　2 点 A, B を通る直線 AB の方程式は，直線上の動点 P を用いると，$\overrightarrow{OP} = \alpha\overrightarrow{OA} + \beta\overrightarrow{OB}$ $(\alpha + \beta = 1)$ で表されるんだね。そして，P = H とおくと，$\overrightarrow{OH} \perp \overrightarrow{AB}$ が成り立つので，$\overrightarrow{OH} \cdot \overrightarrow{AB} = 0$ として，点 H の座標を求めよう。

解答 & 解説

$\overrightarrow{OA} = (-1, 3)$，$\overrightarrow{OB} = (2, 2)$ より，
直線 AB 上を動く動点を $P(x, y)$
とおくと，直線 AB の方程式は，

$$\overrightarrow{OP} = \alpha\overrightarrow{OA} + \underset{(1-\alpha)}{\beta}\overrightarrow{OB} \quad (\alpha + \beta = 1)$$

となるので，

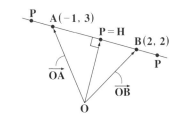

$\overrightarrow{OP} = \alpha\overrightarrow{OA} + (1 - \alpha)\overrightarrow{OB}$　となる。よって，

$(x, y) = \alpha\widehat{(-1, 3)} + (1-\alpha)\widehat{(2, 2)} = (-\alpha, 3\alpha) + (2-2\alpha, 2-2\alpha)$
$\qquad = (-\alpha + 2 - 2\alpha, 3\alpha + 2 - 2\alpha) = (2 - 3\alpha, 2 + \alpha)$ ………① となる。

ここで，動点 P が，O から直線 AB に下した垂線の足 $H(x_1, y_1)$ に
一致したとすると，①の (x, y) に x_1, y_1 を代入して，

$\overrightarrow{OH} = (x_1, y_1) = (2 - 3\alpha, 2 + \alpha)$ ………② となる。また，

$\overrightarrow{AB} = \overrightarrow{OB} - \overrightarrow{OA} = (2, 2) - (-1, 3) = (2 + 1, 2 - 3) = (3, -1)$ ………③

ここで，$\overrightarrow{AB} \perp \overrightarrow{OH}$ より，$\overrightarrow{AB} \cdot \overrightarrow{OH} = 0$ となる。よって，②，③より，

$3\widehat{(2 - 3\alpha)} - 1 \cdot \widehat{(2 + \alpha)} = 0 \qquad 6 - 9\alpha - 2 - \alpha = 0$

$10\alpha = 4 \qquad \alpha = \dfrac{4}{10} = \dfrac{2}{5}$ ………④

④を②に代入して，$\overrightarrow{OH} = \left(2 - 3 \cdot \dfrac{2}{5},\ 2 + \dfrac{2}{5}\right) = \left(\dfrac{10-6}{5},\ \dfrac{10+2}{5}\right)$

∴ 求める垂線の足 H の座標は，$H\left(\dfrac{4}{5},\ \dfrac{12}{5}\right)$ である。……………………(答)

xy 座標平面上に 2 点 $A(1, 4)$，$B(3, 1)$ がある。次の方程式で表される動点 P の描く図形を図示せよ。

(1) $\overrightarrow{OP} = \alpha \overrightarrow{OA} + 2\beta \overrightarrow{OB}$　$(\alpha + \beta = 1, \alpha \geq 0, \beta \geq 0)$

(2) $\overrightarrow{OP} = \alpha \overrightarrow{OA} + \beta \overrightarrow{OB}$　$(\alpha + \beta = 2, \alpha \geq 0, \beta \geq 0)$

ヒント！ 一般に，線分 AB は，方程式 $\overrightarrow{OP} = \alpha \overrightarrow{OA} + \beta \overrightarrow{OB}$ $(\alpha + \beta = 1, \alpha \geq 0, \beta \geq 0)$ で表されるんだね。(1), (2) は，このちょっと応用問題になっている。頑張ろう！

解答 & 解説

$\overrightarrow{OA} = (1, 4)$，$\overrightarrow{OB} = (3, 1)$ より，

(1) $\overrightarrow{OP} = \alpha \cdot \overrightarrow{OA} + \beta \cdot 2\overrightarrow{OB}$

　　　$(\alpha + \beta = 1, \alpha \geq 0, \beta \geq 0)$ から，

　動点 P は，右図に示すように，

　$\overrightarrow{OA}$ と $2\overrightarrow{OB}$ の終点を結ぶ線分

　を描く。　……………………(答)

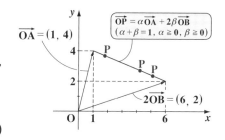

(2) $\overrightarrow{OP} = \alpha \overrightarrow{OA} + \beta \overrightarrow{OB}$　$(\alpha + \beta = 2, \alpha \geq 0, \beta \geq 0)$ から，

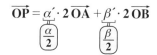
これを 1 とするために，両辺を 2 で割る。

$\dfrac{\alpha}{2} + \dfrac{\beta}{2} = 1$　として，$\dfrac{\alpha}{2} = \alpha'$，$\dfrac{\beta}{2} = \beta'$ とおくと，

$\overrightarrow{OP} = \alpha' \cdot 2\overrightarrow{OA} + \beta' \cdot 2\overrightarrow{OB}$
　　　　　$\boxed{\dfrac{\alpha}{2}}$　　　$\boxed{\dfrac{\beta}{2}}$

$(\alpha' + \beta' = 1, \alpha' \geq 0, \beta' \geq 0)$ となる。

よって，動点 P は，右図に示す

ように，$2\overrightarrow{OA}$ と $2\overrightarrow{OB}$ の終点を

結ぶ線分を描く。　………………(答)

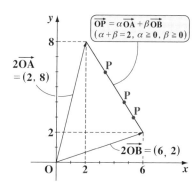

初めからトライ！問題 117　　　　$\triangle\text{OAB}$　　　CHECK *1*　　CHECK *2*　　CHECK *3*

xy 座標平面上に 2 点 $A(1, 4)$，$B(3, 1)$ がある。動点 P が，

$\overrightarrow{OP} = \alpha\overrightarrow{OA} + 2\beta\overrightarrow{OB}$　$(\alpha + \beta \leqq 1, \ \alpha \geqq 0, \ \beta \geqq 0)$ をみたすとき，

動点 P の描く図形を図示し，その面積 S を求めよ。

ヒント！　一般に，$\triangle\text{OAB}$ の周およびその内部は，方程式 $\overrightarrow{OP} = \alpha\overrightarrow{OA} + \beta\overrightarrow{OB}$ $(\alpha + \beta \leqq 1, \ \alpha \geqq 0, \ \beta \geqq 0)$ で表される。これも，このちょっと応用問題なんだね。

解答 & 解説

$\overrightarrow{OA} = (1, 4)$，$\overrightarrow{OB} = (3, 1)$ より，

$\overrightarrow{OP} = \alpha \cdot \overrightarrow{OA} + \beta \cdot 2\overrightarrow{OB}$

　$(\alpha + \beta \leqq 1, \ \alpha \geqq 0, \ \beta \geqq 0)$

> 線分 AB と比べて $\triangle$OAB のときは，
> ここに不等号が加わる！

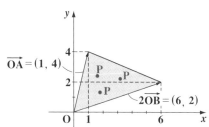

から，動点 P は，右図に示すように，

原点 O と，$\overrightarrow{OA}$ と $2\overrightarrow{OB}$ の終点を結ぶ三角形の周およびその内部を描く。

動点 P の描く図形を，右上図の網目部で示す。(境界を含む) …………(答)

この三角形の面積 S は，$\overrightarrow{OA} = (\underset{x_1}{1}, \underset{y_1}{4})$，$2\overrightarrow{OB} = (\underset{x_2}{6}, \underset{y_2}{2})$ より，

$S = \dfrac{1}{2}|1 \times 2 - 6 \times 4|$

　$= \dfrac{1}{2}|2 - 24| = \dfrac{22}{2} = 11$　………(答)

> 一般に，$A(x_1, y_1)$，$B(x_2, y_2)$ のとき，
> $\triangle$OAB の面積 S は，
> $S = \dfrac{1}{2}|x_1 y_2 - x_2 y_1|$ となる。

S の別解

$|\overrightarrow{OA}|^2 = 1^2 + 4^2 = 17$，$|2\overrightarrow{OB}|^2 = 6^2 + 2^2 = 40$，$\overrightarrow{OA} \cdot 2\overrightarrow{OB} = 1 \cdot 6 + 4 \cdot 2 = 14$ より，

$S = \dfrac{1}{2}\sqrt{|\overrightarrow{OA}|^2 \cdot |2\overrightarrow{OB}|^2 - (\overrightarrow{OA} \cdot 2\overrightarrow{OB})^2} = \dfrac{1}{2}\sqrt{17 \times 40 - 14^2} = \dfrac{1}{2}\sqrt{680 - 196} = \dfrac{\sqrt{484}}{2}$

$= \dfrac{\sqrt{2^2 \times 11^2}}{2} = \dfrac{22}{2} = 11$　と求めても，もちろん正解です！

1. ベクトルの成分表示と大きさ

$\vec{a} = (x_1, y_1)$ について，$|\vec{a}| = \sqrt{x_1{}^2 + y_1{}^2}$

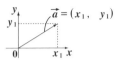

2. $\vec{a}$ と $\vec{b}$ の内積の定義（平面・空間共通）

$\vec{a} \cdot \vec{b} = |\vec{a}||\vec{b}|\cos\theta$ （$\theta : \vec{a}$ と $\vec{b}$ のなす角）

3. ベクトルの平行・直交条件 （$\vec{a} \neq \vec{0}$, $\vec{b} \neq \vec{0}$, $k \neq 0$）（平面・空間共通）

（ⅰ）平行条件：$\vec{a} /\!/ \vec{b} \Leftrightarrow \vec{a} = k\vec{b}$　　（ⅱ）直交条件：$\vec{a} \perp \vec{b} \Leftrightarrow \vec{a} \cdot \vec{b} = 0$

4. 内積の成分表示

$\vec{a} = (x_1, y_1)$, 　$\vec{b} = (x_2, y_2)$ のとき，

（ⅰ）$\vec{a} \cdot \vec{b} = x_1 x_2 + y_1 y_2$

（ⅱ）$\cos\theta = \dfrac{\vec{a} \cdot \vec{b}}{|\vec{a}||\vec{b}|} = \dfrac{x_1 x_2 + y_1 y_2}{\sqrt{x_1{}^2 + y_1{}^2}\sqrt{x_2{}^2 + y_2{}^2}}$ 　　（$\because \vec{a} \cdot \vec{b} = |\vec{a}||\vec{b}|\cos\theta$）

5. 内分点の公式 （平面・空間共通）

点 P が線分 AB を $m : n$ に内分するとき，

$$\overrightarrow{\text{OP}} = \dfrac{n\overrightarrow{\text{OA}} + m\overrightarrow{\text{OB}}}{m + n}$$

特に，点 P が線分 AB の中点となるとき，

$$\overrightarrow{\text{OP}} = \dfrac{\overrightarrow{\text{OA}} + \overrightarrow{\text{OB}}}{2}$$

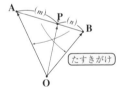

6. 外分点の公式 （平面・空間共通）

点 Q が線分 AB を $m : n$ に外分するとき，

$$\overrightarrow{\text{OQ}} = \dfrac{-n\overrightarrow{\text{OA}} + m\overrightarrow{\text{OB}}}{m - n}$$

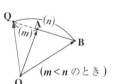

（$m < n$ のとき）

7. ベクトル方程式

（ⅰ）円のベクトル方程式：$\left|\overrightarrow{\text{OP}} - \overrightarrow{\text{OA}}\right| = r$

（ⅱ）直線のベクトル方程式：$\overrightarrow{\text{OP}} = \overrightarrow{\text{OA}} + t\vec{d}$

$$\overrightarrow{\text{OP}} = \alpha\overrightarrow{\text{OA}} + \beta\overrightarrow{\text{OB}} \quad (\alpha + \beta = 1)$$

7 空間ベクトル

▶ 空間図形と空間座標の基本

▶ 空間ベクトルの演算，成分表示，内積

▶ 空間ベクトルの空間図形への応用

1. 空間座標の基本を押さえよう。

(1) 簡単な平面の **3** つの方程式を覚えよう。

(ⅰ) yz 平面と平行 (x 軸と垂直) で，x 切片 a の平面の方程式は，

$x = a$ である。 ← $a = 0$ のとき，yz 平面：$x = 0$ になる

(ⅱ) zx 平面と平行 (y 軸と垂直) で，y 切片 b の平面の方程式は，

$y = b$ である。 ← $b = 0$ のとき，zx 平面：$y = 0$ になる

(ⅲ) xy 平面と平行 (z 軸と垂直) で，z 切片 c の平面の方程式は，

$z = c$ である。 ← $c = 0$ のとき，xy 平面：$z = 0$ になる

(2) **2** 点間の距離 (線分の長さ) の公式も頭に入れよう。

(ⅰ) **2** 点 $O(0, 0, 0)$, $A(x_1, y_1, z_1)$ の間の距離 **OA** は，

$$OA = \sqrt{x_1^2 + y_1^2 + z_1^2} \ となる。 \ ←\ 線分 OA の長さの公式でもある$$

(ⅱ) **2** 点 $A(x_1, y_1, z_1)$, $B(x_2, y_2, z_2)$ の間の距離 **AB** は，

$$AB = \sqrt{(x_2 - x_1)^2 + (y_2 - y_1)^2 + (z_2 - z_1)^2} \ となる。 \ ←\ 線分 AB の長さの公式$$

2. 空間ベクトルと平面ベクトルの相異点を押さえよう。

(Ⅰ) **空間ベクトル** と平面ベクトルで，公式や考え方の同じものを示そう。

(1) ベクトルの実数倍

(2) ベクトルの和と差

$\vec{a} + \vec{b}$
$\vec{b}$
$-\vec{b}$
$\vec{a}$
$\vec{a} - \vec{b}$

(3) まわり道の原理

・たし算形式
$\overrightarrow{AB} = \overrightarrow{AC} + \overrightarrow{CB}$ など

・引き算形式
$\overrightarrow{AB} = \overrightarrow{OB} - \overrightarrow{OA}$ など

(4) ベクトルの計算

$2(\vec{a} - \vec{b}) - 3\vec{c}$
$= 2\vec{a} - 2\vec{b} - 3\vec{c}$
などの計算

(5) 内積の定義

$$\vec{a} \cdot \vec{b} = |\vec{a}||\vec{b}|\cos\theta$$

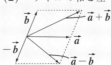

(6) 内積の演算

・$(\vec{a} - \vec{b}) \cdot (2\vec{b} + \vec{c})$
などの計算
・$|\vec{a} + \vec{b}|^2$ などの計算

(7) 三角形の面積 S

$$S = \frac{1}{2}\sqrt{|\vec{a}|^2|\vec{b}|^2 - (\vec{a}\cdot\vec{b})^2}$$

(8) 内分点の公式

点 P が線分 AB を $m:n$ に内分するとき

$$\overrightarrow{OP} = \frac{n\overrightarrow{OA} + m\overrightarrow{OB}}{m+n}$$

(9) 外分点の公式

点 P が線分 AB を $m:n$ に外分するとき

$$\overrightarrow{OP} = \frac{-n\overrightarrow{OA} + m\overrightarrow{OB}}{m-n}$$

(10) ベクトルの平行・直交条件

・$\vec{a} /\!/ \vec{b}$ のとき

$\vec{a} = k\vec{b}$

・$\vec{a} \perp \vec{b}$ のとき

$\vec{a}\cdot\vec{b} = 0$

(11) 3 点が同一直線上

3 点 A, B, C が同一直線上にあるとき,

$\overrightarrow{AC} = k\overrightarrow{AB}$

(12) 直線の方程式

$$\overrightarrow{OP} = \overrightarrow{OA} + t\vec{d}$$

$\begin{pmatrix} \text{A : 通る点} \\ \vec{d} : \text{方向ベクトル} \end{pmatrix}$

(Ⅱ) 空間ベクトルと平面ベクトルで, 異なるものは次の通りだ。

(1) どんな空間ベクトル $\vec{p}$ も, **1** 次独立な **3** つのベクトル $\vec{a}$, $\vec{b}$, $\vec{c}$ の **1** 次結合:

$$\vec{p} = s\vec{a} + t\vec{b} + u\vec{c} \ (s, t, u : \text{実数}) で表せる。$$

これが, 空間ベクトルでは加わる

(2) 空間ベクトル $\vec{a}$ を成分表示すると, $\vec{a} = (x_1, y_1, \underline{z_1})$ となる。

3. 空間ベクトルの大きさと内積もマスターしよう。

(1) $\vec{a} = (x_1, y_1, z_1)$ の大きさは, $|\vec{a}| = \sqrt{x_1^2 + y_1^2 + z_1^2}$ となる。

(2) $\overrightarrow{OA} = (x_1, y_1, z_1)$, $\overrightarrow{OB} = (x_2, y_2, z_2)$ のとき, $\overrightarrow{AB}$ の大きさは,

$$|\overrightarrow{AB}| = \sqrt{(x_2 - x_1)^2 + (y_2 - y_1)^2 + (z_2 - z_1)^2} \quad となるんだね。$$

(3) $\vec{a}$ と $\vec{b}$ の内積 $\vec{a}\cdot\vec{b}$ は, $\vec{a}$ と $\vec{b}$ のなす角 $\theta \ (0 \leqq \theta \leqq \pi)$ を用いて,

$\vec{a}\cdot\vec{b} = |\vec{a}||\vec{b}|\cos\theta$ で定義される。

ここで, $\vec{a} = (x_1, y_1, z_1)$, $\vec{b} = (x_2, y_2, z_2)$ のとき,

（ⅰ） $\vec{a}\cdot\vec{b} = x_1x_2 + y_1y_2 + z_1z_2$

（ⅱ） $\cos\theta = \dfrac{\vec{a}\cdot\vec{b}}{|\vec{a}||\vec{b}|} = \dfrac{x_1x_2 + y_1y_2 + z_1z_2}{\sqrt{x_1^2 + y_1^2 + y_1^2}\sqrt{x_2^2 + y_2^2 + z_2^2}}$ である。

(ex) $\vec{a} = (1, 2, -2)$, $\vec{b} = (2, -1, 2)$ のとき, $\vec{a}$ と $\vec{b}$ のなす角を θ とおいて, $\cos\theta$ の値を求めると,

$$\cos\theta = \frac{1\cdot2 + 2\cdot(-1) + (-2)\cdot2}{\sqrt{1^2 + 2^2 + (-2)^2} \cdot \sqrt{2^2 + (-1)^2 + 2^2}} = \frac{-4}{\sqrt{9}\cdot\sqrt{9}} = -\frac{4}{9} \quad となる。$$

4. 空間ベクトルの内分点・外分点の公式もマスターしよう。

xyz 座標空間上に 2 点 $\underline{A(x_1, y_1, z_1)}$, $\underline{B(x_2, y_2, z_2)}$ がある。

これから, $\overrightarrow{OA} = (x_1, y_1, z_1)$ $\overrightarrow{OB} = (x_2, y_2, z_2)$ とおける。

(1) 点 P が線分 AB を $m:n$ に内分するとき,

$$\overrightarrow{OP} = \frac{n\overrightarrow{OA} + m\overrightarrow{OB}}{m+n}$$

平面ベクトルのときに比べて, この z 成分が加わる。

$$\overrightarrow{OP} = \left(\frac{nx_1 + mx_2}{m+n}, \frac{ny_1 + my_2}{m+n}, \frac{nz_1 + mz_2}{m+n} \right)$$

上の式を成分表示したもの

(2) 点 P が線分 AB を $m:n$ に外分するとき,

$$\overrightarrow{OP} = \frac{-n\overrightarrow{OA} + m\overrightarrow{OB}}{m-n}$$

$$\overrightarrow{OP} = \left(\frac{-nx_1 + mx_2}{m-n}, \frac{-ny_1 + my_2}{m-n}, \frac{-nz_1 + mz_2}{m-n} \right)$$

上の式を成分表示したもの

5. 球面のベクトル方程式は, 円のベクトル方程式と同様だ。

点 A を中心とし, 半径 r の球面のベクトル方程式は,

$|\overrightarrow{OP} - \overrightarrow{OA}| = r$ となる。 ← これは, 平面ベクトルの円のベクトル方程式と同じだ。

ここで, $\overrightarrow{OP} = (x, y, z)$, $\overrightarrow{OA} = (a, b, c)$ とすると, 球面の方程式は,

$(x-a)^2 + (y-b)^2 + (z-c)^2 = r^2$ となる。

6. 空間における直線のベクトル方程式も重要だ。

(1) 点 A を通り, 方向ベクトル $\vec{d}$ の直線のベクトル方程式:

$$\overrightarrow{OP} = \overrightarrow{OA} + t\vec{d} \quad \cdots\cdots(*) \quad (t:媒介変数)$$

(2) 直線 AB のベクトル方程式:

$$\overrightarrow{OP} = \alpha\overrightarrow{OA} + \beta\overrightarrow{OB} \quad (\alpha + \beta = 1)$$

(1) の $(*)$ の式で, $\overrightarrow{OP} = (x, y, z)$, $\overrightarrow{OA} = (x_1, y_1, z_1)$, $\vec{d} = (l, m, n)$ とおくと, 直線の方程式は, 次式で表されることも覚えておこう。

$$\frac{x-x_1}{l} = \frac{y-y_1}{m} = \frac{z-z_1}{n} \ (=t) \quad (l, m, n は, すべて 0 でない)$$

(ex) 点 $A(1, 2, 3)$ を通り, 方向ベクトル $\vec{d} = (4, 5, 6)$ の直線の式は,

$$\frac{x-1}{4} = \frac{y-2}{5} = \frac{z-3}{6} \quad となる。$$

7. 空間における平面のベクトル方程式にも慣れよう。

(1) 同一直線上にない 3 点 A, B, C を通る平面のベクトル方程式:

$$\overrightarrow{OP} = \overrightarrow{OA} + s\overrightarrow{AB} + t\overrightarrow{AC} \quad \cdots\cdots(**) \quad (s, t: 実数変数)$$

(2) 点 A を通り, 1 次独立な 2 つの方向ベクトル $\vec{d_1}$, $\vec{d_2}$ をもつ平面のベクトル方程式:

$$\overrightarrow{OP} = \overrightarrow{OA} + s\vec{d_1} + t\vec{d_2} \quad \cdots\cdots(**)' \quad (s, t: 媒介変数)$$

(1) の 3 点 A, B, C を通る平面の方程式 $(**)$ は, まわり道の原理を使って変形すると,

$$\overrightarrow{OP} = \overrightarrow{OA} + s(\overrightarrow{OB} - \overrightarrow{OA}) + t(\overrightarrow{OC} - \overrightarrow{OA})$$
$$= \underbrace{(1-s-t)}_{\alpha}\overrightarrow{OA} + \underbrace{s}_{\beta}\overrightarrow{OB} + \underbrace{t}_{\gamma}\overrightarrow{OC} \quad となるので,$$

$1-s-t = \alpha, \quad s = \beta, \quad t = \gamma$ とおくと,

$$\overrightarrow{OP} = \alpha\overrightarrow{OA} + \beta\overrightarrow{OB} + \gamma\overrightarrow{OC} \quad (\alpha + \beta + \gamma = 1) となることも覚えておこう。$$

(3) 法線ベクトル $\vec{n}$ を使った平面の方程式も頻出だ。

点 $A(x_1, y_1, z_1)$ を通り,

$\underline{法線ベクトル \vec{n} = (a, b, c)}$

$\boxed{平面と垂直なベクトル}$

をもつ平面の方程式は,

$$a(x - x_1) + b(y - y_1) + c(z - z_1) = 0$$
$$\cdots\cdots(**)''$$

となる。これをさらに変形して,

$$ax + by + cz \underbrace{- ax_1 - by_1 - cz_1}_{これを, 定数dとおく} = 0$$

法線ベクトル
$\vec{n} = (a, b, c)$

P

A

P

平面 α

$-ax_1 - by_1 - cz_1 = d$ (定数) とおくと, 見なれた平面の方程式

$ax + by + cz + d = 0$ が導けるんだね。

(ex) 点 $A(1, 2, 3)$ を通り, 法線ベクトル $\vec{n} = (4, 5, 6)$ をもつ平面の方程式は,

$$\widehat{4(x-1)} + \widehat{5(y-2)} + \widehat{6(z-3)} = 0 より, \quad 4x + 5y + 6z \underbrace{- 4 - 10 - 18}_{-32} = 0$$

$$\therefore 4x + 5y + 6z - 32 = 0 \quad となるんだね。$$

xyz座標空間上に平面 $\alpha : z = a$ があり，この平面 α 上に点 $A(1, 3, a)$ がある。点 A の xy 平面に関して対称な点は $A'(b, c, -2)$ である。

(1) a, b, c の値を求めよ。また，2 点 A, A' の間の距離を求めよ。

(2) 点 A の zx 平面に関して対称な点 A'' の座標を求めよ。

ヒント！　(1)xyz座標空間に図を描いて考えると，A と A' は，z 座標の符号が異なることに気付くはずだ。(2)では，A と A'' の y 座標の符号が異なるんだね。

解答&解説

(1) 平面 $\alpha : z = a$ 上の点
$A(1, 3, a)$ の xy 平面に
関して対称な点 A' は，
右図に示すように
$A'(\underset{b}{\underline{1}}, \underset{c}{\underline{3}}, \underset{-2}{\underline{-a}})$ となる。

よって，
$a = 2$, $b = 1$, $c = 3$
　　　　……………(答)
また，2 点 A, A' の間の距
離は 4 である。………(答)

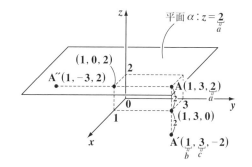

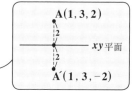

(2) 点 $A(1, 3, 2)$ の zx 平面
に関して対称な点 A'' は，
点 A に比べて，y 座標の
符号が異なるだけである。
よって，A'' の座標は，
$A''(1, -3, 2)$ である。
　　　　……………(答)

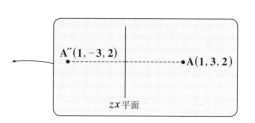

xyz 座標空間上に 3 点 A$(1, -1, 1)$, B$(2, -3, 4)$, C$(5, -2, -1)$ がある。

(1) 線分 OA の長さを求めよ。(ただし, O$(0, 0, 0)$ とする。)

(2) 線分 AB, BC, CA の長さを求め, △ABC が直角三角形であること
を示せ。

ヒント！ 線分の長さ (2 点間の距離) は, A(x_1, y_1, z_1), B(x_2, y_2, z_2) のとき,
$\text{OA} = \sqrt{x_1^2 + y_1^2 + z_1^2}$, $\text{AB} = \sqrt{(x_2-x_1)^2 + (y_2-y_1)^2 + (z_2-z_1)^2}$ で求まるんだね。

解答 & 解説

> A(x_1, y_1, z_1) のとき
> $\text{OA} = \sqrt{x_1^2 + y_1^2 + z_1^2}$

A$(1, -1, 1)$, B$(2, -3, 4)$, C$(5, -2, -1)$ より,

(1) 線分 OA の長さは, $\text{OA} = \sqrt{1^2 + (-1)^2 + 1^2} = \sqrt{3}$ ………(答)

(2) ・線分 AB の長さは,

> A(x_1, y_1, z_1), B(x_2, y_2, z_2) のとき
> $\text{AB} = \sqrt{(x_2-x_1)^2 + (y_2-y_1)^2 + (z_2-z_1)^2}$

$$\text{AB} = \sqrt{\underbrace{(2-1)^2}_{1^2} + \underbrace{\{-3-(-1)\}^2}_{(-3+1)^2=(-2)^2} + \underbrace{(4-1)^2}_{3^2}}$$

$$= \sqrt{1 + 4 + 9} = \sqrt{14}$$ ………………………(答)

・線分 BC の長さは,

$$\text{BC} = \sqrt{\underbrace{(5-2)^2}_{3^2} + \underbrace{(-2+3)^2}_{1^2} + \underbrace{(-1-4)^2}_{(-5)^2}} = \sqrt{9+1+25} = \sqrt{35}$$ ……………(答)

・線分 CA の長さは,

$$\text{CA} = \sqrt{\underbrace{(1-5)^2}_{(-4)^2} + \underbrace{(-1+2)^2}_{1^2} + \underbrace{(1+1)^2}_{2^2}} = \sqrt{16+1+4} = \sqrt{21}$$ ……………(答)

以上より,

$\text{AB}^2 = 14$, $\text{BC}^2 = 35$, $\text{CA}^2 = 21$

となるので, 三平方の定理

$\text{BC}^2 = \text{CA}^2 + \text{AB}^2$　$(35 = 21 + 14)$

が成り立つ。よって, △ABC は

∠BAC $= 90°$ の直角三角形である。

……………(終)

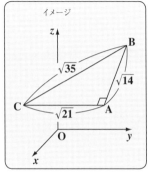

イメージ

右図に示すような 1 辺の長さが 1 の立方
体 ABCD–EFGH がある。辺 BC の中
点を M，辺 EH の中点を N とおく。ここ
で，$\overrightarrow{AB} = \vec{p}$，$\overrightarrow{AD} = \vec{q}$，$\overrightarrow{AE} = \vec{r}$ とおく。

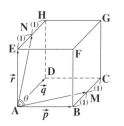

(1) $\overrightarrow{AM}$ と $\overrightarrow{AN}$ を $\vec{p}$，$\vec{q}$，$\vec{r}$ で表せ。

(2) $\angle MAN = \theta$ とおくとき，$\cos\theta$ の値を求めよ。

ヒント！ (2) $\overrightarrow{AM} \cdot \overrightarrow{AN} = |\overrightarrow{AM}||\overrightarrow{AN}|\cos\theta$ より，$\cos\theta = \dfrac{\overrightarrow{AM} \cdot \overrightarrow{AN}}{|\overrightarrow{AM}||\overrightarrow{AN}|}$ を利用しよう。

解答 & 解説

$\vec{p}$，$\vec{q}$，$\vec{r}$ は大きさが 1 で，互いに直交するベクトルなので，

$|\vec{p}| = |\vec{q}| = |\vec{r}| = 1$ ……………① ← $\vec{p}, \vec{q}, \vec{r}$ は，すべて大きさ 1 の単位ベクトルだね

$\vec{p} \cdot \vec{q} = \vec{q} \cdot \vec{r} = \vec{r} \cdot \vec{p} = 0$ ………② ← $\vec{p}, \vec{q}, \vec{r}$ は互いに直交するので，内積 = 0 だね

(1)・$\overrightarrow{AM} = \underset{\boxed{\vec{p}}}{\overrightarrow{AB}} + \underset{\boxed{\frac{1}{2}\overrightarrow{BC} = \frac{1}{2}\vec{q}}}{\overrightarrow{BM}}$ ← まわり道の原理を使った

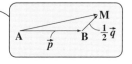

$= \vec{p} + \dfrac{1}{2}\vec{q}$ ………③ …………(答)

・$\overrightarrow{AN} = \underset{\boxed{\vec{r}}}{\overrightarrow{AE}} + \underset{\boxed{\frac{1}{2}\overrightarrow{EH} = \frac{1}{2}\vec{q}}}{\overrightarrow{EN}}$ ← まわり道の原理を使った

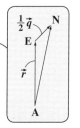

$= \vec{r} + \dfrac{1}{2}\vec{q}$ ………④ …………(答)

(2) $\angle MAN = \theta$，すなわち $\overrightarrow{AM}$ と $\overrightarrow{AN}$ のなす角が θ より，内積の定義から，

$\overrightarrow{AM} \cdot \overrightarrow{AN} = |\overrightarrow{AM}||\overrightarrow{AN}|\cos\theta$

$\therefore \cos\theta = \dfrac{\overrightarrow{AM} \cdot \overrightarrow{AN}}{|\overrightarrow{AM}||\overrightarrow{AN}|}$ ………⑤　となる。

・内積 $\overrightarrow{AM} \cdot \overrightarrow{AN}$ を求めると，

$$\overrightarrow{AM} \cdot \overrightarrow{AN} = \left(\vec{p} + \frac{1}{2}\vec{q}\right) \cdot \left(\vec{r} + \frac{1}{2}\vec{q}\right)$$

この展開は，
$$\left(p + \frac{1}{2}q\right)\left(r + \frac{1}{2}q\right)$$
$$= pr + \frac{1}{2}pq + \frac{1}{2}qr + \frac{1}{4}q^2$$
と同様だね。

$$= \underset{\boxed{0}}{\vec{p} \cdot \vec{r}} + \frac{1}{2}\underset{\boxed{0}}{\vec{p} \cdot \vec{q}} + \frac{1}{2}\underset{\boxed{0}}{\vec{q} \cdot \vec{r}} + \frac{1}{4}\underset{\boxed{1^2}}{|\vec{q}|^2}$$

$$= \frac{1}{4} \quad \cdots\cdots\cdots⑥ \quad (①, ②, ③, ④より)$$

・次に，$|\overrightarrow{AM}|^2$ を求めると，

この展開は，
$$\left(p + \frac{1}{2}q\right)^2 = p^2 + pq + \frac{1}{4}q^2 \text{ と同様}$$

$$|\overrightarrow{AM}|^2 = \left|\vec{p} + \frac{1}{2}\vec{q}\right|^2 \quad (③より)$$

$$= \underset{\boxed{1^2}}{|\vec{p}|^2} + 2 \cdot \frac{1}{2}\underset{\boxed{0}}{\vec{p} \cdot \vec{q}} + \frac{1}{4}\underset{\boxed{1^2}}{|\vec{q}|^2} = 1 + \frac{1}{4} = \frac{5}{4}$$

①, ②より

$$\therefore |\overrightarrow{AM}| = \sqrt{\frac{5}{4}} = \frac{\sqrt{5}}{2} \quad \cdots\cdots\cdots⑦$$

・さらに，$|\overrightarrow{AN}|^2$ を求めると，

この展開は，
$$\left(r + \frac{1}{2}q\right)^2 = r^2 + rq + \frac{1}{4}q^2 \text{ と同様}$$

$$|\overrightarrow{AN}|^2 = \left|\vec{r} + \frac{1}{2}\vec{q}\right|^2 \quad (④より)$$

$$= \underset{\boxed{1^2}}{|\vec{r}|^2} + 2 \cdot \frac{1}{2}\underset{\boxed{0}}{\vec{r} \cdot \vec{q}} + \frac{1}{4}\underset{\boxed{1^2}}{|\vec{q}|^2} = 1 + \frac{1}{4} = \frac{5}{4}$$

①, ②より

$$\therefore |\overrightarrow{AN}| = \sqrt{\frac{5}{4}} = \frac{\sqrt{5}}{2} \quad \cdots\cdots\cdots⑧$$

以上⑥，⑦，⑧を⑤に代入して，

$$\cos\theta = \frac{\overrightarrow{AM} \cdot \overrightarrow{AN}}{|\overrightarrow{AM}||\overrightarrow{AN}|} = \frac{\frac{1}{4}}{\frac{\sqrt{5}}{2} \cdot \frac{\sqrt{5}}{2}} = \frac{1}{5} \quad \cdots\cdots\cdots(答)$$

分子・分母に 4 をかけて

xyz 座標空間上に 3 点 A$(1, 2, 4)$，B$(\alpha, 5, 6)$，C$(2, \beta, 3)$ がある。
これら 3 点 A，B，C が同一直線上にあるとき，α と β の値を求めよ。

ヒント！ 3 点 A, B, C が同一直線上にあるための条件は，$\overrightarrow{AB} = k\overrightarrow{AC}$ (k：実数)
だね。このとき，$\overrightarrow{AB} \parallel \overrightarrow{AC}$ (平行) で，かつ点 A が共通だから，3 点 A, B, C は
同一直線上に存在することになるんだね。

解答 & 解説

$\overrightarrow{OA} = (1, 2, 4)$，$\overrightarrow{OB} = (\alpha, 5, 6)$，$\overrightarrow{OC} = (2, \beta, 3)$ より，

$$\begin{cases} \overrightarrow{AB} = \overrightarrow{OB} - \overrightarrow{OA} = (\alpha, 5, 6) - (1, 2, 4) = (\alpha - 1, 3, 2) \cdots\cdots\cdots① \\ \overrightarrow{AC} = \overrightarrow{OC} - \overrightarrow{OA} = (2, \beta, 3) - (1, 2, 4) = (1, \beta - 2, -1) \cdots\cdots② \end{cases}$$

ここで，3 点 A, B, C が同一直線上にあるとき，

$\overrightarrow{AB} = k\overrightarrow{AC}$ ⋯⋯⋯③ (k：実数定数) が成り立つ。

①，②を③に代入して，

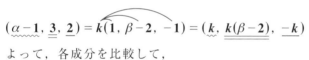

$(\alpha - 1, 3, 2) = k(1, \beta - 2, -1) = (k, k(\beta - 2), -k)$

よって，各成分を比較して，

$$\begin{cases} \alpha - 1 = k \cdots\cdots\cdots④ \\ 3 = k(\beta - 2) \cdots\cdots\cdots⑤ \\ 2 = -k \cdots\cdots\cdots⑥ \end{cases}$$ となる。

⑥より，$k = -2$ ⋯⋯⋯⑥´

⑥´を④に代入して，$\alpha - 1 = -2$　$\alpha = -2 + 1$　$\therefore \alpha = -1$

⑥´を⑤に代入して，$3 = -2(\beta - 2)$　$\beta - 2 = -\dfrac{3}{2}$

$$\beta = 2 - \frac{3}{2} = \frac{4-3}{2} \qquad \therefore \beta = \frac{1}{2}$$

以上より，求める α と β の値は，$\alpha = -1$，$\beta = \dfrac{1}{2}$　である。　⋯⋯⋯⋯⋯(答)

イメージ

初めからトライ！問題 122　　　1 次結合　　CHECK 1　CHECK 2　CHECK 3

3つのベクトル $\overrightarrow{OA} = (1, -1, 2)$，$\overrightarrow{OB} = (2, 1, 3)$，$\overrightarrow{OC} = (2, 2, -1)$ がある。このとき，$\overrightarrow{OP} = (6, 3, -2)$ を，3つのベクトル $\overrightarrow{OA}$ と $\overrightarrow{OB}$ と $\overrightarrow{OC}$ の 1 次結合により，$\overrightarrow{OP} = \alpha\overrightarrow{OA} + \beta\overrightarrow{OB} + \gamma\overrightarrow{OC}$ ……① $(\alpha, \beta, \gamma : 実数)$ と表すことができる。このとき，実数 α, β, γ の値を求めよ。

ヒント！　一般に，どんな空間ベクトル $\overrightarrow{OP}$ も，1 次独立な（$\vec{0}$ でなく，同一平面上にない）3つのベクトル $\overrightarrow{OA}$，$\overrightarrow{OB}$，$\overrightarrow{OC}$ の 1 次結合，すなわち，$\overrightarrow{OP} = \alpha\overrightarrow{OA} + \beta\overrightarrow{OB} + \gamma\overrightarrow{OC}$ $(\alpha, \beta, \gamma : 実数)$ で表すことができるんだね。今回は，この α, β, γ の値を具体的に求める問題だ。

解答＆解説

$\overrightarrow{OA} = (1, -1, 2)$，$\overrightarrow{OB} = (2, 1, 3)$，$\overrightarrow{OC} = (2, 2, -1)$ は，1 次独立なベクトルなので，$\overrightarrow{OP} = (6, 3, -2)$ は，これら 3つのベクトルの 1 次結合により，

$\overrightarrow{OP} = \alpha\overrightarrow{OA} + \beta\overrightarrow{OB} + \gamma\overrightarrow{OC}$ ……① と表せる。これを成分表示すると，

$$(6, 3, -2) = \alpha(1, -1, 2) + \beta(2, 1, 3) + \gamma(2, 2, -1)$$
$$= (\alpha, -\alpha, 2\alpha) + (2\beta, \beta, 3\beta) + (2\gamma, 2\gamma, -\gamma)$$
$$= (\alpha + 2\beta + 2\gamma, -\alpha + \beta + 2\gamma, 2\alpha + 3\beta - \gamma) \quad となる。$$

各成分を比較して，

$$\begin{cases} \alpha + 2\beta + 2\gamma = 6 & ……② \\ -\alpha + \beta + 2\gamma = 3 & ……③ \\ 2\alpha + 3\beta - \gamma = -2 & ……④ \end{cases} となる。$$

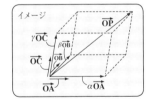
イメージ

②－③より，　$2\alpha + \beta = 3$　∴ $\beta = 3 - 2\alpha$ ……⑤

③＋2×④より，　$3\alpha + 7\beta = -1$ ……⑥

⑤を⑥に代入して，　$3\alpha + 7(3 - 2\alpha) = -1$　　$3\alpha + 21 - 14\alpha = -1$

$-11\alpha = -22$　　∴ $\alpha = 2$ ……⑦

⑦を⑤に代入して，　$\beta = 3 - 2 \times 2 = -1$ ……⑧

⑦，⑧を④に代入して，$2 \times 2 + 3 \times (-1) - \gamma = -2$　　$1 - \gamma = -2$　∴ $\gamma = 3$

以上より，$\alpha = 2$，$\beta = -1$，$\gamma = 3$ ……(答)

$\vec{p} = (2\sqrt{3},\ 8,\ \sqrt{3})$ と直交するベクトル $\vec{a} = (3,\ y_1,\ 2)$ がある。

(1) y_1 を求め，$\vec{a}$ の大きさ $|\vec{a}|$ を求めよ。

(2) $\vec{a}$ と逆向きの大きさ 5 のベクトル $\vec{b}$ を求めよ。

ヒント！ (1) $\vec{p} \perp \vec{a}$ (垂直) より，$\vec{p} \cdot \vec{a} = 0$ だね。(2) 一般に，$\vec{a}\,(\neq \vec{0})$ と同じ向きの単位ベクトルは $\dfrac{1}{|\vec{a}|}\vec{a}$，逆向きの単位ベクトルは $-\dfrac{1}{|\vec{a}|}\vec{a}$ となる。

解答＆解説

(1) $\vec{p} = (2\sqrt{3},\ 8,\ \sqrt{3})$，$\vec{a} = (3,\ y_1,\ 2)$

があり，$\vec{p} \perp \vec{a}$ (垂直) より，

$\vec{p} \cdot \vec{a} = \boxed{2\sqrt{3} \times 3 + 8 \cdot y_1 + \sqrt{3} \times 2 = 0}$

> $\vec{a} = (x_1,\ y_1,\ z_1)$, $\vec{b} = (x_2,\ y_2,\ z_2)$ について，$\vec{a} \perp \vec{b}$ (垂直) ならば，$\vec{a} \cdot \vec{b} = x_1 x_2 + y_1 y_2 + z_1 z_2 = 0$ となる。

$6\sqrt{3} + 2\sqrt{3} + 8y_1 = 0$　　$8y_1 = -8\sqrt{3}$　　$\therefore y_1 = -\sqrt{3}$　……………(答)

よって，$\vec{a} = (3,\ -\sqrt{3},\ 2)$ より，$\vec{a}$ の大きさ $|\vec{a}|$ は，

$|\vec{a}| = \sqrt{3^2 + (-\sqrt{3})^2 + 2^2} = \sqrt{16} = 4$　………………(答)

$\underset{9 + 3 + 4 = 16}{}$

(2) $|\vec{a}| = 4$ より，$\vec{a}$ と同じ向きの

単位ベクトルを $\vec{e}$ とおくと，

$\vec{e} = \dfrac{1}{|\vec{a}|}\vec{a} = \dfrac{1}{4}\vec{a}$

> $\vec{a}$ を自分自身の大きさ $|\vec{a}|$ で割ると，$\vec{a}$ と同じ向きの単位ベクトル $\vec{e}$ になる。

よって，$\vec{a}$ と逆向きの

単位ベクトルは $-\vec{e}$ で

あり，これに 5 をかけ

ると，$\vec{a}$ と逆向きの大

きさ 5 のベクトル $\vec{b}$ になる。よって，

イメージ

$|\vec{a}| = 4$　$\vec{a}$

$-\vec{e} = -\dfrac{1}{4}\vec{a}$　$\vec{e} = \dfrac{1}{4}\vec{a}$

$|\vec{b}| = 5$

$\vec{b} = -5\vec{e} = -\dfrac{5}{4}\vec{a}$

$\vec{b} = -5\vec{e} = -5 \cdot \dfrac{1}{4}\vec{a} = -\dfrac{5}{4}(3,\ -\sqrt{3},\ 2)$

$= \left(-\dfrac{15}{4},\ \dfrac{5\sqrt{3}}{4},\ -\dfrac{5}{2}\right)$　である。　………………(答)

初めからトライ！問題 124　　ベクトルのなす角　　CHECK 1　CHECK 2　CHECK 3

次の 2 つのベクトルのなす角 θ について，$\cos\theta$ の値を求めよ。

(1) $\vec{a} = (4,\ 0,\ -3)$, $\vec{b} = (2,\ -1,\ 2)$

(2) $\vec{p} = (1,\ 1,\ -\sqrt{2})$, $\vec{q} = (\sqrt{2},\ 0,\ 2)$

ヒント！ 一般に，$\vec{a} = (x_1,\ y_1,\ z_1)$, $\vec{b} = (x_2,\ y_2,\ z_2)$ のとき，$\vec{a}$ と $\vec{b}$ のなす角 θ の

余弦 $(\cos\theta)$ は，$\cos\theta = \dfrac{\vec{a}\cdot\vec{b}}{|\vec{a}||\vec{b}|} = \dfrac{x_1x_2+y_1y_2+z_1z_2}{\sqrt{x_1^2+y_1^2+z_1^2}\cdot\sqrt{x_2^2+y_2^2+z_2^2}}$ で求めるんだね。

解答＆解説

(1) $\vec{a} = (4,\ 0,\ -3)$, $\vec{b} = (2,\ -1,\ 2)$ より，$\vec{a}$ と $\vec{b}$ のなす角 θ の余弦 $(\cos\theta)$ の値を求める。まず，$|\vec{a}|$ と $|\vec{b}|$ と $\vec{a}\cdot\vec{b}$ を求めると，

$$\begin{cases} |\vec{a}| = \sqrt{4^2+0^2+(-3)^2} = \sqrt{16+9} = \sqrt{25} = 5 \\ |\vec{b}| = \sqrt{2^2+(-1)^2+2^2} = \sqrt{4+1+4} = \sqrt{9} = 3 \\ \vec{a}\cdot\vec{b} = 4\cdot 2 + 0\cdot(-1) + (-3)\cdot 2 = 8-6 = 2 \quad \text{である。} \end{cases}$$

よって，$\vec{a}\cdot\vec{b} = |\vec{a}||\vec{b}|\cos\theta$ より，

$$\cos\theta = \frac{\vec{a}\cdot\vec{b}}{|\vec{a}||\vec{b}|} = \frac{2}{5\cdot 3} = \frac{2}{15} \quad \text{である。} \cdots\cdots(答)$$

(2) $\vec{p} = (1,\ 1,\ -\sqrt{2})$, $\vec{q} = (\sqrt{2},\ 0,\ 2)$ より，$\vec{p}$ と $\vec{q}$ のなす角 θ の余弦 $(\cos\theta)$ の値を求める。まず，$|\vec{p}|$ と $|\vec{q}|$ と $\vec{p}\cdot\vec{q}$ を求めると，

$$\begin{cases} |\vec{p}| = \sqrt{1^2+1^2+(-\sqrt{2})^2} = \sqrt{1+1+2} = \sqrt{4} = 2 \\ |\vec{q}| = \sqrt{(\sqrt{2})^2+0^2+2^2} = \sqrt{2+4} = \sqrt{6} \\ \vec{p}\cdot\vec{q} = 1\cdot\sqrt{2} + 1\cdot 0 + (-\sqrt{2})\cdot 2 = \sqrt{2}-2\sqrt{2} = -\sqrt{2} \quad \text{である。} \end{cases}$$

よって，$\vec{p}\cdot\vec{q} = |\vec{p}||\vec{q}|\cos\theta$ より，

$$\cos\theta = \frac{\vec{p}\cdot\vec{q}}{|\vec{p}||\vec{q}|} = \frac{-\sqrt{2}}{2\cdot\sqrt{6}} = -\frac{\sqrt{2}}{2\cdot\sqrt{3}\cdot\sqrt{2}} = -\frac{\sqrt{3}}{6} \quad \cdots\cdots(答)$$

分子・分母に $\sqrt{3}$ をかけて

xyz座標空間上に 3 点 A$(1, 2, 1)$，B$(3, -1, 2)$，C$(6, -2, 0)$ がある。
次の各問いに答えよ。

(1)$\overrightarrow{AB}$ と $\overrightarrow{AC}$ の大きさ $|\overrightarrow{AB}|$ と $|\overrightarrow{AC}|$，および内積 $\overrightarrow{AB}\cdot\overrightarrow{AC}$ を求めよ。

(2)$\overrightarrow{AB}$ と $\overrightarrow{AC}$ のなす角 θ を求め，△ABC の面積 S を求めよ。
　　(ただし，$0 \leqq \theta \leqq \pi$ とする)

ヒント！ (1) $\overrightarrow{AB}=\overrightarrow{OB}-\overrightarrow{OA}$，$\overrightarrow{AC}=\overrightarrow{OC}-\overrightarrow{OA}$ のそれぞれの大きさと内積は公式通り求めればいいね。(2)△ABC の面積 S は，$S=\dfrac{1}{2}|\overrightarrow{AB}||\overrightarrow{AC}|\sin\theta$ から求めればいい。もちろん，$S=\dfrac{1}{2}\sqrt{|\overrightarrow{AB}|^2\cdot|\overrightarrow{AC}|^2-(\overrightarrow{AB}\cdot\overrightarrow{AC})^2}$ は空間ベクトルにおいても使える公式なので，これを用いて求めてもいいよ。

解答＆解説

(1)$\overrightarrow{OA}=(1, 2, 1)$，$\overrightarrow{OB}=(3, -1, 2)$，$\overrightarrow{OC}=(6, -2, 0)$ より，

$$\begin{cases} \overrightarrow{AB}=\overrightarrow{OB}-\overrightarrow{OA}=(3, -1, 2)-(1, 2, 1) \quad \text{←} \boxed{\text{まわり道の原理}} \\ \qquad =(3-1, -1-2, 2-1)=(2, -3, 1) \\ \overrightarrow{AC}=\overrightarrow{OC}-\overrightarrow{OA}=(6, -2, 0)-(1, 2, 1) \quad \text{←} \boxed{\text{まわり道の原理}} \\ \qquad =(6-1, -2-2, 0-1)=(5, -4, -1) \end{cases}$$

$\overrightarrow{AB}=(2, -3, 1)$，$\overrightarrow{AC}=(5, -4, -1)$ より，

・$|\overrightarrow{AB}|=\sqrt{2^2+(-3)^2+1^2}=\sqrt{4+9+1}=\sqrt{14}$ ……①　……(答)

・$|\overrightarrow{AC}|=\sqrt{5^2+(-4)^2+(-1)^2}=\sqrt{25+16+1}=\sqrt{42}$ ……②　……(答)

・$\overrightarrow{AB}\cdot\overrightarrow{AC}=2\times 5+(-3)\times(-4)+1\times(-1)$
　　　　　　　$=10+12-1=21$ ……③　……(答)

(2)$\overrightarrow{AB}$ と $\overrightarrow{AC}$ のなす角を θ とおくと，

$\overrightarrow{AB}\cdot\overrightarrow{AC}=|\overrightarrow{AB}||\overrightarrow{AC}|\cos\theta$ より，①，②，③を用いて，

$$\cos\theta=\frac{\overrightarrow{AB}\cdot\overrightarrow{AC}}{|\overrightarrow{AB}||\overrightarrow{AC}|}=\frac{21}{\underset{\sqrt{14\times 3}}{\sqrt{14}\cdot\sqrt{42}}}=\frac{\overset{3}{\cancel{21}}}{\underset{2}{14}\sqrt{3}}=\frac{3}{2\sqrt{3}}=\frac{\sqrt{3}\cdot\sqrt{3}}{2\sqrt{3}}=\frac{\sqrt{3}}{2}$$

ここで，$0 \leqq \theta \leqq \pi$ より，$\theta = \dfrac{\pi}{6}\ (=30°)$ である。 $\cdots\cdots\cdots\cdots\cdots\cdots\cdots\cdots$(答)

よって，$\triangle ABC$ の面積 S は，

$$S = \dfrac{1}{2}\ \underbrace{|\overrightarrow{AB}|}_{\sqrt{14}}\ \underbrace{|\overrightarrow{AC}|}_{\sqrt{42}}\ \underbrace{\sin\dfrac{\pi}{6}}_{\frac{1}{2}}$$

①, ②より

$$= \dfrac{1}{2}\cdot\underbrace{\sqrt{14}\cdot\sqrt{42}}\cdot\dfrac{1}{2}$$
$$\underline{\sqrt{14}\cdot\sqrt{14}\cdot\sqrt{3} = 14\sqrt{3}}$$

$$= \dfrac{14\sqrt{3}}{4} = \dfrac{7\sqrt{3}}{2} \quad である。 \cdots\cdots\cdots\cdots(答)$$

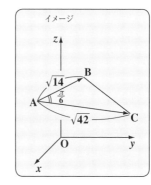

イメージ

別解

空間ベクトルにおいても，$\triangle ABC$ の面積 S を求める公式として，

$$S = \dfrac{1}{2}\sqrt{\underbrace{|\overrightarrow{AB}|^2}_{(\sqrt{14})^2}\cdot\underbrace{|\overrightarrow{AC}|^2}_{(\sqrt{42})^2}-\underbrace{(\overrightarrow{AB}\cdot\overrightarrow{AC})^2}_{21}} \quad を利用できるので，$$

これに①, ②, ③を代入して求めると，

$$S = \dfrac{1}{2}\sqrt{\underbrace{14\times42}-21^2} = \dfrac{1}{2}\sqrt{\underbrace{21}\times(\underbrace{28-21})} = \dfrac{1}{2}\sqrt{3\times\underbrace{7^2}}$$
$$\underline{14\times2\times21 = 28\times21} \quad \underline{3\cdot7} \quad \underline{7}$$

$$= \dfrac{7\sqrt{3}}{2} \quad となって，同じ結果が導けるんだね。$$

$\left(\begin{array}{l}ただし，三角形の面積公式 \ S = \dfrac{1}{2}|x_1y_2 - x_2y_1| \ は，平面ベクトルに\\ ついてのものなので，これは，空間ベクトルでは利用できない。\end{array}\right)$

2 つのベクトル $\vec{a} = (\alpha, -1, 3)$, $\vec{b} = (-6, 3, \beta)$ がある。

(1) $\vec{a}$ と $\vec{b}$ が平行であるとき, α と β の値を求めよ。

(2) $\vec{a}$ と $\vec{b}$ が垂直で, かつ $|\vec{a}| = \sqrt{14}$ のとき, α と β の値を求めよ。

> **ヒント!** 一般に, $\vec{a} = (x_1, y_1, z_1)$ と $\vec{b} = (x_2, y_2, z_2)$ が, (i) 平行のとき $\frac{x_1}{x_2} = \frac{y_1}{y_2} = \frac{z_1}{z_2}$ であり, (ii) 垂直のとき $x_1 x_2 + y_1 y_2 + z_1 z_2 = 0$ となるんだね。

解答&解説

$\vec{a} = (\alpha, -1, 3)$, $\vec{b} = (-6, 3, \beta)$ について,

(1) $\vec{a} \parallel \vec{b}$ (平行) のとき,

$$\underset{(\text{i})}{\frac{\alpha}{-6}} = \underset{(\text{ii})}{\frac{-1}{3}} = \frac{3}{\beta} \quad \text{となる。} \quad (\beta \neq 0)$$

> $\vec{a} \parallel \vec{b}$ のとき, $\vec{a} = k\vec{b}$ から,
> $(\alpha, -1, 3) = (-6k, 3k, \beta k)$
> $\therefore \alpha = -6k, \; -1 = 3k, \; 3 = \beta k$ より,
> $\frac{\alpha}{-6} = \frac{-1}{3} = \frac{3}{\beta} \; (= k)$ となる。

(i) $\frac{\alpha}{-6} = -\frac{1}{3}$ より, $\alpha = -\frac{1}{3} \times (-6) = 2$ ······························(答)

(ii) $\frac{3}{\beta} = -\frac{1}{3}$ より, $\beta = 3 \times (-3) = -9$ ·····························(答)

(2) $\vec{a} \perp \vec{b}$ (垂直) のとき,

$\vec{a} \cdot \vec{b} = \alpha \cdot (-6) + (-1) \cdot 3 + 3\beta = \boxed{-6\alpha + 3\beta - 3 = 0}$ より,

$\underline{2\alpha - \beta + 1 = 0} \quad \therefore \beta = 2\alpha + 1 \cdots\cdots\cdots$① となる。

> 両辺を -3 で割った

また, $|\vec{a}| = \sqrt{\alpha^2 + (-1)^2 + 3^2} = \boxed{\sqrt{\alpha^2 + 10} = \sqrt{14}}$ より,

$\alpha^2 + 10 = 14 \qquad \alpha^2 = 4 \qquad \therefore \alpha = \pm\sqrt{4} = \pm 2$

・$\alpha = 2$ のとき, ①より, $\beta = 2 \times 2 + 1 = 5$ ·····························(答)

・$\alpha = -2$ のとき, ①より, $\beta = 2 \times (-2) + 1 = -3$ ·····················(答)

　内分・外分公式　 CHECK *1* 　CHECK *2* 　CHECK *3*

2 点 A$(4, -2, 5)$, B$(1, 3, -2)$ がある。

(1) 線分 AB を $3 : 1$ に内分する点 P の座標を求めよ。

(2) 線分 AB を $1 : 3$ に外分する点 Q の座標を求めよ。

(3) △OPQ の重心 G の座標を求めよ。(ただし, O$(0, 0, 0)$ とする。)

ヒント！ (1) 内分点の公式より, $\overrightarrow{OP} = \dfrac{1 \cdot \overrightarrow{OA} + 3 \cdot \overrightarrow{OB}}{3 + 1}$, (2) 外分点の公式より,

$\overrightarrow{OQ} = \dfrac{-3 \cdot \overrightarrow{OA} + 1 \cdot \overrightarrow{OB}}{1 - 3}$ を使って解いていこう。

解答&解説

$\overrightarrow{OA} = (4, -2, 5)$, $\overrightarrow{OB} = (1, 3, -2)$ より,

(1) 点 P が線分 AB を $3 : 1$ に内分するとき,

$$\overrightarrow{OP} = \frac{1 \cdot \overrightarrow{OA} + 3 \cdot \overrightarrow{OB}}{3 + 1} = \left(\frac{1 \cdot 4 + 3 \cdot 1}{3 + 1}, \frac{1 \cdot (-2) + 3 \cdot 3}{3 + 1}, \frac{1 \cdot 5 + 3 \cdot (-2)}{3 + 1} \right)$$

$$= \left(\frac{7}{4}, \frac{7}{4}, -\frac{1}{4} \right) \text{ より, } P\left(\frac{7}{4}, \frac{7}{4}, -\frac{1}{4} \right) \quad \cdots (答)$$

(2) 点 Q が線分 AB を $1 : 3$ に外分するとき,

$$\overrightarrow{OQ} = \frac{-3 \cdot \overrightarrow{OA} + 1 \cdot \overrightarrow{OB}}{1 - 3} = \left(\frac{-3 \cdot 4 + 1 \cdot 1}{1 - 3}, \frac{-3 \cdot (-2) + 1 \cdot 3}{1 - 3}, \frac{-3 \cdot 5 + 1 \cdot (-2)}{1 - 3} \right)$$

$$= \left(\frac{11}{2}, -\frac{9}{2}, \frac{17}{2} \right) \text{ より, } Q\left(\frac{11}{2}, -\frac{9}{2}, \frac{17}{2} \right) \quad \cdots (答)$$

(3) $\overrightarrow{OP} = \left(\dfrac{7}{4}, \dfrac{7}{4}, -\dfrac{1}{4} \right)$, $\overrightarrow{OQ} = \left(\dfrac{11}{2}, -\dfrac{9}{2}, \dfrac{17}{2} \right)$ より,

△OPQ の重心を G とおくと,

$$\overrightarrow{OG} = \frac{1}{3}(\overrightarrow{OO} + \overrightarrow{OP} + \overrightarrow{OQ}) = \frac{1}{3}\left\{ \left(\frac{7}{4}, \frac{7}{4}, -\frac{1}{4} \right) + \left(\frac{11}{2}, -\frac{9}{2}, \frac{17}{2} \right) \right\}$$

$$= \frac{1}{3}\left(\frac{7 + 22}{4}, \frac{7 - 18}{4}, \frac{-1 + 34}{4} \right) = \left(\frac{29}{12}, -\frac{11}{12}, \frac{\overset{11}{\cancel{33}}}{\underset{4}{\cancel{12}}} \right) \text{ より,}$$

$$G\left(\frac{29}{12}, -\frac{11}{12}, \frac{11}{4} \right) \quad \cdots (答)$$

イメージ
$\overrightarrow{OG} = \frac{1}{3}(\overrightarrow{OP} + \overrightarrow{OQ})$

xyz 座標空間の動点 P，原点 O，定点 A に対して，$|\overrightarrow{OP}|^2 - 2\overrightarrow{OA} \cdot \overrightarrow{OP} = 0 \cdots\cdots$① が成り立つ。このとき，次の問いに答えよ。

(1) 動点 P の描く図形を求めよ。

(2) $\overrightarrow{OP} = (x, y, z)$，$\overrightarrow{OA} = (1, -2, 2)$ のとき，x, y, z の方程式を求めよ。

ヒント！ (1)①を変形して，$|\overrightarrow{OP} - \overrightarrow{OA}| = r$（球面の方程式）にもち込めばいいんだね。(2) では，球面の方程式 $(x-a)^2 + (y-b)^2 + (z-c)^2 = r^2$ を導こう。

解答＆解説

(1) $|\overrightarrow{OP}|^2 - 2\overrightarrow{OA} \cdot \overrightarrow{OP} = 0 \cdots\cdots$① を変形して，

$|\overrightarrow{OP}|^2 - 2\overrightarrow{OA} \cdot \overrightarrow{OP} + \underline{|\overrightarrow{OA}|^2} = \underline{|\overrightarrow{OA}|^2}$

$|\overrightarrow{OP} - \overrightarrow{OA}|^2 = |\overrightarrow{OA}|^2$　　左辺にたした分，右辺にもたす

$\therefore |\overrightarrow{OP} - \overrightarrow{OA}| = \underline{|\overrightarrow{OA}|} \cdots\cdots$② となる。

中心 A　　これが，半径 r になる

> $p^2 - 2ap = 0$ のとき，
> $p^2 - 2ap + \underline{\underline{a^2}} = 0 + \underline{\underline{a^2}}$
> 2 で割って 2 乗　　左辺にたした分，右辺にもたす
> $(p-a)^2 = a^2$ の変形と同様だ。

よって，動点 P は，右図に示すような中心 A，半径 $r = |\overrightarrow{OA}|$ の球面を描く。$\cdots\cdots$(答)

(2) $\overrightarrow{OP} = (x, y, z)$，$\overrightarrow{OA} = (1, -2, 2)$ のとき，

これを②に代入すると，

$|(x, y, z) - (1, -2, 2)| = |(1, -2, 2)|$

　　　　　　　$\underline{\sqrt{1^2 + (-2)^2 + 2^2} = \sqrt{9} = 3}$

$|(x-1, y+2, z-2)| = 3$

$\sqrt{(x-1)^2 + (y+2)^2 + (z-2)^2} = 3$

この両辺を 2 乗して，動点 P の描く図形（球面）の方程式は，

$\underline{(x-1)^2 + (y+2)^2 + (z-2)^2 = 9}$　である。$\cdots\cdots\cdots\cdots\cdots$(答)

中心 A(1, -2, 2)，半径 r = 3 の球面

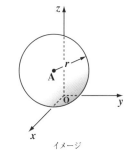

イメージ

初めからトライ！問題 129　　　直線の方程式　　　CHECK *1*　CHECK *2*　CHECK *3*

点 $A(4, 4, -1)$ を通り，方向ベクトル $\vec{d} = (1, 2, -1)$ の直線 L について，次の各問いに答えよ。

(1) 直線 L の方程式を求めよ。

(2) 直線 L と xy 平面との交点 P の座標，および直線 L と zx 平面との交点 Q の座標を求めよ。

ヒント！ (1) 点 $A(x_1, y_1, z_1)$ を通り，方向ベクトル $\vec{d} = (l, m, n)$ の直線 L の方程式は，$\dfrac{x-x_1}{l} = \dfrac{y-y_1}{m} = \dfrac{z-z_1}{n}$ ……⑦ となる。(2) L と xy 平面の交点 P の座標は，$z = 0$ を⑦に代入すれば求まるんだね。zx 平面との交点 Q は⑦に $y = 0$ を代入する。

解答＆解説

(1) 直線 L は，点 $A(4, 4, -1)$ を通り，方向ベクトル $\vec{d} = (1, 2, -1)$ の直線なので，L の方程式は，

$$\dfrac{x-4}{1} = \dfrac{y-4}{2} = \dfrac{\overset{z-(-1)}{\boxed{(z+1)}}}{-1} \quad \text{より,}$$

公式：$\dfrac{x-x_1}{l} = \dfrac{y-y_1}{m} = \dfrac{z-z_1}{n}$

$$x - 4 = \dfrac{y-4}{2} = -(z+1) \cdots\cdots ① \quad \text{となる。} \quad\cdots\cdots\text{(答)}$$

(2)(i) 直線 L と xy 平面 $(z = 0)$ との交点 P の座標は，$z = 0$ を①に代入して，

$$\underset{(ア)}{x-4} = \underset{(イ)}{\dfrac{y-4}{2}} = -1 \quad \text{より,}$$

(ア) $x - 4 = -1$　∴ $x = 3$　　(イ) $\dfrac{y-4}{2} = -1$　$y - 4 = -2$　∴ $y = 2$

∴ $P(3, 2, 0)$ ……………………(答)

(ii) 直線 L と zx 平面 $(y = 0)$ との交点 Q の座標は，$y = 0$ を①に代入して，

$$x - 4 = \boxed{\overset{-2}{\dfrac{-4}{2}}} = -z - 1 \quad \text{より,}$$

(ウ) $x - 4 = -2$　∴ $x = 2$

(エ) $-z - 1 = -2$　∴ $z = 1$

∴ $Q(2, 0, 1)$ ……………………(答)

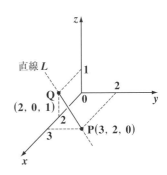

直線 L

Q
$(2, 0, 1)$

$P(3, 2, 0)$

2 点 $A(-1, 2, 1)$，$B(3, 4, 4)$ を通る直線 AB 上に点 $C(\alpha, \beta, -2)$ が あるものとする。このとき，直線 AB の方程式と，α，β の値を求めよ。

ヒント！ 直線 AB は，点 A を通り，方向ベクトル $\overrightarrow{AB}$ の直線なので，これから 方程式が求まるんだね。そして，この方程式に，$x=\alpha$，$y=\beta$，$z=-2$ を代入して， α，β の値を求めればいい。

解答 & 解説

点 $A(-1, 2, 1)$，$B(3, 4, 4)$ より，

$$\overrightarrow{AB} = \overrightarrow{OB} - \overrightarrow{OA}$$
$$= (3, 4, 4) - (-1, 2, 1)$$
$$= (3+1, 4-2, 4-1)$$
$$= (4, 2, 3)$$

よって，直線 AB は点 $A(-1, 2, 1)$ を 通り，方向ベクトル $\overrightarrow{AB} = (4, 2, 3)$ の 直線なので，その方程式は，

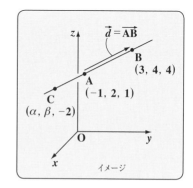

$$\underset{\underbrace{x+1}_{}}{\overset{x-(-1)}{}}$$
$$\frac{\boxed{x+1}}{4} = \frac{y-2}{2} = \frac{z-1}{3} \quad \cdots\cdots\textcircled{1} \quad \cdots\cdots\cdots\cdots\cdots\cdots\cdots\cdots\cdots（答）$$

点 $C(\alpha, \beta, -2)$ が直線 AB 上の点であるとき，この座標を $\textcircled{1}$ の x，y，z に それぞれ代入して成り立つので，

$$\underset{(\text{i})}{\frac{\alpha+1}{4}} = \underset{(\text{ii})}{\frac{\beta-2}{2}} = \boxed{\frac{-2-1}{3}} \quad \overset{\boxed{-\frac{3}{3}=-1}}{}$$

(ⅰ) $\dfrac{\alpha+1}{4} = -1$ より， $\alpha + 1 = -4$ ∴ $\alpha = -4-1 = -5$

(ⅱ) $\dfrac{\beta-2}{2} = -1$ より， $\beta - 2 = -2$ ∴ $\beta = -2+2 = 0$

以上 (ⅰ)(ⅱ) より，$\alpha = -5$，$\beta = 0$ である。 $\cdots\cdots\cdots\cdots\cdots\cdots\cdots\cdots$（答）

4 点 $A(3, -1, 2)$，$B(-2, 3, 2)$，$C(4, 2, 1)$，$D(-3, y, 3)$ がある。
平面 ABC 上に点 D が存在するとき，y の値を求めよ。

ヒント！ 　平面 ABC の方程式は，動点 P を用いると，$\overrightarrow{OP} = \overrightarrow{OA} + s\overrightarrow{AB} + t\overrightarrow{AC}$
$(s, t$：実数$)$で表されるんだね。

解答＆解説

$\overrightarrow{OA} = (3, -1, 2)$，$\overrightarrow{OB} = (-2, 3, 2)$，$\overrightarrow{OC} = (4, 2, 1)$ より，

$$\begin{cases} \cdot \overrightarrow{AB} = \overrightarrow{OB} - \overrightarrow{OA} = (-2, 3, 2) - (3, -1, 2) \\ \qquad = (-2-3, 3+1, 2-2) = (-5, 4, 0) \\ \cdot \overrightarrow{AC} = \overrightarrow{OC} - \overrightarrow{OA} = (4, 2, 1) - (3, -1, 2) \\ \qquad = (4-3, 2+1, 1-2) = (1, 3, -1) \end{cases}$$

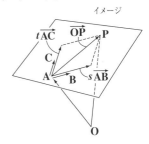
イメージ

よって，平面 ABC 上の動点を P とおくと，

$\overrightarrow{OP} = \overrightarrow{OA} + s\overrightarrow{AB} + t\overrightarrow{AC}$ ………① 　$(s, t$：実数$)$

点 D が平面 ABC 上にあるとき，①の P に D を代入して成り立つ。よって，

$\overrightarrow{OD} = \overrightarrow{OA} + s\overrightarrow{AB} + t\overrightarrow{AC}$

$(-3, y, 3) = (3, -1, 2) + s(-5, 4, 0) + t(1, 3, -1)$

$\qquad\qquad = (3, -1, 2) + (-5s, 4s, 0) + (t, 3t, -t)$

$\qquad\qquad = (3-5s+t, -1+4s+3t, 2-t)$

各成分を比較して，$-3 = 3-5s+t$，$y = -1+4s+3t$，$3 = 2-t$

よって，$\begin{cases} 5s - t = 6 \quad\text{…………}② \\ 4s + 3t - 1 = y \text{………}③ \\ t = -1 \quad\quad\text{…………}④ \end{cases}$

④を②に代入して，$5s + 1 = 6$ 　　$5s = 5$ 　　∴ $s = 1$ 　………⑤

④，⑤を③に代入して，

$y = 4 \times 1 + 3 \times (-1) - 1 = 4 - 3 - 1 = 0$

∴ 求める y の値は，$y = 0$ 　………………………………………………(答)

右図に示すような四面体 OABC がある。
辺 OA を 1 : 1 に内分する点を P，辺 BC
を 1 : 2 に内分する点を Q，線分 PQ を 1 : 3
に内分する点を R とし，直線 OR と△ABC
の交点を S とおく。

ここで，$\overrightarrow{OA} = \vec{a}$，$\overrightarrow{OB} = \vec{b}$，$\overrightarrow{OC} = \vec{c}$ とおく。

このとき，(i) $\overrightarrow{OP}$，(ii) $\overrightarrow{OQ}$，(iii) $\overrightarrow{OR}$，そして (iv) $\overrightarrow{OS}$ を，$\vec{a}$ と $\vec{b}$ と $\vec{c}$ で表せ。

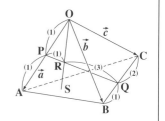

ヒント！　(ii) $\overrightarrow{OQ}$，(iii) $\overrightarrow{OR}$ は，内分点の公式を用いれば，順に求めていける
はずだ。最後の (iv) $\overrightarrow{OS}$ は，$\overrightarrow{OS} = k\overrightarrow{OR}$（$k$：実数）と表され，かつ点 S が△ABC
上の点より，$\overrightarrow{OS} = \alpha\vec{a} + \beta\vec{b} + \gamma\vec{c}$（$\alpha + \beta + \gamma = 1$）と表されることがポイントになる
んだね。頑張ろう！

解答 & 解説

(i) 点 P は辺 OA の中点より，

$$\overrightarrow{OP} = \frac{1}{2}\overrightarrow{OA} = \frac{1}{2}\vec{a} \quad \cdots\cdots ① \quad \cdots\cdots (答)$$

(ii) 点 Q は辺 BC を 1 : 2 に
　内分するので，内分点の
　公式を用いると，

$$\overrightarrow{OQ} = \frac{2 \cdot \overrightarrow{OB} + 1 \cdot \overrightarrow{OC}}{1 + 2}$$

$$= \frac{1}{3}(2\vec{b} + \vec{c}) \quad \cdots\cdots ② \quad \cdots\cdots (答)$$

(iii) 点 R は線分 PQ を 1 : 3 に
　内分するので，内分点の
　公式を用いると，

$$\overrightarrow{OR} = \frac{3 \cdot \overset{\frac{1}{2}\vec{a}}{\overrightarrow{OP}} + 1 \cdot \overset{\frac{1}{3}(2\vec{b}+\vec{c})}{\overrightarrow{OQ}}}{1 + 3} \quad \cdots\cdots ③$$

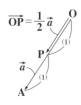

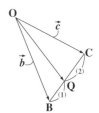

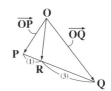

①，②を③に代入して，まとめると，

$$\overrightarrow{\text{OR}} = \frac{1}{4}\left\{ \frac{3}{2}\vec{a} + \frac{1}{3}(2\vec{b} + \vec{c}) \right\} = \frac{1}{4}\left(\frac{3}{2}\vec{a} + \frac{2}{3}\vec{b} + \frac{1}{3}\vec{c} \right)$$

$$= \frac{3}{8}\vec{a} + \frac{1}{6}\vec{b} + \frac{1}{12}\vec{c} \quad \cdots\cdots\cdots④ \quad \cdots\cdots\cdots\cdots\cdots\cdots\text{(答)}$$

(iv) 3点 O，R，S は同一直線上の点より，

$\overrightarrow{\text{OS}} = k\overrightarrow{\text{OR}} \cdots\cdots⑤ \quad (k : 実数)$ となる。

④を⑤に代入して，

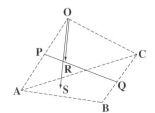

$$\overrightarrow{\text{OS}} = k\left(\frac{3}{8}\vec{a} + \frac{1}{6}\vec{b} + \frac{1}{12}\vec{c} \right)$$

$$= \underset{\boxed{\alpha}}{\frac{3}{8}k\,\vec{a}} + \underset{\boxed{\beta}}{\frac{1}{6}k\,\vec{b}} + \underset{\boxed{\gamma}}{\frac{1}{12}k\,\vec{c}} \quad \cdots\cdots⑤'$$

ここで，$\dfrac{3}{8}k = \alpha$，$\dfrac{1}{6}k = \beta$，$\dfrac{1}{12}k = \gamma$ とおくと，

点 S は △ABC(平面 ABC) 上の点なので，

$\overrightarrow{\text{OS}} = \alpha\vec{a} + \beta\vec{b} + \gamma\vec{c} \quad (\alpha + \beta + \gamma = 1)$ となる。

よって，$\underset{\sim}{\alpha} + \underline{\beta} + \underline{\gamma} = 1$ に，上記の k の式を代入して，

$$\frac{3}{8}k + \frac{1}{6}k + \frac{1}{12}k = 1 \qquad \left(\frac{3}{8} + \frac{1}{6} + \frac{1}{12} \right)k = 1$$

$$\boxed{\frac{9+4+2}{24} = \frac{15}{24} = \frac{5}{8}}$$

$$\frac{5}{8}k = 1 \qquad \therefore k = \frac{8}{5} \quad \cdots\cdots\cdots\cdots⑥$$

⑥を⑤′に代入して，求める $\overrightarrow{\text{OS}}$ は，

$$\overrightarrow{\text{OS}} = \frac{3}{8} \times \frac{8}{5}\vec{a} + \frac{1}{6} \times \frac{8}{5}\vec{b} + \frac{1}{12} \times \frac{8}{5}\vec{c}$$

$$= \frac{3}{5}\vec{a} + \frac{4}{15}\vec{b} + \frac{2}{15}\vec{c} \quad \text{である。} \quad \cdots\cdots\cdots\cdots\cdots\cdots\text{(答)}$$

点 A$(1, 3, 3)$ を通り，法線ベクトル $\vec{n} = (2, -1, 1)$ の平面 α_1 がある。

(1) 平面 α_1 の方程式を求めよ。

(2) 平面 α_1 と平行で，点 B$(4, -1, 5)$ を通る平面 α_2 の方程式を求めよ。

ヒント！　一般に，点 A(x_1, y_1, z_1) を通り，法線ベクトル $\vec{n} = (a, b, c)$ の平面の方程式は，$a(x - x_1) + b(y - y_1) + c(z - z_1) = 0$ となる。また，2 つの平面が平行であるならば，それぞれの法線ベクトルは当然等しいということだね。

解答＆解説

(1) 点 A$(1, 3, 3)$ を通り，法線ベクトル $\vec{n} = (2, -1, 1)$ の平面 α_1 の方程式は，

$$2 \cdot (x - 1) - 1 \cdot (y - 3) + 1 \cdot (z - 3) = 0$$

$2x - 2 - y + \cancel{3} + z - \cancel{3} = 0$　より，

$2x - y + z - 2 = 0$　である。$\cdots\cdots\cdots\cdots\cdots\cdots\cdots\cdots$(答)

(2) 右図に示すように，平面 α_1 と平面 α_2 は，$\alpha_1 /\!/ \alpha_2$(平行) より，平面 α_2 の法線ベクトルは平面 α_1 の法線ベクトル $\vec{n}$ と等しい。

よって，平面 α_2 は，点 B$(4, -1, 5)$ を通り，法線ベクトル $\vec{n} = (2, -1, 1)$ の平面なので，その方程式は，

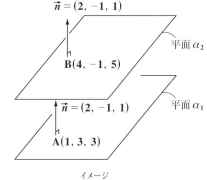

$\vec{n} = (2, -1, 1)$

平面 α_2

B$(4, -1, 5)$

$\vec{n} = (2, -1, 1)$

平面 α_1

A$(1, 3, 3)$

イメージ

$$2 \cdot (x - 4) - 1 \cdot (y + 1) + 1 \cdot (z - 5) = 0$$

$2x - 8 - y - 1 + z - 5 = 0$　より，

$2x - y + z - 14 = 0$　である。$\cdots\cdots\cdots\cdots\cdots\cdots\cdots$(答)

| 平面と直線の交点 | CHECK 1 | CHECK 2 | CHECK 3

xyz 座標空間上に，平面 $\pi : 3x + 2y + z = 0$ と，点 $A(4, -1, 4)$ がある。

(1) 点 A を通り，平面 π に垂直な直線 l の方程式を求めよ。

(2) 平面 π と直線 l の交点 P の座標を求めよ。

ヒント！ (1) 平面 π の法線ベクトル $\vec{n} = (3, 2, 1)$ が，π の垂線 l の方向ベクトルになるんだね。(2) では，直線 l の x, y, z 座標を媒介変数 t で表して解いてみよう。

解答 & 解説

(1) 右図に示すように，

平面 $\pi : \underset{\underset{\boxed{a}}{}}{3} \cdot x + \underset{\underset{\boxed{b}}{}}{2} \cdot y + \underset{\underset{\boxed{c}}{}}{1} \cdot z = 0$ ………①

の垂線 l の方向ベクトルとして，

平面 π の法線ベクトル $\vec{n} = (3, 2, 1)$

を用いればよい。垂線 l は，

点 $A(4, -1, 4)$ を通るので，

その方程式は，

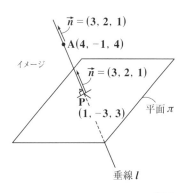

$\dfrac{x-4}{3} = \dfrac{y+1}{2} = \dfrac{z-4}{1}$ ………② となる。 ……………………(答)

(2) l と π の交点 $P(x, y, z)$ は l 上の点より，② $= t$ (媒介変数) とおくと，

$\begin{cases} x = \underline{3t+4} & \text{………③} \\ y = \underline{2t-1} & \text{………④} \\ z = \underline{t+4} & \text{………⑤ となる。} \end{cases}$

> $\dfrac{x-4}{3} = t$ より，$x = 3t+4$ だね。$\dfrac{y+1}{2} = t$ より，$y = 2t-1$ だね。$z-4 = t$ より，$z = t+4$ だね。

つまり，$P(\underline{3t+4}, \underline{2t-1}, \underline{t+4})$ とおける。次に，P は①の平面 π 上の点でもあるので，これらの座標を①に代入しても成り立つ。よって，

$3\widehat{(3t+4)} + 2\widehat{(2t-1)} + 1 \cdot \widehat{(t+4)} = 0$ $\qquad 9t + 12 + 4t - 2 + t + 4 = 0$

$14t + 14 = 0 \qquad 14t = -14$ より，$t = -1$

これを③，④，⑤に代入すると，交点 P の座標は，

$P(3 \times (-1) + 4, 2 \times (-1) - 1, -1 + 4)$ より，$P(1, -3, 3)$ である。 ………(答)

1. **2 点 A(x_1, y_1, z_1), B(x_2, y_2, z_2) 間の距離**

$$AB = \sqrt{(x_1 - x_2)^2 + (y_1 - y_2)^2 + (z_1 - z_2)^2}$$

2. **空間ベクトルの 1 次結合**

3つの **1 次独立なベクトル** $\vec{a}, \vec{b}, \vec{c}$ により，任意の空間ベクトル $\vec{p}$ は，

$\vec{p} = s\vec{a} + t\vec{b} + u\vec{c}$ （s, t, u：実数） と表される。

3. **空間ベクトル $\vec{a}$ の大きさ $|\vec{a}|$**

$\vec{a} = (x_1, y_1, z_1)$ のとき，$|\vec{a}| = \sqrt{x_1{}^2 + y_1{}^2 + z_1{}^2}$

4. **空間ベクトル $\vec{a}$ と $\vec{b}$ の内積 $\vec{a} \cdot \vec{b}$**

$\vec{a} = (x_1, y_1, z_1)$, $\vec{b} = (x_2, y_2, z_2)$ のとき，

$\vec{a} \cdot \vec{b} = |\vec{a}||\vec{b}|\cos\theta = x_1 x_2 + y_1 y_2 + z_1 z_2$ （θ：$\vec{a}$ と $\vec{b}$ のなす角）

5. **空間ベクトルの内分点の公式**

A(x_1, y_1, z_1), B(x_2, y_2, z_2) のとき，線分 AB を $m:n$ に内分する

点を P とおくと，

$$\overrightarrow{OP} = \frac{n\overrightarrow{OA} + m\overrightarrow{OB}}{m + n} = \left(\frac{nx_1 + mx_2}{m + n}, \frac{ny_1 + my_2}{m + n}, \frac{nz_1 + mz_2}{m + n} \right)$$

6. **球面のベクトル方程式**

$|\overrightarrow{OP} - \overrightarrow{OA}| = r$ （中心 A，半径 r の球面）

7. **直線の方程式**

（ⅰ）点 A(x_1, y_1, z_1) を通り，方向ベクトル $\vec{d} = (l, m, n)$ の直線の

ベクトル方程式：

$\overrightarrow{OP} = \overrightarrow{OA} + t\vec{d}$ （t：媒介変数）

（ⅱ）$\dfrac{x - x_1}{l} = \dfrac{y - y_1}{m} = \dfrac{z - z_1}{n}$ （$= t$）

8. **平面の方程式**

（ⅰ）点 A を通り，2 つの方向ベクトル $\vec{d_1}, \vec{d_2}$ をもつ平面のベクト

ル方程式：$\overrightarrow{OP} = \overrightarrow{OA} + s\vec{d_1} + t\vec{d_2}$ （s, t：媒介変数）

（ⅱ）点 A(x_1, y_1, z_1) を通り，法線ベクトル $\vec{n} = (a, b, c)$ の平面の

方程式：$a(x - x_1) + b(y - y_1) + c(z - z_1) = 0$

第 8 章
CHAPTER

8 数 列

━━━ テーマ ━━━

▶ 等差数列・等比数列

▶ Σ 計算，S_n と a_n の関係

▶ 漸化式（等差型，等比型，
　　　　階差型，等比関数列型）

▶ 数学的帰納法

1. まず，等差数列から始めよう。

(1) 等差数列の**一般項**は**初項**と**公差**から求まる。

初項 a，公差 d の等差数列の一般項 a_n は，

$a_n = a + (n-1)d$ $(n = 1, 2, 3, \cdots)$ となる。

(2) 等差数列の和の公式も押さえよう。

初項 a，公差 d の等差数列 $\{a_n\}$ の初項から第 n 項までの和 S_n は，

$$S_n = \frac{n(a_1 + a_n)}{2} = \frac{n\{2a + (n-1)d\}}{2} \quad (n = 1, 2, 3, \cdots) \text{ となる。}$$

> これは，「（初項＋末項）×（項数）÷2」と覚えよう！

(ex) 初項 $a = 3$，公差 $d = 2$ の等差数列の一般項 a_n と，a_1 から a_n までの
数列の和 S_n を求めよう。

$a_n = 3 + (n-1) \cdot 2 = 3 + 2n - 2 = 2n + 1$

$S_n = \dfrac{n\{2 \cdot 3 + (n-1) \cdot 2\}}{2} = \dfrac{n(6 + 2n - 2)}{2} = \dfrac{n \cdot (2n + 4)}{2} = n(n+2)$

2. 等比数列の基本も押さえよう。

初項 a，公比 r の**等比数列**について，

(1) 一般項は，$a_n = a \cdot r^{n-1}$ $(n = 1, 2, 3, \cdots)$ となる。

(2) 初項から第 n 項までの数列の和 S_n は，

$$S_n = \begin{cases} \dfrac{a(1 - r^n)}{1 - r} & (r \neq 1 \text{ のとき}) \\ na & (r = 1 \text{ のとき}) \end{cases} \quad (n = 1, 2, 3, \cdots) \text{ となる。}$$

(ex) 初項 $a = 4$，公比 $r = 2$ の等比数列の一般項 a_n と，a_1 から a_n までの
数列の和 S_n を求めよう。

$a_n = a \cdot r^{n-1} = 4 \cdot 2^{n-1} = 2^2 \cdot 2^{n-1} = 2^{2+n-1} = 2^{n+1}$

$S_n = \dfrac{a(1 - r^n)}{1 - r} = \dfrac{4 \cdot (1 - 2^n)}{1 - 2} = \dfrac{4(1 - 2^n)}{-1} = 4(2^n - 1)$

3. Σ 計算をマスターしよう。

(1) Σ 計算の **6** つの公式を使いこなそう。

(i) $\displaystyle\sum_{k=1}^{n} k = 1 + 2 + 3 + \cdots + n = \frac{1}{2}n(n+1)$

(ii) $\displaystyle\sum_{k=1}^{n} k^2 = 1^2 + 2^2 + 3^2 + \cdots + n^2 = \frac{1}{6}n(n+1)(2n+1)$

(iii) $\displaystyle\sum_{k=1}^{n} k^3 = 1^3 + 2^3 + 3^3 + \cdots + n^3 = \frac{1}{4}n^2(n+1)^2$ （n：自然数）

(iv) $\displaystyle\sum_{k=1}^{n} c = c + c + c + \cdots + c = nc$ （c：定数）

(v) $\displaystyle\sum_{k=1}^{n} ar^{k-1} = a + ar + ar^2 + \cdots + ar^{n-1} = \frac{a(1-r^n)}{1-r}$ （$r \neq 1$ のとき）

(vi) $\displaystyle\sum_{k=1}^{n} (I_k - I_{k+1}) = (I_1 - I_2) + (I_2 - I_3) + \cdots + (I_n - I_{n+1})$
$$= I_1 - I_{n+1} \quad （n：自然数）$$

(2) Σ 計算の **2** つの性質も重要だ。

(i) $\displaystyle\sum_{k=1}^{n} (a_k + b_k) = \sum_{k=1}^{n} a_k + \sum_{k=1}^{n} b_k$

> これは引き算でも同様に成り立つ。
> $\displaystyle\sum_{k=1}^{n} (a_k - b_k) = \sum_{k=1}^{n} a_k - \sum_{k=1}^{n} b_k$

(ii) $\displaystyle\sum_{k=1}^{n} c \cdot a_k = c\sum_{k=1}^{n} a_k$ （c：定数）

$(ex)\displaystyle\sum_{k=1}^{n} (6k^2 + 2k) = 6\sum_{k=1}^{n} k^2 + 2\sum_{k=1}^{n} k = 6 \cdot \frac{1}{6}n(n+1)(2n+1) + 2 \cdot \frac{1}{2}n(n+1)$
$$= n(n+1)(2n+1+1) = 2n(n+1)^2$$

4. S_n から一般項 a_n を求めることができる。

$S_n = a_1 + a_2 + \cdots + a_n = f(n)$ （$n = 1, 2, 3, \cdots$） が与えられた場合，

(i) $a_1 = S_1$

> これは，$n^2 - n$ や，2^n など，何か（n の式）のことだ。

(ii) $n \geq 2$ のとき，$a_n = S_n - S_{n-1}$ となる。

$(ex) S_n = n^2$ のとき，

(i) $a_1 = S_1 = 1^2 = 1$

(ii) $n \geq 2$ のとき，
$$a_n = S_n - S_{n-1} = n^2 - (n-1)^2 = n^2 - (n^2 - 2n + 1) = 2n - 1$$
（これは，$n = 1$ のときもみたす）

以上 (i)(ii) より，$a_n = 2n - 1$ （$n = 1, 2, 3, \cdots$）

5. 等差・等比・階差数列型の漸化式(ぜんかしき)を頭に入れよう。

(1) 等差数列型の**漸化式**と**解**は次の通りだ。

$a_1 = a$, $a_{n+1} = a_n + d$ ($n = 1, 2, 3, \cdots$) のとき, ←漸化式

一般項 $a_n = a + (n-1)d$ ($n = 1, 2, 3, \cdots$) となる。←解

(2) 等比数列型の漸化式と解も押さえよう。

$a_1 = a$, $a_{n+1} = r \cdot a_n$ ($n = 1, 2, 3, \cdots$) のとき, ←漸化式

一般項 $a_n = a \cdot r^{n-1}$ ($n = 1, 2, 3, \cdots$) となる。←解

(3) 階差数列型の漸化式の解では a_1 は別扱いになる。

$a_1 = a$, $a_{n+1} - a_n = b_n$ ($n = 1, 2, 3, \cdots$) のとき, ←漸化式

$n \geq 2$ で, $a_n = a_1 + \sum\limits_{k=1}^{n-1} b_k$ となる。←解 ただし, a_1 は別扱い

(ex) $a_1 = 5$, $\underline{a_{n+1} = 3 \cdot a_n}$ のとき, 一般項 $\underline{a_n = a_1 \cdot r^{n-1} = 5 \cdot 3^{n-1}}$ となる。

公比 $r = 3$ の等比数列型漸化式 / 解

6. 等比関数列型漸化式(とうひかんすうれつがた)は, 等比数列型漸化式と同様に解が求まる。

・等比関数列型漸化式

$F(n+1) = r \cdot F(n)$ ならば,

$F(n) = F(1) \cdot r^{n-1}$ と変形できる。

($n = 1, 2, 3, \cdots$)

・等比数列型漸化式

$a_{n+1} = r \cdot a_n$ のとき,

$a_n = a_1 \cdot r^{n-1}$ となる。

($n = 1, 2, 3, \cdots$)

(ex) $a_1 = 1$, $a_{n+1} + 1 = 2(a_n + 1)$ のとき,

$\quad [F(n+1) = 2 \; F(n)]$

$\quad a_n + 1 = (a_1 + 1) \cdot 2^{n-1} = (1+1) \cdot 2^{n-1} = 2^n$

$\quad [\; F(n) = \; F(1) \; \cdot 2^{n-1}\;]$

$\therefore$ 一般項 $a_n = 2^n - 1$ ($n = 1, 2, 3, \cdots$) となる。

(ex) $a_1 = 4$, $a_{n+1} + 2^{n+1} = 3(a_n + 2^n)$ のとき,

$\quad [\; F(n+1) \; = 3 \; F(n)\;]$

$\quad a_n + 2^n = (a_1 + 2^1) \cdot 3^{n-1} = 6 \cdot 3^{n-1} = 2 \cdot 3^n$

$\quad [\; F(n) = \; F(1) \; \cdot 3^{n-1}\;]$

$\therefore$ 一般項 $a_n = 2 \cdot 3^n - 2^n$ ($n = 1, 2, 3, \cdots$) となる。

7. 数学的帰納法は，ドミノ倒し理論でマスターしよう。

(1) まず，ドミノ倒し理論を押さえよう。

(ⅰ) まず，1 番目のドミノを倒す。

(ⅱ) 次に，k 番目のドミノが倒れるとしたら，

$k+1$ 番目のドミノが倒れる。

(ⅰ) 1 番目のドミノを倒す。　(ⅱ) k 番目のドミノが倒れる
としたら，$k+1$ 番目のド
ミノが倒れる。

> この k は，
> **1, 2, 3, …**
> のなんでも
> かまわない。

> これで，1 番目のドミノが倒れたら，2 番目のドミノが倒れる。そして，2 番目
> が倒れたら，3 番目が倒れる。さらに，3 番目が倒れたら，4 番目が倒れる…，
> と同様の操作が繰り返されるので，$n = 1, 2, 3, \cdots$ と並んだすべてのドミノを倒
> すことができるんだね。

(2) 数学的帰納法をマスターしよう。

(n の命題) ……(*)　($n = 1, 2, 3, \cdots$)

が成り立つことを数学的帰納法により示す。

(ⅰ) $n = 1$ のとき，……　∴ 成り立つ。

> これは (ⅰ) 1 番目
> のドミノを倒すこ
> とと同じだね。

(ⅱ) $n = k$　($k = 1, 2, 3, \cdots$) のとき (*) が

成り立つと仮定して，$n = k+1$ のとき

について調べる。

> これは (ⅱ) k 番目のド
> ミノが倒れるとしたら，
> $k+1$ 番目のドミノも倒
> れることと同じだね。

……………………………………………………

∴ $n = k+1$ のときも成り立つ。

以上 (ⅰ)(ⅱ) より，任意の自然数 n に対し

て (*) は成り立つ。

初項 $a = 4$，公差 $d = \dfrac{1}{2}$ の等差数列 $\{a_n\}$ がある。次の各問いに答えよ。

(1) 一般項 a_n を求め，a_{11} と a_{101} を求めよ。

(2) 初項から第 n 項までの数列の和 S_n を求めよ。

ヒント！ 　一般に，初項 a，公差 d の等差数列 $\{a_n\}$ の一般項は，$a_n = a + (n-1)d$ であり，初項から第 n 項までの和 S_n は，$S_n = \dfrac{\{2a + (n-1)d\} \cdot n}{2}$ で求まるんだね。まず，公式通りに解いてみよう。

解答＆解説

(1) 初項 $a = 4$，公差 $d = \dfrac{1}{2}$ の等差数列 $\{a_n\}$ の一般項 a_n は，

$$a_n = a + (n-1) \cdot d = 4 + (n-1) \cdot \frac{1}{2} = \frac{1}{2}n + 4 - \frac{1}{2} \ \text{より，}$$

$$a_n = \frac{1}{2}n + \frac{7}{2} \ \cdots\cdots\cdots ① \quad (n = 1, 2, 3, \cdots) \ \text{である。} \cdots\cdots\cdots\text{(答)}$$

一般項 a_n が求まると，a_{11} は，n に 11 を代入して，また a_{101} は n に 101 を代入すればすぐに求まる。これが，一般項の威力なんだね。

①の両辺に $n = 11$ と $n = 101$ を代入して，a_{11} と a_{101} を求めると，

$$a_{11} = \frac{11}{2} + \frac{7}{2} = \frac{18}{2} = 9, \ a_{101} = \frac{101}{2} + \frac{7}{2} = \frac{108}{2} = 54 \ \cdots\cdots\cdots\text{(答)}$$

(2) 初項 $a_1(= a)$ から第 n 項 $a_n(= a + (n-1)d)$ までの和 S_n は，

$$S_n = \frac{(\overset{a}{(a_1)} + \overset{a+(n-1)d}{(a_n)}) \cdot n}{2} = \frac{\{2\overset{4}{(a)} + (n-1)\overset{\frac{1}{2}}{(d)}\} \cdot n}{2}$$

$$= \frac{\left\{8 + \frac{1}{2}(n-1)\right\}n}{2} \ \xleftarrow{\text{分子・分母に } 2 \text{ をかけて}} \ = \frac{(16 + n - 1)n}{4}$$

$$\therefore S_n = \frac{1}{4}n(n + 15) \quad (n = 1, 2, 3, \cdots) \ \cdots\cdots\cdots\text{(答)}$$

初めからトライ！問題 136　　　等差数列　　　CHECK 1　CHECK 2　CHECK 3

第 10 項が $b_{10} = 33$，第 30 項が $b_{30} = 93$ である等差数列 $\{b_n\}$ がある。次の各問いに答えよ。

(1) 数列 $\{b_n\}$ の一般項 $b_n (n = 1, 2, 3, \cdots)$ を求めよ。

(2) 第 10 項 b_{10} から第 30 項 b_{30} までの数列の和 T を求めよ。

ヒント！　(1)$b_n = b + (n-1)d$（初項 b，公差 d）より，$b_{10} = b + 9d$，$b_{30} = b + 29d$ から b と d の値を求めよう。(2)は，b_{10} から b_{30} までの項数をシッカリ押さえよう。

解答＆解説

(1) 等差数列 $\{b_n\}$ の初項を b，公差を d とおくと，一般項 b_n は，

$b_n = b + (n-1)d$ ……① となる。よって，

$$\begin{cases} b_{10} = \boxed{b + 9d = 33} & \cdots\cdots② \\ b_{30} = \boxed{b + 29d = 93} & \cdots\cdots③ \end{cases}$$ より，

これを解いて，$b = 6$，$d = 3$ となる。

> ③－②より，$20d = 60$
> $\therefore d = \dfrac{60}{20} = 3$　これを②に
> 代入して，$b + 9 \times 3 = 33$
> $b = 33 - 27 = 6$

これを①に代入して，一般項 b_n は，

$b_n = 6 + (n-1) \cdot 3 = 3n + 3$　$(n = 1, 2, 3, \cdots)$ である。………………(答)

(2) $b_{10} = 33$ から $b_{30} = 93$ までの和 T を求めると，

$T = \underbrace{b_{10}}_{\text{初項 } 33} + b_{11} + b_{12} + \cdots + \underbrace{b_{30}}_{\text{末項 } 93}$　より，等差数列の和の公式

> 数列では，このように，1 刻みで増えていく数が必ず存在する！

$T = \dfrac{(\overset{\text{初項}}{33} + \overset{\text{末項}}{93}) \times (\text{項数})}{2}$　を使えばいい。ここで，項数は $\underset{\text{最初の数}}{10}$, 11, 12, $\cdots$, $\underset{\text{最後の数}}{30}$ より，

$(\text{項数}) = \underset{\text{最後の数}}{30} - \underset{\text{最初の数}}{10} + 1 = 21$　となるんだね。

$T = \dfrac{(b_{10} + b_{30}) \times 21}{2} = \dfrac{(33 + 93) \times 21}{2}$

$= \dfrac{126}{2} \times 21 = 63 \times 21 = 1323$　………………………………(答)

第 5 項が $a_5 = 17$，第 10 項が $a_{10} = 7$ である等差数列 $\{a_n\}$ について，次の各問いに答えよ。

(1) 等差数列 $\{a_n\}$ の初項 a と公差 d を求めて，一般項 a_n を求めよ。

(2) 初項から第 n 項までの和 S_n が最大となるときの n の値と，S_n の最大値を求めよ。

ヒント！　(2) 数列 $\{a_n\}$ は，$a_1 > a_2 > a_3 > \cdots$ と，だんだん値が小さくなる数列だけれど，これら各項が正 ($\oplus$) である限り，たしたものが S_n の最大値になるんだね。

解答＆解説

(1) 等差数列 $\{a_n\}$ の初項が a，公差が d より，その一般項 a_n は，

$a_n = a + (n-1)d$ ………① となる。よって，

$$\begin{cases} a_5 = \boxed{a + 4d = 17} & \cdots\cdots② \\ a_{10} = \boxed{a + 9d = 7} & \cdots\cdots③ \end{cases} \text{より，}$$

これを解いて，$a = 25$，$d = -2$ ………(答)

これらを①に代入して，一般項 a_n は，

$a_n = 25 + \overbrace{(n-1) \cdot (-2)}= 25 - 2n + 2$

$\therefore a_n = 27 - 2n$ ………④ $(n = 1, 2, 3, \cdots)$ ……………………(答)

> ③－②より，$5d = -10$
> $\therefore d = -\dfrac{10}{5} = -2$
> これを②に代入して，
> $a - 8 = 17$
> $\therefore a = 17 + 8 = 25$

(2) ④より，$a_1 = \underline{25}$，$a_2 = \underline{23}$，$a_3 = \underline{21}$，$a_4 = \underline{19}$，…と，等差数列 $\{a_n\}$ は，

$\boxed{27 - 2 \cdot 1}$ $\boxed{27 - 2 \cdot 2}$ $\boxed{27 - 2 \cdot 3}$ $\boxed{27 - 2 \cdot 4}$

初項 $a_1 = 25$ から，順に 2 ずつ値が小さくなり，やがて負の値に転ずる。

よって，S_n を最大とする n は，$a_n = \boxed{27 - 2n \geqq 0}$，すなわち $2n \leqq 27$

$n \leqq \dfrac{27}{2} = 13.5$ より，$n = 13$ である。このとき，最大値 S_{13} は，

$$S_{13} = \frac{(a_1 + a_{13}) \times 13}{2} = \frac{(\overset{a_1}{\boxed{25}} + \overset{a_{13} = 27 - 2 \times 13}{\boxed{1}}) \times 13}{2} = 13 \times 13 = 169 \text{ である。} \cdots\cdots(答)$$

> $a_1, a_2, a_3, \cdots$, は, 1日目, 2日目, 3日目, …に貯金箱に入れるお金だと思うといい。すると, $a_1 = 25$ 円, $a_2 = 23$ 円, $a_3 = 21$ 円, …, $a_{13} = 1$ 円と貯金箱に入れる毎日のお金は減っていっても, $\oplus$ である限り入れていけば, 貯金箱の中の合計額である S_n は大きくなる。$a_{14} = -1$ 円, $a_{15} = -3$ 円, …以降は $\ominus$ なので, これを加えると S_n は減ることになる。よって, $n = 13$ のとき S_n は最大値 S_{13} をとるんだね。

初めからトライ！問題138 等比数列 CHECK *1* CHECK *2* CHECK *3*

第 3 項が $a_3 = 2$，第 6 項が $a_6 = \dfrac{1}{4}$ である等比数列 $\{a_n\}$ について，

次の各問いに答えよ。

(1) 等比数列 $\{a_n\}$ の初項 a と公比 r を求めて，一般項 a_n を求めよ。

(2) 初項から第 n 項までの和 S_n を求めよ。

ヒント！ (1)等比数列の一般項は $a_n = a \cdot r^{n-1}$ (a：初項，r：公比)より，$a_3 = ar^2$，

$a_6 = ar^5$ となるんだね。(2)は等比数列の和の公式 $S_n = \dfrac{a(1-r^n)}{1-r}$ ($r \neq 1$) を用い

ればいい。

解答＆解説

(1) 等比数列 $\{a_n\}$ の初項が a，公比が r より，その一般項 a_n は，

$a_n = a \cdot r^{n-1}$ ……………① となる。よって，

$\begin{cases} a_3 = \boxed{a \cdot r^2 = 2} & \cdots\cdots② \\ a_6 = \boxed{a \cdot r^5 = \dfrac{1}{4}} & \cdots\cdots③ \end{cases}$ より，

これを解いて，$a = 8$，$r = \dfrac{1}{2}$ ………(答)

これらを①に代入して，求める一般項

a_n は，次のようになる。

③÷②より，$\dfrac{\cancel{a}r^5}{\cancel{a}r^2} = \dfrac{\frac{1}{4}}{2}$

$r^3 = \dfrac{1}{8} = \left(\dfrac{1}{2}\right)^3$ ∴ $r = \dfrac{1}{2}$

これを②に代入して，

$a \cdot \left(\dfrac{1}{2}\right)^2 = 2$ $\dfrac{1}{4}a = 2$

∴ $a = 2 \times 4 = 8$

$a_n = \underset{(2^3)}{8} \cdot \underset{(2^{-1})^{n-1} = 2^{-1 \times (n-1)} = 2^{-n+1}}{\left(\dfrac{1}{2}\right)^{n-1}} = 2^3 \cdot 2^{-n+1} = 2^{3-n+1} = 2^{4-n} \ (n = 1, 2, 3, \cdots)$ …………(答)

(2) 一般項が $a_n = a \cdot r^{n-1} = 8 \cdot \left(\dfrac{1}{2}\right)^{n-1}$ である数列 $\{a_n\}$ の初項 a から第 n 項

a_n までの和 S_n は，

$S_n = \dfrac{a(1-r^n)}{1-r} = \dfrac{8\left\{1-\left(\dfrac{1}{2}\right)^n\right\}}{1-\dfrac{1}{2}} = \dfrac{8}{\frac{1}{2}} \cdot \left\{1-\left(\dfrac{1}{2}\right)^n\right\} = 16\left(1-\dfrac{1}{2^n}\right)$ ………(答)

$(n = 1, 2, 3, \cdots)$

等比数列の和 $\dfrac{1}{\sqrt{3}}+1+\sqrt{3}+3+\cdots\cdots+3^n$ を求めよ。

ヒント！ 初項 $a=\dfrac{1}{\sqrt{3}}$，公比 $r=\sqrt{3}$ だから，公式：$\dfrac{a(1-r^{(項数)})}{1-r}$ を使って計算すればいい。この (項数) は，数列の和の中で 1 刻みで増えていく数を見つけ，(項数)＝(最後の数)−(最初の数)＋1 で求めればいいんだね。

解答＆解説

$T=\underset{初項a}{\underbrace{\dfrac{1}{\sqrt{3}}}}+1+\sqrt{3}+3+\cdots\cdots+3^n\cdots\cdots①$ とおくと，①は，

> 後は，次々に $\sqrt{3}$ をかけた数の和なので，$r=\sqrt{3}$ の等比数列の和になる。

初項 $a=\dfrac{1}{\sqrt{3}}=\dfrac{1}{3^{\frac{1}{2}}}=3^{-\frac{1}{2}}$，公比 $r=\sqrt{3}=3^{\frac{1}{2}}$ の等比数列の和であり，その項数は，

$T=\underset{\frac{1}{\sqrt{3}}}{3^{\frac{-1}{2}}}+\underset{1}{3^{\frac{0}{2}}}+\underset{\sqrt{3}}{3^{\frac{1}{2}}}+\underset{3}{3^{\frac{2}{2}}}+\cdots\cdots+\underset{3^n}{3^{\frac{2n}{2}}}$ より，

> このように，数列の和では，1 刻みで増えていく数があるので，それを明確にしよう。

$\underset{最後の数}{2n}-\underset{最初の数}{(-1)}+1=2n+1+1=2n+2$ となる。

以上より，求める等比数列の和 T は，$\left[(3^{\frac{1}{2}})^{2n+2}=3^{\frac{1}{2}\cdot(2n+2)}=3^{n+1}\right]$

$T=\dfrac{a(1-r^{(2n+2)})}{1-r}=\dfrac{\dfrac{1}{\sqrt{3}}\{1-(\sqrt{3})^{2n+2}\}}{1-\sqrt{3}}$

$=\dfrac{1-3^{n+1}}{\sqrt{3}(1-\sqrt{3})}$ 分子・分母に −1をかけて $=\dfrac{3^{n+1}-1}{\sqrt{3}(\sqrt{3}-1)}$ 分子・分母に $\sqrt{3}(\sqrt{3}+1)$ をかけて

$=\dfrac{\sqrt{3}(\sqrt{3}+1)(3^{n+1}-1)}{3\cdot(\sqrt{3}-1)(\sqrt{3}+1)}=\dfrac{3+\sqrt{3}}{6}\cdot(3^{n+1}-1)$ ……(答)

$(3-1=2)$

初めからトライ！問題 140　　　Σ計算　　　CHECK 1　CHECK 2　CHECK 3

次の各式の和を求めよ。

(1) $\sum_{k=1}^{n}(2k-1)$　　　(2) $\sum_{k=1}^{n}4k^2(k+3)$　　　(3) $\sum_{k=1}^{n}3^{k+1}$

ヒント！ Σ計算の公式を使って，うまく計算していこう。

解答＆解説

(1) $\sum_{k=1}^{n}(2k-1)=2\sum_{k=1}^{n}k-\sum_{k=1}^{n}1$

引き算は項別に，また定数係数 2 は表に出して，Σ計算できる。

$\underbrace{\frac{1}{2}n(n+1)}$　$\underbrace{n\cdot 1}$

公式：$\sum_{k=1}^{n}k=\frac{1}{2}n(n+1),\ \sum_{k=1}^{n}c=nc$

$=2\cdot\frac{1}{2}n(n+1)-n$

$=n^2+n-n=n^2$　$\cdots\cdots\cdots\cdots\cdots\cdots\cdots$（答）

(2) $\sum_{k=1}^{n}4k^2(k+3)=\sum_{k=1}^{n}(4k^3+12k^2)$

たし算は項別に，また定数係数 4 と 12 は表に出して，Σ計算できる。

$=4\sum_{k=1}^{n}k^3+12\sum_{k=1}^{n}k^2$

$\underbrace{\frac{1}{4}n^2(n+1)^2}$　$\underbrace{\frac{1}{6}n(n+1)(2n+1)}$

公式：$\sum_{k=1}^{n}k^2=\frac{1}{6}n(n+1)(2n+1)$
$\sum_{k=1}^{n}k^3=\frac{1}{4}n^2(n+1)^2$

$=4\cdot\frac{1}{4}n^2(n+1)^2+12\cdot\frac{1}{6}n(n+1)(2n+1)$

$=n(n+1)\{n(n+1)+2(2n+1)\}$

$=n(n+1)(n^2+5n+2)$　$\cdots\cdots\cdots\cdots\cdots$（答）

(3) $3^{k+1}=3^2\cdot3^{k-1}=9\cdot3^{k-1}$　$[=a\cdot r^{k-1}$（等比数列の形）$]$ より，

$\sum_{k=1}^{n}3^{k+1}=\sum_{k=1}^{n}\underset{a}{9}\cdot\underset{r^{k-1}}{3^{k-1}}=\frac{9(1-3^n)}{1-3}$　$\left[=\frac{a(1-r^n)}{1-r}$（等比数列の和）$\right]$

$=-\frac{9}{2}(1-3^n)=\frac{9}{2}(3^n-1)$　$\cdots\cdots\cdots\cdots\cdots$（答）

$a_1 = 1$, $a_2 = 1 + 2 + 1$, $a_3 = 1 + 2 + 3 + 2 + 1$, $a_4 = 1 + 2 + 3 + 4 + 3 + 2 + 1$, …である数列 $\{a_n\}$ がある。

(1) 一般項 a_n を n の式で表せ。 (2) $S_n = \sum\limits_{k=1}^{n} a_k$ を求めよ。

ヒント！ (1) $a_n = 1 + 2 + \cdots + (n-1) + n + (n-1) + \cdots + 2 + 1$ から, a_n を求めよう。

解答＆解説

(1) $a_1 = 1$, $a_2 = 1 + 2 + 1$, $a_3 = 1 + 2 + 3 + 2 + 1$, …より, 一般項 a_n は,

$a_n = \underbrace{1 + 2 + 3 + \cdots + (n-1) + n}_{\sum\limits_{k=1}^{n} k = \frac{1}{2}n(n+1)} + \underbrace{(n-1) + (n-2) + \cdots + 2 + 1}$ より,

公式： $\sum\limits_{k=1}^{n} k = \frac{1}{2}n(n+1)$ の n に $n-1$ を代入したもの

$1 + 2 + 3 + \cdots + (n-1)$
$= \sum\limits_{k=1}^{n-1} k = \frac{1}{2}(n-1)(n-1+1)$
$= \frac{1}{2}n(n-1)$

$a_n = \frac{1}{2}n(n+1) + \frac{1}{2}n(n-1) = \frac{1}{2}n^2 + \frac{1}{2}n + \frac{1}{2}n^2 - \frac{1}{2}n$

$\therefore a_n = n^2$ ……… ① $(n = 1, 2, 3, \cdots)$ ……………………………(答)

(2) よって, 求める S_n は,

$S_n = \underbrace{\sum\limits_{k=1}^{n} a_k}_{a_1 + a_2 + a_3 + \cdots + a_n \text{ のこと}} = \sum\limits_{k=1}^{n} k^2$ （①より）

公式： $\sum\limits_{k=1}^{n} k^2 = \frac{1}{6}n(n+1)(2n+1)$

$\therefore S_n = \sum\limits_{k=1}^{n} k^2 = \frac{1}{6}n(n+1)(2n+1)$ となる。 …………………………(答)

初めからトライ！問題 142 | $\sum (I_k - I_{k+1})$ の計算 | CHECK *1* | CHECK *2* | CHECK *3*

次の各式の和を計算せよ。

(1) $\displaystyle\sum_{k=1}^{n} (\sqrt{k} - \sqrt{k+1})$　　　　(2) $\displaystyle\sum_{k=1}^{n} \frac{2k+1}{k^2(k+1)^2}$

ヒント！ $\displaystyle\sum_{k=1}^{n}(I_k - I_{k+1}) = (I_1 - I_2) + (I_2 - I_3) + (I_3 - I_4) + \cdots + (I_n - I_{n+1}) = I_1 - I_{n+1}$ と なるね。このように，途中の項がバサバサ…と消去できる $\sum$ 計算の問題なんだね。

解答 & 解説

(1) $\displaystyle\sum_{k=1}^{n} (\sqrt{k} - \sqrt{k+1})$ ← $\displaystyle\sum_{k=1}^{n} (I_k - I_{k+1})$ の形だ

途中の項がバサバサ…とすべて消去される。

$= (\sqrt{1} - \sqrt{2}) + (\sqrt{2} - \sqrt{3}) + (\sqrt{3} - \sqrt{4}) + \cdots + (\sqrt{n-1} - \sqrt{n}) + (\sqrt{n} - \sqrt{n+1})$

$\underbrace{}_{k=1 \text{ のとき}}$ $\underbrace{}_{k=2 \text{ のとき}}$ $\underbrace{}_{k=3 \text{ のとき}}$ $\underbrace{}_{k=n-1 \text{ のとき}}$ $\underbrace{}_{k=n \text{ のとき}}$

$= \sqrt{1} - \sqrt{n+1} = 1 - \sqrt{n+1}$ ･････････････････････････(答)

(2) $\dfrac{2k+1}{k^2(k+1)^2} = \dfrac{(k^2+2k+1) - k^2}{k^2(k+1)^2} = \dfrac{(k+1)^2 - k^2}{k^2(k+1)^2}$ ← k^2 をたした分，引く

$= \dfrac{(k+1)^2}{k^2(k+1)^2} - \dfrac{k^2}{k^2(k+1)^2} = \dfrac{1}{k^2} - \dfrac{1}{(k+1)^2}$ と変形できるので，

$\displaystyle\sum_{k=1}^{n} \frac{2k+1}{k^2(k+1)^2} = \sum_{k=1}^{n} \left\{ \frac{1}{k^2} - \frac{1}{(k+1)^2} \right\}$ ← $\displaystyle\sum_{k=1}^{n} (I_k - I_{k+1})$ の形が出てきた！

途中の項がバサバサ…と消去されるね。

$= \left(\dfrac{1}{1^2} - \dfrac{1}{2^2} \right) + \left(\dfrac{1}{2^2} - \dfrac{1}{3^2} \right) + \left(\dfrac{1}{3^2} - \dfrac{1}{4^2} \right) + \cdots + \left(\dfrac{1}{n^2} - \dfrac{1}{(n+1)^2} \right)$

$\underbrace{}_{k=1 \text{ のとき}}$ $\underbrace{}_{k=2 \text{ のとき}}$ $\underbrace{}_{k=3 \text{ のとき}}$ $\underbrace{}_{k=n \text{ のとき}}$

$= \dfrac{1}{1^2} - \dfrac{1}{(n+1)^2} = \dfrac{\overbrace{(n+1)^2}^{n^2+2n+1} - 1}{(n+1)^2} = \dfrac{n(n+2)}{(n+1)^2}$ ･･････････････････････(答)

数列 $\{a_n\}$ の初項から第 n 項までの和 $S_n(n = 1, 2, 3, \cdots)$ が次のように与えられているとき、一般項 $a_n(n = 1, 2, 3, \cdots)$ を求めよ。

$(1)\, S_n = n^3$　　　　　　$(2)\, S_n = 2 \cdot 3^n$

ヒント！　数列の和 S_n が $S_n = f(n)$ の形で与えられているとき、 $(\mathrm{i})\, a_1 = S_1 = f(1)$, $(\mathrm{ii})\, n \geqq 2$ で、 $a_n = S_n - S_{n-1} = f(n) - f(n-1)$ となるんだね。

解答＆解説

$(1)\, S_n = n^3 \quad (n = 1, 2, 3, \cdots)$
　　のとき、

　　$(\mathrm{i})\, a_1 = S_1 = 1^3 = 1$

　　$(\mathrm{ii})\, n \geqq 2$ のとき、

$$a_n = \underset{\sim}{S_n} - \underline{S_{n-1}}$$
$$= \underset{\sim}{n^3} - \underline{(n-1)^3}$$
$$= n^3 - (n^3 - 3n^2 + 3n - 1)$$
$$= 3n^2 - 3n + 1$$

　　　（これは、 $n = 1$ のときもみたす）

以上 $(\mathrm{i})(\mathrm{ii})$ より、 $a_n = 3n^2 - 3n + 1 \quad (n = 1, 2, 3, \cdots)$ ………………(答)

$\begin{cases} S_n = a_1 + a_2 + \cdots + a_{n-1} + a_n & \cdots\cdots(a) \\ S_{n-1} = a_1 + a_2 + \cdots + a_{n-1} & \cdots\cdots\cdots(b) \end{cases}$
よって、 $(a)-(b)$ より、
$S_n - S_{n-1} = a_n$ となる。
ただし、 S_{n-1} があるので、 $n \geqq 2$ だね。
$\left(\begin{array}{l} n = 1 \text{のとき、} S_{n-1} = S_0 \text{となって、} \\ \text{定義できないからだ。} \end{array}\right)$

これは、 $n = 1$ のとき、 $a_1 = 3 \cdot 1^2 - 3 \cdot 1 + 1 = 1$ となって、 $a_1 = 1$ をみたす。よって、一般項だ。

$(2)\, S_n = 2 \cdot 3^n \quad (n = 1, 2, 3, \cdots)$ のとき、

　　$(\mathrm{i})\, a_1 = S_1 = 2 \cdot 3^1 = 6$

　　$(\mathrm{ii})\, n \geqq 2$ のとき、

$$a_n = \underset{\sim}{S_n} - \underline{S_{n-1}} = 2 \cdot 3^n - \underset{2 \cdot 3 \cdot 3^{n-1}}{\underline{2 \cdot 3^{n-1}}} = (6 - 2) \cdot 3^{n-1} = 4 \cdot 3^{n-1}$$

$\left(\begin{array}{l} \text{これは、} n = 1 \text{のとき、} \\ a_1 = 4 \cdot 3^{1-1} = 4 \cdot 3^0 = 4 \cdot 1 = 4 \text{となって、} a_1 = 6 \text{をみたさない} \end{array}\right)$

以上 $(\mathrm{i})(\mathrm{ii})$ より、

$a_1 = 6$, $n = 2, 3, 4, \cdots$ のとき、 $a_n = 4 \cdot 3^{n-1}$ ……………………………(答)

CHECK 1　　CHECK 2　　CHECK 3

初めからトライ！問題 144　　等差数列型漸化式

次の漸化式を解け。

(1) $a_1 = 1$, $a_{n+1} = a_n - 2$ …………① $(n = 1, 2, 3, \cdots)$

(2) $b_1 = 1$, $b_{n+1} = \dfrac{b_n}{2b_n + 1}$ ………② $(n = 1, 2, 3, \cdots)$

ヒント！ (1) 等差数列型漸化式 $a_{n+1} = a_n + d$ のとき，一般項 (解) a_n は，$a_n = a_1 + (n-1)d$ となるんだね。(2) は，②の両辺の逆数をとって，$c_n = \dfrac{1}{b_n}$ とおくと，話が見えてくるはずだ。

解答 & 解説

(1) $a_1 = 1$, $a_{n+1} = a_n \underbrace{- 2}_{\text{これが，公差 } d \text{ だ}}$ …………① $(n = 1, 2, 3, \cdots)$

①より，数列 $\{a_n\}$ は，初項 $a_1 = 1$，公差 $d = -2$ の等差数列なので，

この一般項 a_n は，$a_n = \underset{①}{a_1} + (n-1) \overset{\frown}{\underset{(-2)}{d}} = 1 + \overbrace{(n-1) \cdot (-2)} = 1 - 2n + 2$ より，

$a_n = -2n + 3$ $(n = 1, 2, 3, \cdots)$ …………………………………(答)

(2) $b_1 = 1$, $b_{n+1} = \dfrac{b_n}{2b_n + 1}$ ………② $(n = 1, 2, 3, \cdots)$

$b_n \neq 0$ として，②の両辺の逆数をとると，

$\underbrace{\dfrac{1}{b_{n+1}}}_{c_{n+1}} = \dfrac{2b_n + 1}{b_n} = 2 + \underbrace{\dfrac{1}{b_n}}_{c_n}$ より，$\dfrac{1}{b_n} = c_n$ とおくと，

$\dfrac{1}{b_{n+1}} = c_{n+1}$，$\dfrac{1}{b_1} = c_1$ より，$c_1 = \dfrac{1}{\underset{1}{b_1}} = 1$，$c_{n+1} = c_n \underbrace{+ 2}_{\text{公差 } d}$ ………②′ となる。

n の代わりに，$n+1$ が入るだけ　　n の代わりに，1 が入るだけ

②′ より，数列 $\{c_n\}$ は初項 $c_1 = 1$，公差 $d = 2$ の等差数列だから，

$c_n = c_1 + (n-1) \cdot d = 1 + \overbrace{(n-1)} \cdot 2 = 1 + 2n - 2 = 2n - 1 \left(= \dfrac{1}{b_n} \right)$

よって，求める数列 $\{b_n\}$ の一般項は，この逆数をとって，

$b_n = \dfrac{1}{2n-1}$ $(n = 1, 2, 3, \cdots)$ となる。(これは，$b_n \neq 0$ をみたす)

…………(答)

次の漸化式を解け。

(1) $a_1 = 5$, $a_{n+1} = 3a_n$ ·················· ① $(n = 1, 2, 3, \cdots)$

(2) $b_1 = 3$, $b_{n+1} = -4 \cdot b_n$ ·················· ② $(n = 1, 2, 3, \cdots)$

(3) $c_1 = 2$, $c_{n+1} + 3 = 2(c_n + 3)$ ·········· ③ $(n = 1, 2, 3, \cdots)$

ヒント！ 等比数列型の漸化式 $a_{n+1} = r \cdot a_n$ のとき, 一般項 (解) a_n は, $a_n = a_1 \cdot r^{n-1}$ となるんだね。(3)は, $c_n + 3 = a_n$ とおくと, 話が見えてくるはずだ。

解答＆解説

(1) $a_1 = 5$, $a_{n+1} = \underset{\substack{\uparrow \\ \boxed{\text{これが，公比 } r}}}{3} \cdot a_n$ ·········· ① $(n = 1, 2, 3, \cdots)$ より,

数列 $\{a_n\}$ は, 初項 $a_1 = 5$, 公比 $r = 3$ の等比数列なので, 一般項 a_n は,

$a_n = a_1 \cdot r^{n-1} = 5 \cdot 3^{n-1}$ $(n = 1, 2, 3, \cdots)$ ·······························(答)

(2) $b_1 = 3$, $b_{n+1} = \underset{\substack{\uparrow \\ \boxed{\text{これが，公比 } r}}}{-4} \cdot b_n$ ·········· ② $(n = 1, 2, 3, \cdots)$ より,

数列 $\{b_n\}$ は, 初項 $b_1 = 3$, 公比 $r = -4$ の等比数列なので, 一般項 b_n は,

$b_n = b_1 \cdot r^{n-1} = 3 \cdot (-4)^{n-1}$ $(n = 1, 2, 3, \cdots)$ ·····························(答)

(3) $c_1 = 2$, $\underset{\boxed{a_{n+1}}}{\underline{c_{n+1} + 3}} = 2\underset{\boxed{a_n}}{\underline{(c_n + 3)}}$ ·········· ③ $(n = 1, 2, 3, \cdots)$ について,

$\underline{a_n = c_n + 3}$ とおくと, $\underline{a_{n+1} = c_{n+1} + 3}$, また, $\underline{a_1 = c_1 + 3}$ となる。

$\boxed{a_n = c_n + 3 \text{ の } n \text{ の代わりに，} n+1 \text{ が入るだけ}}$ $\boxed{\text{これは，} n \text{ の代わりに } 1 \text{ が入る}}$

よって, $a_1 = c_1 + 3 = 2 + 3 = 5$, $a_{n+1} = \underset{\substack{\uparrow \\ \boxed{\text{これが，公比 } r \text{ のこと}}}}{2} a_n$ ·········· ③′ $(n = 1, 2, 3, \cdots)$ より,

一般項 a_n は, $a_n = a_1 \cdot 2^{n-1} = 5 \cdot 2^{n-1} (= c_n + 3)$

よって, 求める数列 $\{c_n\}$ の一般項 c_n は,

$c_n = 5 \cdot 2^{n-1} - 3$ $(n = 1, 2, 3, \cdots)$ ·······························(答)

　　階差数列型漸化式　　CHECK 1　CHECK 2　CHECK 3

次の漸化式を解け。

(1) $a_1 = 1$, $a_{n+1} - a_n = 2^n$ ………① $(n = 1, 2, 3, \cdots)$

(2) $b_1 = 1$, $b_{n+1} = \dfrac{b_n}{2^n b_n + 1}$ ………② $(n = 1, 2, 3, \cdots)$

ヒント！ 階差数列型漸化式 $a_{n+1} - a_n = b_n$ のとき，$n \geq 2$ で，$a_n = a_1 + \displaystyle\sum_{k=1}^{n-1} b_k$ となるんだね。(1)は，公式通りに，(2)は，逆数をとって，$a_n = \dfrac{1}{b_n}$ とおくと，話が見えてくるはずだ。

解答＆解説

(1) $a_1 = 1$, $a_{n+1} - a_n = \underset{\boxed{b_n \text{のこと}}}{2^n}$ ………① $(n = 1, 2, 3, \cdots)$ より，

①は階差数列型漸化式なので，

$n \geq 2$ で，$a_n = \underset{\boxed{1}}{a_1} + \boxed{\displaystyle\sum_{k=1}^{n-1} 2^k}$

$\boxed{\begin{array}{l} \displaystyle\sum_{k=1}^{n-1} 2^k = 2^1 + 2^2 + 2^3 + \cdots + 2^{n-1} \text{ は，初項 } a = 2, \\ \text{公比 } r = 2，項数 n-1 \text{ の等比数列の和より，} \\ \dfrac{a(1 - r^{n-1})}{1 - r} = \dfrac{2 \cdot (1 - 2^{n-1})}{1 - 2} = 2(2^{n-1} - 1) \end{array}}$

$= 1 + 2(2^{n-1} - 1) = 1 + 2^n - 2$

$\therefore a_n = 2^n - 1$ （これは，$n = 1$ のとき，$a_1 = 2^1 - 1 = 1$ をみたす）

$\therefore$ 一般項 $a_n = 2^n - 1$ $(n = 1, 2, 3, \cdots)$ ………………………………(答)

(2) $b_1 = 1$, $b_{n+1} = \dfrac{b_n}{2^n b_n + 1}$ ………② $(n = 1, 2, 3, \cdots)$ より，$b_n \neq 0$ として，

②の両辺の逆数をとると，$\underset{\boxed{a_{n+1}}}{\dfrac{1}{b_{n+1}}} = \dfrac{2^n \cdot b_n + 1}{b_n} = 2^n + \underset{\boxed{a_n}}{\dfrac{1}{b_n}}$ ここで，

$a_n = \dfrac{1}{b_n}$ とおくと，$a_{n+1} = \dfrac{1}{b_{n+1}}$，また，$a_1 = \dfrac{1}{b_1} = \dfrac{1}{1} = 1$ となる。

よって，$a_1 = 1$, $a_{n+1} - a_n = 2^n$ ………②′ $(n = 1, 2, 3, \cdots)$ となる。

②′は，(1)の漸化式とまったく同じなので，②′の解（一般項）は，

$a_n = 2^n - 1 \left(= \dfrac{1}{b_n}\right)$ $\therefore$②の一般項 $b_n = \dfrac{1}{2^n - 1}$ $(n = 1, 2, 3, \cdots)$ ………(答)

（これは，$b_n \neq 0$ をみたす）

次の漸化式を解け。

(1) $a_1 = 5$, $a_{n+1} = 2a_n - 3$ ……… ① $(n = 1, 2, 3, \cdots)$

(2) $a_1 = 7$, $a_{n+1} = \dfrac{1}{3}a_n + 4$ ……… ② $(n = 1, 2, 3, \cdots)$

(3) $b_1 = 1$, $b_{n+1} = \dfrac{b_n}{3b_n + 4}$ ……… ③ $(n = 1, 2, 3, \cdots)$

ヒント！ (1), (2)は, $a_{n+1} = pa_n + q$ 型の漸化式なので, 特性方程式 $x = px + q$ の解 α を用いて, 等比関数列型の漸化式 $a_{n+1} - \alpha = p(a_n - \alpha)$ $[F(n+1) = pF(n)]$ に持ち込んで解けばいい。(3)は, ③の逆数をとって, $a_n = \dfrac{1}{b_n}$ とおけば話が見えてくるはずだ。

解答＆解説

(1) $a_1 = 5$, $a_{n+1} = 2a_n - 3$ ……… ① $(n = 1, 2, 3, \cdots)$ より,

①の特性方程式は,

$x = 2x - 3$ これを解いて,

$2x - x = 3$ ∴ $x = 3$

よって, ①を変形して,

$a_{n+1} - \underset{x}{\boxed{3}} = 2\left(a_n - \underset{x}{\boxed{3}}\right)$ ← 等比関数列型の漸化式

$[\, F(n+1) = 2 \cdot F(n) \,]$

よって, ← アッ！という間

$a_n - 3 = (\underset{5}{\boxed{a_1}} - 3) \cdot 2^{n-1}$

$[\, F(n) = F(1) \cdot 2^{n-1} \,]$

> $\begin{cases} a_{n+1} = 2a_n - 3 \cdots\cdots ① \\ x = 2x - 3 \cdots\cdots ①' \end{cases}$
> 特性方程式
> ①－①′ より,
> $a_{n+1} - x = 2a_n - 2x$
> $a_{n+1} - x = 2(a_n - x)$
> $[\, F(n+1) = 2 \cdot F(n) \,]$
> の形に持ち込んで解こう！

これに $a_1 = 5$ を代入すると, 求める一般項 a_n は,

$a_n = \underset{\boxed{2}}{(\underline{5 - 3})} \cdot 2^{n-1} + 3 = 2^n + 3$ $(n = 1, 2, 3, \cdots)$ となる。 ………(答)

(2) $a_1 = 7$, $a_{n+1} = \dfrac{1}{3}a_n + 4$ ……… ② $(n = 1, 2, 3, \cdots)$ より,

②の特性方程式は, $x = \dfrac{1}{3}x + 4$ 両辺に 3 をかけて,

$$3x = x + 12 \qquad 3x - x = 12 \qquad 2x = 12$$

$\therefore x = 6$ これを用いて②を変形すると，

$$a_{n+1} - 6 = \frac{1}{3}(a_n - 6) \quad \text{より，}$$

$$\left[F(n+1) = \frac{1}{3} \cdot F(n) \right]$$

アッ！という間

$$a_n - 6 = (\underset{7}{\overset{\frown}{\boxed{a_1}}} - 6) \cdot \left(\frac{1}{3}\right)^{n-1}$$

$$\left[F(n) = F(1) \cdot \left(\frac{1}{3}\right)^{n-1} \right]$$

$\begin{cases} a_{n+1} = \dfrac{1}{3}a_n + 4 \cdots\cdots② \\ x = \dfrac{1}{3}x + 4 \cdots\cdots②' \end{cases}$

②−②′より，

$$a_{n+1} - \underline{x} = \frac{1}{3}(a_n - \underline{x})$$

この x に $x = 6$ を代入

これに $a_1 = 7$ を代入すると，求める一般項 a_n は，

$$a_n = \left(\frac{1}{3}\right)^{n-1} + 6 \quad (n = 1, 2, 3, \cdots) \quad \text{である。} \cdots\cdots\cdots\cdots(答)$$

(3) $b_1 = 1$, $b_{n+1} = \dfrac{b_n}{3b_n + 4}$ $\cdots\cdots③$ $(n = 1, 2, 3, \cdots)$ について，$b_n \neq 0$ として，

③の逆数をとると，$\dfrac{1}{\underset{\boxed{a_{n+1}}}{b_{n+1}}} = \dfrac{3b_n + 4}{b_n} = 3 + 4 \cdot \dfrac{1}{\underset{\boxed{a_n}}{b_n}}$

ここで，$a_n = \dfrac{1}{b_n}$ とおくと，$a_{n+1} = \dfrac{1}{b_{n+1}}$，また，$a_1 = \dfrac{1}{b_1} = \dfrac{1}{1} = 1$

$\therefore a_1 = 1$, $a_{n+1} = 4a_n + 3$ $\cdots\cdots③'$

③′の特性方程式は，$x = 4x + 3$

$4x - x = -3 \qquad 3x = -3 \quad \therefore x = -1$

これを用いて③′を変形すると，

$$a_{n+1} + 1 = 4(a_n + 1)$$

$[F(n+1) = 4 \cdot F(n)]$ アッ！

$$a_n + 1 = (\underset{1}{\overset{\frown}{\boxed{a_1}}} + 1) \cdot 4^{n-1} \qquad \therefore a_n = 2 \cdot 4^{n-1} - 1 \left(= \frac{1}{b_n} \right)$$

$[F(n) = F(1) \cdot 4^{n-1}]$

$\begin{cases} a_{n+1} = 4a_n + 3 \cdots\cdots③' \\ x = 4x + 3 \cdots\cdots③'' \end{cases}$

③′−③″より，

$$a_{n+1} - \underline{x} = 4(a_n - \underline{x})$$

この x に $x = -1$ を代入

$\therefore$ 一般項 $b_n = \dfrac{1}{2 \cdot 4^{n-1} - 1}$ $(n = 1, 2, 3, \cdots)$ である。$\cdots\cdots\cdots\cdots(答)$

（これは，$b_n \neq 0$ をみたす）

次の漸化式を解け。

(1) $a_1 = 5$, $a_{n+1} = 2a_n + 3^n$ ………① $(n = 1, 2, 3, \cdots)$

(2) $a_1 = 0$, $a_{n+1} = 3a_n + 4n$ ………② $(n = 1, 2, 3, \cdots)$

ヒント！ (1), (2)いずれも，自分で考えて，$F(n+1) = r \cdot F(n)$ の形の漸化式にもち込む問題だ。(1)では，$F(n) = a_n + \alpha 3^n$，(2)では，$F(n) = a_n + \alpha n + \beta$ とおくとうまくいく。このように，$F(n)$ の形を自分で作っていくことがポイントなんだね。

解答＆解説

(1) $a_1 = 5$, $a_{n+1} = \underline{\underline{2}}a_n + 3^n$ ………① より，①が，

$F(n+1) = \underline{\underline{2}}F(n)$ …………① で表されるように考える。ここで，定数 α を用いて，

$$\begin{cases} F(n) = a_n + \alpha \cdot 3^n & \text{………③} \\ F(n+1) = a_{n+1} + \alpha \cdot 3^{n+1} & \text{………③}' \end{cases}$$ となる。

③, ③' を①' に代入して，

$$a_{n+1} + \underbrace{\alpha \cdot 3^{n+1}}_{3 \cdot \alpha \cdot 3^n} = 2\overbrace{(a_n + \alpha \cdot 3^n)}^{} \text{………④}$$

> $a_{n+1} = \underline{\underline{2}}a_n + 3^n$ ……①
> これが，$F(n+1) = r \cdot F(n)$ の公比 r になるんだね。
> ①の右辺の形から，定数 α を用いて，$F(n) = a_n + \alpha \cdot 3^n$ とおくと，$F(n+1) = a_{n+1} + \alpha \cdot 3^{n+1}$ となる。そして，①から α の値を決定しよう。

これを変形して，

$$a_{n+1} = 2a_n + \underbrace{2\alpha \cdot 3^n - 3\alpha \cdot 3^n}_{(2\alpha - 3\alpha) \cdot 3^n = -\alpha \cdot 3^n}$$

$$a_{n+1} = 2a_n \underbrace{- \alpha}_{①} \cdot 3^n \quad \text{………①''} \quad \text{ここで，①と①''を比較すると，}$$

$-\alpha = 1$ ∴ $\alpha = -1$ これを④に代入して，

$$a_{n+1} - 1 \cdot 3^{n+1} = 2 \cdot (a_n - 1 \cdot 3^n)$$

$[\quad F(n+1) \quad = 2 \cdot \quad F(n) \quad]$

> アッ！という間だ

$$a_n - 3^n = (\underbrace{a_1}_{5} - 3^1) \cdot 2^{n-1}$$

$[\ F(n) = \quad F(1) \quad \cdot 2^{n-1}]$

これに $a_1 = 5$ を代入して，一般項 a_n は，

$$a_n = (5-3) \cdot 2^{n-1} + 3^n = 2^n + 3^n \quad (n = 1, 2, 3, \cdots) \quad \text{………(答)}$$

(2) $a_1 = 0$, $a_{n+1} = \underline{3}a_n + 4n$ ……② より，②が，

$F(n+1) = \underline{3}F(n)$ ……② で表される

ように考える。ここで，定数 α, β を用いて，

$\begin{cases} F(n) = a_n + \alpha n + \beta & ……⑤ \\ F(n+1) = a_{n+1} + \alpha(n+1) + \beta & ……⑤' \end{cases}$ とおくと，

となる。

> $a_{n+1} = \underline{3}a_n + 4n$ ……②
>
> これが，$F(n+1) = r \cdot F(n)$ の公比 r になるんだね。
>
> ②の右辺の形から，定数 α と β を用いて，
> $F(n) = a_n + \alpha n + \beta$
> とおくと，
> $F(n+1) = a_{n+1} + \alpha(n+1) + \beta$
> となる。そして，②から α と β の値を決定すればいい。

⑤，⑤′を②′に代入して，

$a_{n+1} + \alpha(n+1) + \beta = \underline{3}(a_n + \alpha n + \beta)$ ……⑥

$a_{n+1} = 3a_n + \underline{3\alpha n + 3\beta - \alpha(n+1) - \beta}$

$\boxed{3\alpha n + 3\beta - \alpha n - \alpha - \beta = 2\alpha n + 2\beta - \alpha}$

$a_{n+1} = 3a_n + \underbrace{2\alpha n}_{\boxed{4}} + \underbrace{2\beta - \alpha}_{\boxed{0}}$ ……②″ ここで，②と②″を比較すると，

$2\alpha = 4$, かつ $2\beta - \alpha = 0$ $\quad\therefore \alpha = 2$, $\beta = 1$

これを⑥に代入して，

$a_{n+1} + 2(n+1) + 1 = 3(a_n + 2n + 1)$

$[\quad F(n+1) \quad = 3 \cdot \quad F(n) \quad]$ アッ！という間

$a_n + 2n + 1 = (\boxed{a_1}^{0} + 2 \cdot 1 + 1) \cdot 3^{n-1}$

$[\quad F(n) \quad = \quad F(1) \quad \cdot 3^{n-1}]$

これに $a_1 = 0$ を代入して，求める一般項 a_n は，

$a_n = 3 \cdot 3^{n-1} - 2n - 1$ より，

$a_n = 3^n - 2n - 1 \quad (n = 1, 2, 3, \cdots)$ ……………………(答)

次の連立漸化式を解け。

(1) $a_1 = 5$, $b_1 = 3$

$$\begin{cases} a_{n+1} = 5a_n + 3b_n & \cdots\cdots① \\ b_{n+1} = 3a_n + 5b_n & \cdots\cdots② \end{cases} (n = 1,\ 2,\ 3,\ \cdots)$$

(2) $a_1 = 2$, $b_1 = -\sqrt{3}$

$$\begin{cases} a_{n+1} = 2a_n - \sqrt{3}b_n & \cdots\cdots③ \\ b_{n+1} = -\sqrt{3}a_n + 2b_n & \cdots\cdots④ \end{cases} (n = 1,\ 2,\ 3,\ \cdots)$$

ヒント！ 2つの数列 $\{a_n\}$ と $\{b_n\}$ の連立の漸化式が，

$$\begin{cases} a_{n+1} = pa_n + qb_n & \cdots\cdots⑦ \\ b_{n+1} = qa_n + pb_n & \cdots\cdots④ \end{cases}$$ のように，係数 p と q が対角線上に等しいとき，

これを，対称形の連立漸化式というんだね。この場合，⑦＋④と⑦－④から容易に，等比関数列型漸化式 $F(n+1) = rF(n)$ を導くことができるので，後は「アッという間」に解ける。この解法パターンも頭に入れておこう！

解答＆解説

(1) $a_1 = 5$, $b_1 = 3$

> 対称形の連立漸化式なので，①＋②と①－②を求めよう！

$$\begin{cases} a_{n+1} = 5a_n + 3b_n & \cdots\cdots① \\ b_{n+1} = 3a_n + 5b_n & \cdots\cdots② \end{cases} (n = 1,\ 2,\ 3,\ \cdots)$$

①＋② より，$a_{n+1} + b_{n+1} = 8(a_n + b_n)$ $\cdots\cdots①'$

$$[\ F(n+1) = 8 \cdot F(n)\ ]$$

①－② より，$a_{n+1} - b_{n+1} = 2(a_n - b_n)$ $\cdots\cdots②'$

$$[\ G(n+1) = 2 \cdot G(n)\ ]$$

アッ！

$①'$, $②'$ より，$a_n + b_n = (\overset{5}{a_1} + \overset{3}{b_1}) \cdot 8^{n-1}$

$$[\ F(n) = F(1) \cdot 8^{n-1}\ ]$$

$$a_n - b_n = (\overset{5}{a_1} - \overset{3}{b_1}) \cdot 2^{n-1}$$

$$[\ G(n) = G(1) \cdot 2^{n-1}\ ]$$

以上より, $\begin{cases} a_n + b_n = 8^n & \cdots\cdots\cdots ① '' \\ a_n - b_n = 2^n & \cdots\cdots\cdots ② '' \end{cases}$

よって, 求める数列 $\{a_n\}$ と $\{b_n\}$ の一般項は,

$\dfrac{① '' + ② ''}{2}$ より, $a_n = \dfrac{1}{2}(8^n + 2^n)$

$\dfrac{① '' - ② ''}{2}$ より, $b_n = \dfrac{1}{2}(8^n - 2^n)$ $(n = 1, 2, 3, \cdots)$ である。$\cdots\cdots$(答)

(2) $a_1 = 2$, $b_1 = -\sqrt{3}$

$\begin{cases} a_{n+1} = \underset{\sim}{2} \cdot a_n \underline{\underline{-\sqrt{3}}} \cdot b_n & \cdots\cdots\cdots\cdots ③ \\ b_{n+1} = \underline{\underline{-\sqrt{3}}} \cdot a_n + \underset{\sim}{2} \cdot b_n & \cdots\cdots\cdots ④ \end{cases}$ $(n = 1, 2, 3, \cdots)$

> これも, 対称形の連立漸化式なので, ③+④ と ③−④ を求める!

③+④ より, $a_{n+1} + b_{n+1} = (2 - \sqrt{3})(a_n + b_n)$ $\cdots\cdots\cdots ③'$

$[\ F(n+1) = (2 - \sqrt{3}) \cdot F(n)\ ]$

③−④ より, $a_{n+1} - b_{n+1} = (2 + \sqrt{3})(a_n - b_n)$ $\cdots\cdots\cdots ④'$

$[\ G(n+1) = (2 + \sqrt{3}) \cdot G(n)\ ]$

> アッ!

③', ④' より, $a_n + b_n = (\overset{2}{\boxed{a_1}} + \overset{-\sqrt{3}}{\boxed{b_1}}) \cdot (2 - \sqrt{3})^{n-1}$

$[\ F(n) = F(1) \cdot (2 - \sqrt{3})^{n-1}\ ]$

$a_n - b_n = (\overset{2}{\boxed{a_1}} - \overset{(-\sqrt{3})}{\boxed{b_1}}) \cdot (2 + \sqrt{3})^{n-1}$

$[\ G(n) = G(1) \cdot (2 + \sqrt{3})^{n-1}\ ]$

以上より, $\begin{cases} a_n + b_n = (2 - \sqrt{3})^n & \cdots\cdots\cdots ③ '' \\ a_n - b_n = (2 + \sqrt{3})^n & \cdots\cdots\cdots ④ '' \end{cases}$

よって, 求める数列 $\{a_n\}$ と $\{b_n\}$ の一般項は,

$\dfrac{③ '' + ④ ''}{2}$ より, $a_n = \dfrac{1}{2}\{(2 - \sqrt{3})^n + (2 + \sqrt{3})^n\}$

$\dfrac{③ '' - ④ ''}{2}$ より, $b_n = \dfrac{1}{2}\{(2 - \sqrt{3})^n - (2 + \sqrt{3})^n\}$ $(n = 1, 2, 3, \cdots)$

である。$\cdots\cdots\cdots\cdots\cdots\cdots\cdots\cdots\cdots\cdots\cdots\cdots\cdots\cdots\cdots\cdots$(答)

すべての自然数 n に対して，

$$1 \cdot 2 + 2 \cdot 3 + 3 \cdot 4 + \cdots + n \cdot (n+1) = \frac{1}{3}n(n+1)(n+2) \quad \cdots\cdots(*)$$

が成り立つことを，数学的帰納法を使って証明せよ。

ヒント!　(n の式)……$(*)$ の数学的帰納法による証明法は，次の通りだね。
(i) $n = 1$ のとき，…… 成り立つ。
(ii) $n = k$ $(k = 1, 2, 3, \cdots)$ のとき $(*)$ が成り立つと仮定して，$n = k+1$ のとき
　　について調べる。………，$n = k+1$ のときも成り立つ。
以上 (i)(ii)より，すべての自然数 n に対して $(*)$ は成り立つ。

解答＆解説

すべての自然数 n について，

$$1 \cdot 2 + 2 \cdot 3 + 3 \cdot 4 + \cdots + n \cdot (n+1) = \frac{1}{3}n(n+1)(n+2) \quad \cdots\cdots(*)$$

が成り立つことを数学的帰納法により示す。

(i) $n = 1$ のとき，

　　$(*)$ の左辺 $= 1 \cdot 2 = 2$

　　$(*)$ の右辺 $= \dfrac{1}{3} \cdot 1 \cdot (1+1) \cdot (1+2)$

　　　　　　　 $= \dfrac{1}{\cancel{3}} \cdot 1 \cdot 2 \cdot \cancel{3} = 2$

　　∴成り立つ。

> $(*)$ の左辺は，
> ・$n = 3$ のとき，
> 　$1 \cdot 2 + 2 \cdot 3 + 3 \cdot 4$
> ・$n = 2$ のとき，
> 　$1 \cdot 2 + 2 \cdot 3$
> ・$n = 1$ のとき，
> 　$1 \cdot 2$　となる。

(ii) $n = k$ $(k = 1, 2, 3, \cdots)$ のとき，

　　$$1 \cdot 2 + 2 \cdot 3 + 3 \cdot 4 + \cdots + k(k+1) = \frac{1}{3}k(k+1)(k+2) \quad \cdots\cdots①$$

　　が成り立つと仮定して，$n = k+1$ のときについて調べる。

　　$n = k+1$ のとき，

　　$(*)$ の左辺 $= \underline{1 \cdot 2 + 2 \cdot 3 + 3 \cdot 4 + \cdots + k(k+1)} + \underline{(k+1)(k+2)}$

> この部分は仮定した①より，$\dfrac{1}{3}k(k+1)(k+2)$ と表せる。

> この項が新たに加わる。

よって,

$(*)$ の左辺 $= \dfrac{1}{3}k(k+1)(k+2) + (k+1)(k+2)$　（①より）

共通因数

$$= (k+1)(k+2)\left(\dfrac{1}{3}k+1\right)$$

$$\dfrac{1}{3}(k+3)$$

$$= \dfrac{1}{3}(k+1)(k+2)(k+3) = (*) \text{の右辺}$$

これは, $n=k+1$ のときの $(*)$ の右辺 $= \dfrac{1}{3}(\underset{n}{k+1})(\underset{n}{k+1}+1)(\underset{n}{k+1}+2)$ のことだね。

∴ $n = k+1$ のときも $(*)$ は成り立つ。

以上 (ⅰ), (ⅱ) より, 数学的帰納法により, すべての自然数 n に対して, $(*)$ は成り立つ。 ……………………………………………………………(終)

参考

もちろん, $(*)$ の式は数学的帰納法によらなくても, Σ 計算により, 次のように成り立つことを示せるのも大丈夫だね。

$(*)$ の左辺 $= 1\cdot2 + 2\cdot3 + 3\cdot4 + \cdots + k\cdot(k+1) + \cdots + n\cdot(n+1)$

$$= \sum_{k=1}^{n} \widehat{k(k+1)} = \sum_{k=1}^{n}(k^2+k) = \sum_{k=1}^{n}k^2 + \sum_{k=1}^{n}k$$

$$= \dfrac{1}{6}n(n+1)(2n+1) + \dfrac{1}{2}n(n+1)$$

$$3\cdot\dfrac{1}{6}n(n+1)$$

$$= \dfrac{1}{6}n(n+1)(2n+1+3) = \dfrac{1}{6}n(n+1)(2n+4)$$

共通因数　　　　　　　　　　　　　　$2(n+2)$

$$= \dfrac{2}{6}n(n+1)(n+2) = \dfrac{1}{3}n(n+1)(n+2) = (*) \text{の右辺}$$

すべての自然数 n に対して，「$3^{2n}-2^n$ は 7 の倍数である。」………(*)

が成り立つことを，数学的帰納法を用いて証明せよ。

ヒント！ (i) $n=1$ のとき，$3^2-2^1=7$，(ii) $n=k$ のとき，$3^{2k}-2^k=7m$ (m：整数) が

成り立つと仮定して，$n=k+1$ のとき，$3^{2(k+1)}-2^{k+1}$ も 7 の倍数であることを示そう。

解答 & 解説

すべての自然数 n に対して，

「$3^{2n}-2^n$ は 7 の倍数である。」………(*)

が成り立つことを数学的帰納法により示す。

(i) $n=1$ のとき，$3^{2\cdot1}-2^1=3^2-2=9-2=7$ となって，7 の倍数である。

  $\therefore$ 成り立つ。

(ii) $n=k$ $(k=1, 2, 3, \cdots)$ のとき，

  $3^{2k}-2^k=\underline{7m}$ ………① (m：整数)，すなわち

  （7の倍数ってこと）

  $2^k=3^{2k}-7m$ ………①′ が成り立つと仮定して，

  $n=k+1$ のときについて調べる。

  $n=k+1$ のとき，

  $3^{2(k+1)}-2^{k+1}=\underline{3^{2k+2}}-\underline{2^{k+1}}=9\cdot3^{2k}-2\cdot\underline{2^k}$

  　　　　　　　　（$3^2\cdot3^{2k}$）（$2\cdot2^k$）　　　（$3^{2k}-7m$（①′より））

  $=9\cdot3^{2k}-2\cdot\overparen{(3^{2k}-7m)}=\underline{9\cdot3^{2k}-2\cdot3^{2k}}+7\cdot2m$

  　　　　　　　　　　　　　　　　（$(9-2)\cdot3^{2k}=7\cdot3^{2k}$）

  $=7\cdot3^{2k}+7\cdot2m=7\cdot(\underline{3^{2k}+2m})$

  　　　　　　　　　　　　（整数）

ここで，$3^{2k}+2m$ は整数より，$3^{2(k+1)}-2^{k+1}$ も 7 の倍数である。

  $\therefore$ $n=k+1$ のときも，(*) は成り立つ。

以上 (i)(ii) より，すべての自然数 n に対して，(*) は成り立つ。 ………(終)

どう？ 数学的帰納法にも，かなり慣れてきただろう？

初めからトライ！問題 152 数学的帰納法

CHECK *1* CHECK *2* CHECK *3*

すべての自然数 n に対して，「$3^{3n} - 3^n$ は 24 の倍数である。」$\cdots\cdots(*)$
が成り立つことを，数学的帰納法を用いて証明せよ。

ヒント！ (i)$n = 1$ のとき，$3^3 - 3^1 = 24$，(ii)$n = k$ のとき，$3^{3k} - 3^k = 24m\,(m：整数)$
が成り立つと仮定して，$n = k+1$ のとき，$3^{3(k+1)} - 3^{k+1}$ も 24 の倍数であることを示す。

解答 & 解説

すべての自然数 n に対して，

「$3^{3n} - 3^n$ は 24 の倍数である。」$\cdots\cdots(*)$

が成り立つことを数学的帰納法により示す。

(i) $n = 1$ のとき，$3^{3 \cdot 1} - 3^1 = 3^3 - 3 = 27 - 3 = 24$　となって，24 の倍数である。

　　$\therefore$ 成り立つ。

(ii) $n = k\ (k = 1,\ 2,\ 3,\ \cdots)$ のとき，

　　$3^{3k} - 3^k = \underline{24m}\ \cdots\cdots①\ (m：整数)$，すなわち

　　　　　　　　　└ 24 の倍数ってこと ┘

　　$3^k = 3^{3k} - 24m\ \cdots\cdots①'$　が成り立つと仮定して，

　　$n = k+1$ のときについて調べる。

　　$n = k+1$ のとき，

　　$3^{3(k+1)} - 3^{k+1} = \underline{3^{3k+3}} - \underline{3^{k+1}} = 27 \cdot 3^{3k} - 3 \cdot \underline{3^k}$
　　　　　　　　　　　└$3^3 \cdot 3^{3k}$┘ └$3 \cdot 3^k$┘　　　　　　　└$3^{3k} - 24m\,(①'より)$┘

　　$= 27 \cdot 3^{3k} - 3 \cdot (3^{3k} - 24m) = \underline{27 \cdot 3^{3k} - 3 \cdot 3^{3k}} + 24 \cdot 3m$
　　　　　　　　　　　　　　　　　　　　└$(27-3) \cdot 3^{3k} = 24 \cdot 3^{3k}$┘

　　$= 24 \cdot 3^{3k} + 24 \cdot 3m = 24 \cdot (\underline{3^{3k} + 3m})$
　　　　　　　　　　　　　　　　　　　　└整数┘

　　ここで，$3^{3k} + 3m$ は整数より，$3^{3(k+1)} - 3^{k+1}$ も 24 の倍数である。

　　$\therefore\ n = k+1$ のときも，$(*)$ は成り立つ。

以上 (i)(ii) より，すべての自然数 n に対して，$(*)$ は成り立つ。　$\cdots\cdots$(終)

ん!? 数学的帰納法も簡単に見えてきたって!? いいね！ その調子だ!!

4 以上のすべての自然数 n に対して，$n! > 2^n$ ………$(*)$

が成り立つことを，数学的帰納法を使って証明せよ。

ヒント！ n は，4 スタートなので，$(\,i\,)\, n = 4$ のとき，$4! > 2^4$ を示し，$(\,ii\,)\, n = k$ のとき，$k! > 2^k$ が成り立つと仮定して，$n = k+1$ のとき，$(k+1)! > 2^{k+1}$ も成り立つことを示せばいいんだね。頑張ろう！

解答 & 解説

$n = 4,\ 5,\ 6,\ \cdots$ のとき，$n! > 2^n$ ………$(*)$ が成り立つことを，数学的帰納法により示す。

$(\,i\,)\, n = 4$ のとき，

$(*)$ の左辺 $= 4! = 4 \cdot 3 \cdot 2 \cdot 1 = 24$

$(*)$ の右辺 $= 2^4 = (2^2)^2 = 4^2 = 16$　より，

$24 > 16$ となって，$(*)$ は成り立つ。

$(\,ii\,)\, n = k\ (k = 4,\ 5,\ 6,\ \cdots)$ のとき，

$k! > 2^k$ ………① が成り立つと仮定して，

$n = k+1$ のときについて調べる。

$n = k+1$ のとき，

$(*)$ の左辺 $= \underbrace{(k+1)!}_{} = \underbrace{(k+1) \cdot k!}_{} > (k+1) \cdot 2^k$　（①より）

> これは，$k! > 2^k$ ……①の両辺に，$(k+1)(>0)$ をかけたもの

$\boxed{(k+1) \cdot k \cdot (k-1) \cdot \cdots \cdot 3 \cdot 2 \cdot 1 = (k+1) \cdot k!}$

ここで，$k \geqq 4$ より，$k+1 \geqq 5 (>2)$ である。よって，

$(*)$ の左辺 $= (k+1) \cdot k! > \underline{(k+1)} 2^k > \underline{2} \cdot 2^k = 2^{k+1} = (*)$ の右辺

$\boxed{\text{5 以上 (2 より大)}}$

∴ $n = k+1$ のときも，$(k+1)! > 2^{k+1}$ となって，$(*)$ は成り立つ。

以上 $(\,i\,)(\,ii\,)$ より，4 以上のすべての自然数 n に対して，

$n! > 2^n$ ………$(*)$ は成り立つ。 …………………………………………(終)

216

第8章 ● 数列の公式を復習しよう！

1. 等差数列 (a：初項，d：公差)

（ⅰ）一般項 $a_n = a + (n-1)d$　　（ⅱ）数列の和 $S_n = \dfrac{n(a_1 + a_n)}{2}$

（項数）（初項）（末項）

2. 等比数列 (a：初項，r：公比)

（ⅰ）一般項 $a_n = a \cdot r^{n-1}$　　（ⅱ）数列の和 $S_n = \begin{cases} \dfrac{a(1-r^n)}{1-r} & (r \neq 1) \\ na & (r=1) \end{cases}$

3. Σ 計算の 6 つの公式

(1) $\displaystyle\sum_{k=1}^{n} k = \dfrac{1}{2}n(n+1)$

(2) $\displaystyle\sum_{k=1}^{n} k^2 = \dfrac{1}{6}n(n+1)(2n+1)$

(3) $\displaystyle\sum_{k=1}^{n} k^3 = \dfrac{1}{4}n^2(n+1)^2$

(4) $\displaystyle\sum_{k=1}^{n} c = nc$　(c：定数)

(5) $\displaystyle\sum_{k=1}^{n} ar^{k-1} = \dfrac{a(1-r^n)}{1-r}$ $(r \neq 1)$

(6) $\displaystyle\sum_{k=1}^{n}(I_k - I_{k+1}) = I_1 - I_{n+1}$

4. Σ 計算の 2 つの性質

(1) $\displaystyle\sum_{k=1}^{n}(a_k \pm b_k) = \sum_{k=1}^{n} a_k \pm \sum_{k=1}^{n} b_k$　(2) $\displaystyle\sum_{k=1}^{n} ca_k = c\sum_{k=1}^{n} a_k$　(c：定数)

5. $S_n = f(n)$ の解法パターン

$S_n = a_1 + a_2 + \cdots + a_n = f(n)$　$(n = 1, 2, \cdots)$ のとき，

（ⅰ）$a_1 = S_1$　　（ⅱ）$n \geqq 2$ で，$a_n = S_n - S_{n-1}$

6. 階差数列型の漸化式

$a_{n+1} - a_n = b_n$ のとき，$n \geqq 2$ で，$a_n = a_1 + \displaystyle\sum_{k=1}^{n-1} b_k$

7. 等比関数列型の漸化式

$F(n+1) = r \cdot F(n)$ のとき，$F(n) = F(1) \cdot r^{n-1}$

8. (n の命題)…($*$) $(n = 1, 2, \cdots)$ の数学的帰納法による証明

（ⅰ）$n = 1$ のとき($*$) が成り立つことを示す。

（ⅱ）$n = k$ のとき($*$) が成り立つと仮定して，$n = k+1$ のときも

　　　成り立つことを示す。

以上 (ⅰ)(ⅱ) より，任意の自然数 n について ($*$) は成り立つ。

補充問題 1	漸化式と数学的帰納法	CHECK 1	CHECK 2	CHECK 3

数列 $\{a_n\}$ が次の漸化式で定義されている。

$$a_1 = \frac{1}{2}, \quad a_{n+1} = \frac{a_n}{2^{n+1}a_n + 4} \quad \cdots\cdots ① \quad (n = 1, 2, 3, \cdots)$$

(1) $a_n > 0 \cdots\cdots (*)$ $(n = 1, 2, 3, \cdots)$ が成り立つことを，数学的帰納法により証明せよ。

(2) $b_n = \dfrac{1}{a_n} \cdots\cdots ②$ $(n = 1, 2, 3, \cdots)$ とおいて，b_n の漸化式を求めよ。

(3) 数列 $\{b_n\}$ の一般項 b_n を求め，次に数列 $\{a_n\}$ の一般項 a_n を求めよ。

ヒント！ (1) 簡単な証明だね。まず，(i)$a_1 > 0$ を示し，(ii)$a_k > 0$ と仮定して $a_{k+1} > 0$ を示せばいい。(2)$(*)$ より，$a_n > 0$ $(n = 1, 2, 3, \cdots)$ なので，①の両辺の逆数をとって，$b_n = \dfrac{1}{a_n}$，$b_{n+1} = \dfrac{1}{a_{n+1}}$ とおいて，b_n の漸化式を作るんだね。(3)b_n の漸化式を，等比関数列型漸化式：$F(n+1) = r \cdot F(n)$ の形にもち込んで，一般項 b_n を求めよう。後はこの逆数が，一般項 a_n になるんだね。頑張ろう！

解答＆解説

(1) $a_n > 0 \cdots\cdots (*)$ $(n = 1, 2, 3, \cdots)$ が成り立つことを，数学的帰納法により証明する。

(i) $n = 1$ のとき，$a_1 = \dfrac{1}{2} > 0$ となって，$(*)$ をみたす。

(ii) $n = k$ $(k = 1, 2, 3, \cdots)$ のとき，$a_k > 0$ と仮定すると，$2^{k+1} > 0$ より，①の n を k に置き換えると，

$$a_{k+1} = \frac{a_k}{2^{k+1}a_k + 4} > 0 \quad \therefore a_{k+1} > 0 \text{ をみたす。}$$

> 問題147(3)(P206) の b_n についても，$b_n > 0$ $(n = 1, 2, 3, \cdots)$ を同様に証明できる。自分でやってみてごらん

以上 (i)，(ii) より，数学的帰納法により，$(*)$ は成り立つ。 ……(終)

(2) $a_n > 0 \cdots\cdots (*)$ $(n = 1, 2, 3, \cdots)$ より，①の両辺の逆数をとって，

$$\underset{\boxed{b_{n+1}}}{\frac{1}{a_{n+1}}} = \frac{2^{n+1} \cdot a_n + 4}{a_n} = 2^{n+1} + 4 \cdot \underset{\boxed{b_n}}{\frac{1}{a_n}} \quad \cdots\cdots ②$$

> $a_n > 0$，$a_{n+1} > 0$ より，分母が 0 になることはないからね。

ここで，$b_n = \dfrac{1}{a_n}$ とおくと，$b_{n+1} = \dfrac{1}{a_{n+1}}$ より，

②は，$b_{n+1} = 4b_n + 2^{n+1}$ ……③ $(n = 1, 2, 3, \cdots)$ となる。

また，$b_1 = \dfrac{1}{a_1} = \dfrac{1}{\dfrac{1}{2}} = 2$ より，$\{b_n\}$ の漸化式は，$\boxed{b_{n+1} = 4b_n + 2^{n+1} \cdots\cdots ③}$

$b_1 = 2$，$b_{n+1} = 4b_n + 2 \cdot 2^n$ ……③ $(n = 1, 2, 3, \cdots)$ となる。………(答)

$\boxed{\text{②を解くためには，} b_{n+1} + \alpha \cdot 2^{n+1} = 4(b_n + \alpha \cdot 2^n) \; [F(n+1) = 4 \cdot F(n)] \text{ を}\\ \text{みたす定数 } \alpha \text{ の値を求めればいいんだね。}}$

(3) ③を変形して，$b_{n+1} + \alpha \cdot 2^{n+1} = 4(b_n + \alpha \cdot 2^n)$ …④ となるものとする。

④より，$b_{n+1} = 4b_n + \underbrace{4\alpha \cdot 2^n - \alpha \cdot 2^{n+1}}_{(4\alpha - 2\alpha)2^n = 2\alpha \cdot 2^n} = 4b_n + \underbrace{2\alpha \cdot 2^n}_{2 \; (③と比較して)}$ ……④′ となる。

③と④′の右辺の 2^n の係数を比較して，$2\alpha = 2$　∴$\alpha = 1$ ……⑤

⑤を④に代入して，

$b_{n+1} + 2^{n+1} = 4(b_n + 2^n)$ より，　$\boxed{b_{n+1} + 1 \cdot 2^{n+1} = 4(b_n + 1 \cdot 2^n)}$

$[\; F(n+1) = 4 \quad F(n) \;]$

$\boxed{\text{アッ！という間}}$

$b_n + 2^n = (\underset{2}{\overset{}{\boxed{b_1}}} + 2^1) \cdot 4^{n-1}$

$[\; F(n) = \quad F(1) \quad \cdot 4^{n-1} \;]$

ここで，$b_1 = 2$ より，　$b_n + 2^n = \underbrace{4 \cdot 4^{n-1}}_{4^n}$

∴求める数列 $\{b_n\}$ の一般項は，

$b_n = 4^n - 2^n$ ……⑥ $(n = 1, 2, 3, \cdots)$ である。………………………(答)

$b_n = \dfrac{1}{a_n}$ より，$a_n = \dfrac{1}{b_n}$ である。よって⑥から，数列 $\{a_n\}$ の一般項 a_n は，

$a_n = \dfrac{1}{b_n} = \dfrac{1}{4^n - 2^n}$ $(n = 1, 2, 3, \cdots)$ である。………………………(答)

| 補充問題 2 | $F(n+1)=rF(n)$ 型漸化式 | CHECK 1 | CHECK 2 | CHECK 3 |

次の漸化式を解け。

(1) $a_1 = 1$, $a_{n+1} = -a_n + 3 \cdot 2^n$ ……① $\quad$ ($n = 1, 2, 3, \cdots$)

(2) $a_1 = -1$, $a_{n+1} = \dfrac{1}{2}a_n + n$ ……② $\quad$ ($n = 1, 2, 3, \cdots$)

> **ヒント！** 初めからトライ！問題 **148** と同様の問題で，**(1)**，**(2)** 共に，自分で
> $F(n+1) = r \cdot F(n)$ の形にもち込む問題だね。**(1)** では，$F(n) = a_n + \alpha \cdot 2^n$ とお
> き，**(2)** では $F(n) = a_n + \alpha n + \beta$ とおいて，定数 α や β の値を決定して解いてい
> けばいいんだね。頑張ろう！

解答 & 解説

(1) $a_1 = 1$, $a_{n+1} = \underline{\underline{-1}} \cdot a_n + 3 \cdot 2^n$ ……① より，①が

$\qquad F(n+1) = \underline{\underline{-1}} \cdot F(n)$ ……………①′で表される

ように考える。ここで，定数 α を用いて，

> ①の式の形より，
> 定数 α を用いて，
> $F(n) = a_n + \alpha \cdot 2^n$
> $F(n+1) = a_{n+1} + \alpha \cdot 2^{n+1}$
> とおくとうまくいくはずだ。

$\begin{cases} F(n) = a_n + \alpha \cdot 2^n & \text{……………③ とおくと,} \\ F(n+1) = a_{n+1} + \alpha \cdot 2^{n+1} & \text{………③′ となる。} \end{cases}$

③，③′を①′に代入して，

$a_{n+1} + \underbrace{\alpha \cdot 2^{n+1}}_{\boxed{2\alpha \cdot 2^n}} = -1 \cdot \overbrace{(a_n + \alpha \cdot 2^n)}$ ……④ $\quad$ これを変形して，

$a_{n+1} = -a_n \underbrace{-\alpha \cdot 2^n - 2\alpha \cdot 2^n}_{\boxed{-(\alpha + 2\alpha) \cdot 2^n = -3\alpha \cdot 2^n}}$

$a_{n+1} = -a_n \underbrace{-3\alpha}_{\boxed{3}} \cdot 2^n$ ………①″ ここで，①と①″を比較すると，

$-3\alpha = 3 \quad \therefore \alpha = -1 \quad$ これを④に代入して，

$a_{n+1} - 2^{n+1} = -1 \cdot (a_n - 2^n)$

$[\ F(n+1) = -1 \cdot \underset{\boxed{1}}{\ } F(n)\ ]$ $\qquad$ アッ！

$a_n - 2^n = (\boxed{a_1} - 2^1) \cdot (-1)^{n-1}$

$[\ F(n) = \quad F(1) \quad \cdot (-1)^{n-1}]$

これに $a_1 = 1$ を代入すると，一般項 a_n が次のように求められる。

$a_n = 2^n + (-1)^n \quad$ ($n = 1, 2, 3, \cdots$) ………………………………(答)

(2) $a_1 = -1$, $a_{n+1} = \dfrac{1}{2}\,a_n + n$ ………② より，②が，

$F(n+1) = \dfrac{1}{2}\cdot F(n)$ …………②′ で表される

ように考える。ここで，定数 α，β を用いて，

$\begin{cases} F(n) = a_n + \alpha\cdot n + \beta & \cdots\cdots\cdots\cdots⑤ \text{とおくと，} \\ F(n+1) = a_{n+1} + \alpha\cdot(n+1) + \beta & \cdots⑤′ \text{となる。} \end{cases}$

> ②の式の形より，
> 定数 α，β を用いて，
> $F(n) = a_n + \alpha\cdot n + \beta$
> $F(n+1) = a_{n+1} + \alpha\cdot(n+1) + \beta$
> とおくと，うまくいく！

⑤，⑤′を②′に代入して，

$a_{n+1} + \alpha(n+1) + \beta = \dfrac{1}{2}(a_n + \alpha n + \beta)$ ………⑥

$a_{n+1} = \dfrac{1}{2}\,a_n + \dfrac{\alpha}{2}\,n + \dfrac{\beta}{2} - \alpha n - \alpha - \beta$

$\left(\dfrac{\alpha}{2} - \alpha\right)n - \alpha - \beta + \dfrac{\beta}{2} = -\dfrac{\alpha}{2}\cdot n - \alpha - \dfrac{\beta}{2}$

$\therefore a_{n+1} = \dfrac{1}{2}\,a_n - \dfrac{\alpha}{2}\cdot n - \alpha - \dfrac{\beta}{2}$ …②″ となる。ここで，②と②″を比較すると，

$\underset{①}{} \quad \underset{⓪}{}$

$-\dfrac{\alpha}{2} = 1$，$-\alpha - \dfrac{\beta}{2} = 0$ より，

> $\cdot -\dfrac{\alpha}{2} = 1$ より，$\alpha = -2$
> $\cdot -(-2) - \dfrac{\beta}{2} = 0$ より，
> $\dfrac{\beta}{2} = 2$ $\therefore \beta = 4$

$\alpha = -2$，$\beta = 4$ これらを⑥に代入して，

$a_{n+1} - 2(n+1) + 4 = \dfrac{1}{2}(a_n - 2n + 4)$

$\Big[\quad F(n+1) \quad = \dfrac{1}{2}\cdot \quad F(n) \quad\Big]$

これも，アッ！

$a_n - 2n + 4 = \big((a_1) - 2\cdot 1 + 4\big)\cdot\left(\dfrac{1}{2}\right)^{n-1}$

$\overset{-1}{}$

$\Big[\quad F(n) \quad = \quad F(1) \quad \cdot \quad \left(\dfrac{1}{2}\right)^{n-1}\Big]$

これに $a_1 = -1$ を代入して，求める一般項 a_n を求めると，

$a_n = \left(\dfrac{1}{2}\right)^{n-1} + 2n - 4$ （$n = 1, 2, 3, \cdots$) である。…………………………(答)

放物線 $C : y = f(x) = \dfrac{1}{2}x^2 - 2x + 3$ に対して，点 $\left(\dfrac{5}{2}, \ 0\right)$ から 2 本の接線 l_1 と

l_2 が引ける。(ただし，l_1 と l_2 の傾きを順に m_1, m_2 とおくと，$m_1 > m_2$ である。)

(1) 2 つの接線 l_1 と l_2 の方程式を求めよ。

(2) 放物線 C と 2 つの接線 l_1 と l_2 とで囲まれる図形の面積 S を求めよ。

‖Baba のレクチャー）

放物線 $C : y = ax^2 + bx + c$ とその 2 つの接線
l_1, l_2 とで囲まれる部分の面積 S は，放物線と
2 接線の接点の x 座標 α, β ($\alpha < \beta$) と，x^2 の
係数 a の 3 つだけで，次の公式により，簡単に
求めることができるんだね。これも覚えておこう！

$$S = \frac{|a|}{12}(\beta - \alpha)^3 \ \cdots (*)$$

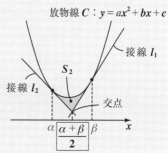

放物線 $C : y = ax^2 + bx + c$
接線 l_1
S_2
接線 l_2
交点
α $\boxed{\dfrac{\alpha + \beta}{2}}$ β

解答＆解説

(1) 放物線 $C : y = f(x) = \dfrac{1}{2}x^2 - 2x + 3$

$\qquad = \dfrac{1}{2}(x^2 \underline{- 4x + 4}) + 3 \underline{- 2}$

$\qquad\qquad\qquad\quad$ 2 で割って 2 乗

$\qquad = \dfrac{1}{2}(x - 2)^2 + 1 \ \cdots\text{①} \ とおく。$

点 $\left(\dfrac{5}{2}, \ 0\right)$ を通り，傾き m の直線を l と

おくと，$l : y = m\left(x - \dfrac{5}{2}\right) \ \cdots\cdots\text{②}$ となる。

①と②より y を消去して，

$\dfrac{1}{2}x^2 - 2x + 3 = m\left(x - \dfrac{5}{2}\right)$

両辺に 2 をかけて，

$x^2 - 4x + 6 = 2mx - 5m$

$x^2 - 2(m + 2)x + 5m + 6 = 0 \ \cdots\cdots\text{③}$ となる。ここで，放物線 C と直線

l が接するとき，③は重解をもつ。よって，③の判別式を D とおくと，

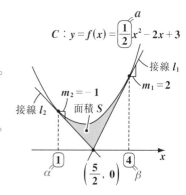

$C : y = f(x) = \left(\dfrac{1}{2}\right)x^2 - 2x + 3$
接線 l_1
$m_1 = 2$
$m_2 = -1$
接線 l_2
面積 S
$\boxed{1}$
α
$\left(\dfrac{5}{2}, \ 0\right)$
$\boxed{4}$
β

$$\dfrac{D}{4} = \underbrace{(m+2)^2 - (5m+6)}_{m^2+4m+4-5m-6} = m^2 - m - 2 = \boxed{(m+1)(m-2) = 0} \text{ より,}$$

$m_1 = 2$, $m_2 = -1$ となり, 2つの接線 l_1 と l_2 の傾きが求められた。

(i) $m_1 = 2$ を②の m に代入すると, 接線 l_1 の方程式は,

$$y = 2\left(x - \dfrac{5}{2}\right) = 2x - 5 \text{ であり,} \quad \cdots\cdots\cdots\cdots\cdots\cdots\cdots\text{(答)}$$

(ii) $m_2 = -1$ を②の m に代入すると, 接線 l_2 の方程式は,

$$y = (-1)\cdot\left(x - \dfrac{5}{2}\right) = -x + \dfrac{5}{2} \text{ である。} \cdots\cdots\cdots\cdots\cdots\text{(答)}$$

(2) $m_1 = 2$ と $m_2 = -1$ をそれぞれ③に代入して, 接点の x 座標を求めると,

(i) $m_1 = 2$ のとき, $\underbrace{x^2 - 8x + 16 = 0}_{x^2 - 2\cdot(2+2)x + 5\cdot 2 + 6 = 0 \ (③より)}$ $\quad (x-4)^2 = 0$

$\quad \therefore x = 4(=\beta)$ であり, また,

(ii) $m_2 = -1$ のとき, $\underbrace{x^2 - 2x + 1 = 0}_{x^2 - 2\cdot(-1+2)x + 5\cdot(-1) + 6 = 0 \ (③より)}$ $\quad (x-1)^2 = 0$

$\quad \therefore x = 1(=\alpha)$ である。

以上より, 放物線 C と2接線 l_1 と l_2 とで囲まれる図形の面積 S は,

$$S = \int_{1}^{\frac{5}{2}}\left\{f(x) - \left(-x + \dfrac{5}{2}\right)\right\}dx + \int_{\frac{5}{2}}^{4}\left\{f(x) - (2x-5)\right\}dx$$

$$= \int_{1}^{\frac{5}{2}}\left\{\dfrac{1}{2}x^2 - 2x + 3 - \left(-x + \dfrac{5}{2}\right)\right\}dx + \int_{\frac{5}{2}}^{4}\left\{\dfrac{1}{2}x^2 - 2x + 3 - (2x-5)\right\}dx$$

$$= \dfrac{\left|\dfrac{1}{2}\right|}{12}(4-1)^3 = \dfrac{3^3}{24} = \dfrac{9}{8} \text{ である。} \cdots\cdots\cdots\cdots\cdots\cdots\text{(答)}$$

実際には, 積分計算をしなくても, $a = \dfrac{1}{2}$, $\beta = 4$, $\alpha = 1$ より,

面積 S は, 面積公式:$S = \dfrac{|a|}{12}(\beta - \alpha)^3 \cdots\cdots(*)$ から求めればいいんだね。

相異なる 3 つの実数 a, b, c が次の 2 つの条件をみたすものとする。

$\begin{cases} \text{(i)}\ a,\ b,\ c \text{ がこの順に等比数列であり, かつ,} \\ \text{(ii)}\ \dfrac{1}{b},\ \dfrac{1}{c},\ \dfrac{1}{a} \text{ がこの順に等差数列である。} \end{cases}$

また a, b, c の積は 8 に等しい。このとき a, b, c の値を求めよ。

‖Baba のレクチャー‖ 今回の問題は "数列の 3 項問題" と呼ばれる問題であり,
次の公式を利用して解けばいいんだね。実数 α, β, γ について,

(i) α, β, γ がこの順に等差数列であるならば,公式:

  $2\beta = \alpha + \gamma$ ……(∗1) が成り立つ。

(ii) α, β, γ がこの順に等比数列であるならば,公式:

  $\beta^2 = \alpha\gamma$ ……(∗2) が成り立つ。

(i),(ii) の証明は,次の通りだね。

(i) α, β, γ がこの順に等差数列のとき,その公差を d とおくと,

  α, $\beta = \alpha + d$, $\gamma = \underline{\alpha + 2d}$ となる。よって,

  $2\beta = 2\overparen{(\alpha + d)} = 2\alpha + 2d = \alpha + \underwave{\alpha + 2d} = \alpha + \underline{\gamma}$ ……(∗1) が導ける。

(ii) α, β, γ がこの順に等比数列のとき,その公比を r とおくと,

  α, $\beta = r \cdot \alpha$, $\gamma = \underline{\underline{r^2 \cdot \alpha}}$ となる。よって,

  $\beta^2 = (r\alpha)^2 = r^2 \cdot \alpha^2 = \alpha \cdot \underline{\underline{r^2 \alpha}} = \underline{\alpha\gamma}$ ……(∗2) が導けるんだね。大丈夫?

解答&解説

相異なる 3 つの実数 a, b, c について,

(i) a, b, c がこの順に等比数列であるので,

  $b^2 = a \cdot c$ ……① となる。

> α, β, γ がこの順に等比数列
> ならば,
> $\beta^2 = \alpha \cdot \gamma$ ……(∗2) が成り立つ。

(ii) $\dfrac{1}{b}$, $\dfrac{1}{c}$, $\dfrac{1}{a}$ がこの順に等差数列であるので,

  $2 \cdot \dfrac{1}{c} = \dfrac{1}{b} + \dfrac{1}{a}$ ……② となる。

  (ただし,$a \neq 0$, $b \neq 0$, $c \neq 0$) ← 分母に 0 はこない。

> α, β, γ がこの順に等差数列
> ならば,
> $2\beta = \alpha + \gamma$ ……(∗1) が成り立つ。

また，a, b, c の積は 8 より，

$a \cdot b \cdot c = 8$ ……③ となる。

①，②，③より a, b, c
の値を求めよう！

③に①を代入して，$b \cdot \underbrace{b^2}_{a \cdot c (①より)} = 8$　$b^3 = 2^3$　$\therefore \underline{\underline{b = 2}}$ ……④

④を①に代入して，$a \cdot c = \underbrace{2^2}_{b^2}$ より，$ac = 4$ ……①′ となる。

次に，②を変形して，④を代入すると，

$\underbrace{\dfrac{1}{2}}_{b (④より)} = \dfrac{2}{c} - \dfrac{1}{a} = \dfrac{2a-c}{ac}$　　$ac = \overbrace{2(2a-c)}$　　$4a - 2c = \underbrace{ac}_{4 (①′より)}$

これに①′を代入して，$4a - 2c = 4$　$\therefore \underline{c = 2a - 2}$ ……②′

②′を①′に代入して，

$\overbrace{a(2a-2)}^{}_{} = 4$　　$2a^2 - 2a - 4 = 0$　　$a^2 - a - 2 = 0$

$\underbrace{}_{c (②′より)}$

$(a-2)(a+1) = 0$　$\therefore a = 2$ または -1　である。ここで，

(ア)$a = 2$ のとき，④より，$a = b = 2$ となって，

　　a, b, c が相異なる実数であることに矛盾する。$\therefore$ 不適

(イ)$\underline{a = -1}$ のとき，①′より，$(-1) \cdot c = 4$　$\therefore \underline{\underline{c = -4}}$

以上より，$\underline{a = -1}$，$\underline{b = 2}$，$\underline{c = -4}$ である。……………………………(答)

参考

(ⅰ) $a = -1$, $b = 2$, $c = -4$ より，a, b, c は，この順に公比 $r = -2$ の
　　等比数列であり，さらに，

(ⅱ) $\dfrac{1}{b} = \dfrac{1}{2}$，$\dfrac{1}{c} = -\dfrac{1}{4}$，$\dfrac{1}{a} = \dfrac{1}{-1} = -1$ より，$\dfrac{1}{b}$, $\dfrac{1}{c}$, $\dfrac{1}{a}$ はこの順に

　　公差 $d = -\dfrac{3}{4}$ の等差数列になっていることが分かるんだね。大丈夫？

スバラシク解けると評判の
初めから解ける数学 II・B 問題集
改訂 5

マセマ

著　者　馬場 敬之
発行者　馬場 敬之
発行所　マセマ出版社
〒 332-0023 埼玉県川口市飯塚 3-7-21-502
TEL 048-253-1734　FAX 048-253-1729
Email：info@mathema.jp
https://www.mathema.jp

編　集	清代 芳生			平成 26 年 8 月 24 日	初版発行	
校閲　校正	高杉 豊	秋野 麻里子	馬場 貴史	平成 28 年 4 月 5 日	改訂 1 4 刷	
制作協力	間宮 栄二	橋本 喜一	町田 朱美	平成 30 年 12 月 13 日	改訂 2 4 刷	
カバーデザイン	児玉 篤	児玉 則子		令和 3 年 1 月 18 日	改訂 3 4 刷	
ロゴデザイン	馬場 利貞			令和 4 年 4 月 15 日	改訂 4 4 刷	
印刷所	株式会社 シナノ			令和 5 年 5 月 16 日	改訂 5 初版発行	

ISBN978-4-86615-298-1 C7041